"十四五"职业教育国家规划教材

"十三五"职业教育国家规划教材

高等院校"互联网+"系列精品教材

钢结构构造与识图
（第2版）

苏英志　张广峻　主　编

张　鹏　闫　峰　陈拴景　副主编

扫一扫看本课程实训指导书

扫一扫看本课程配套习题集

扫一扫看本课程配套习题集答案

电子工业出版社
Publishing House of Electronics Industry
北京·BEIJING

内 容 简 介

本书是在近几年课程改革成果的基础上,根据建筑钢结构行业技术发展及职业能力要求进行修订的。本书遵循"标准融入、项目贯通"的编写原则,以实际典型工程项目为载体,内容按照循序渐进,由简单到复杂的顺序编排,注重培养学生的实际应用能力。本书包括 6 个模块,即建筑钢结构识图基础,门式刚架构造与识图,多、高层钢结构构造与识图,重型钢结构厂房构造与识图,钢桁架构造与识图,空间网格结构构造与识图。本书共分为 20 个学习单元,每个单元都按照建筑钢结构制造和安装的施工顺序编排内容,并与典型结构构件的有关标准、规范、图集、图纸识图相融合,以便读者掌握实际操作技能。

本书为高等职业院校相应课程的教材,也可作为开放大学、成人教育、自学考试、中职学校和培训班的教材,以及建筑工程技术人员的参考书。

本书配有免费的电子教学课件、电子教案、思考题及参考答案、任务书等,详见前言。

未经许可,不得以任何方式复制或抄袭本书之部分或全部内容。

版权所有,侵权必究。

图书在版编目(CIP)数据

钢结构构造与识图 / 苏英志,张广峻主编. —2 版. —北京:电子工业出版社,2021.11
高等院校"互联网+"系列精品教材
ISBN 978-7-121-38079-2

Ⅰ.①钢… Ⅱ.①苏… ②张… Ⅲ.①钢结构-建筑构造-高等学校-教材②钢结构-建筑制图-识图-高等学校-教材 Ⅳ.①TU391②TU758.11

中国版本图书馆 CIP 数据核字(2019)第 256473 号

责任编辑:蔡 葵
印　　刷:三河市良远印务有限公司
装　　订:三河市良远印务有限公司
出版发行:电子工业出版社
　　　　　北京市海淀区万寿路 173 信箱　邮编 100036
开　　本:787×1 092　1/16　印张:14.25　字数:365 千字
版　　次:2015 年 2 月第 1 版
　　　　　2021 年 11 月第 2 版
印　　次:2025 年 5 月第 5 次印刷
定　　价:59.90 元

凡所购买电子工业出版社图书有缺损问题,请向购买书店调换。若书店售缺,请与本社发行部联系,联系及邮购电话:(010)88254888,88258888。

质量投诉请发邮件至 zlts@phei.com.cn,盗版侵权举报请发邮件至 dbqq@phei.com.cn。

本书咨询联系方式:chenjd@phei.com.cn。

进入 21 世纪后，我国建筑钢结构行业的发展非常迅速，建筑钢结构的应用范围进一步扩大，市场发展十分迅猛，但满足建筑钢结构设计、制造、安装要求的一线技术人员却严重缺乏，为缓解人才供需失衡现状、提高建筑类专业学生和建筑钢结构行业一线技术人员的专业水平，许多院校已开设相关课程。

1. 编写原则

本书以建筑钢结构行业职业能力要求为出发点，突出教学内容的实用性与针对性，以培养学生的实际应用能力为目标进行编写。本书在编写过程中，遵循"标准融入、项目贯通"的编写原则。

（1）"标准融入"是将建筑钢结构工程建设中的各项标准充分融入课程教学的实施过程中，以体现职业能力与岗位技能相适应、学习项目与结构形式相一致、教学组织过程与工作过程相协调的建设思路，实现学生专业能力递进与理解层次提升的目标。

（2）"项目贯通"是以建筑钢结构工程中常见的 5 类典型结构——门式刚架结构，多、高层钢结构，重型钢结构，钢桁架结构和空间网格结构作为学习对象，以具有代表性的实际工程项目为载体，将学习内容贯穿于对读者"初步识图—理解构造—提高识图—实际应用"的核心能力培养过程中。

2. 编写特色

在国家重点建设专业课程改革成果的基础上，本书的教学团队通过对建筑钢结构职业岗位及技能需求进行调研，先归纳行业岗位构成及相应的职业能力要求，再根据职业能力要求结合高职教育的特点，选取具有普适性的实际工程为教学载体，合理地进行教学内容的编排。本书主要有以下特色。

（1）本书采用模块式内容编排，每个模块与建筑钢结构行业目前主要的职业岗位，如设计员、详图员、施工员等一一对应设置。

（2）本书结合职业岗位特点，以真实项目为载体，以工作过程为导向，进行单元教学。各模块学习单元的编排考虑到建筑钢结构制造和安装施工顺序的特点，以实际的典型工程项目为载体，按照先后工序排序，学习载体为典型的结构构件——与有关标准、规范、图集、图纸识图顺序一致，便于读者掌握实际操作技能。

（3）本书紧密结合与建筑钢结构行业有关的国家、行业部门制定的现行标准、规范、图集等文件，力争反映当前建筑钢结构的特点，并具有一定的前瞻性。

3. 主要内容及参考学时

本书共设有 6 个模块，分为 20 个学习单元，内容涵盖从识图基础到各典型建筑钢结构构造与识图的全部环节，有助于学生系统地了解建筑钢结构整个施工图的识图过程。学时安排建议为64～96 学时，各院校可根据实际教学情况对内容和学时进行调整。各单元学时安排建议如下。

序号	学习模块	学习单元	参考学时	
1	建筑钢结构识图基础	单元 1　建筑钢结构的发展及特点	2	8
2		单元 2　建筑结构用钢材	2	
3		单元 3　建筑钢结构制图标准及图纸表示方法	4	

序号	学习模块	学习单元	参考学时	
4	门式刚架构造与识图	单元 4 门式刚架的组成、特点与选材	2	36
5		单元 5 门式刚架基础构造与识图	4	
6		单元 6 门式刚架主结构构造与识图	8	
7		单元 7 门式刚架次结构构造与识图	4	
8		单元 8 门式刚架支撑系统构造与识图	4	
9		单元 9 门式刚架围护结构构造与识图	6	
10		单元 10 门式刚架辅助结构构造与识图	6	
11		单元 11* 门式刚架连接件和密封材料	2	
12	多、高层钢结构构造与识图	单元 12 钢结构房屋的分类及应用	2	32
13		单元 13 多、高层钢结构的结构体系及结构布置	2	
14		单元 14 多、高层钢结构的组成及连接节点构造与识图	28	
15	重型钢结构厂房构造与识图	单元 15 单层重钢厂房构造与识图	4	6
16		单元 16* 锅炉钢结构构造与识图	2	
17	钢桁架构造与识图	单元 17* 普通钢桁架屋架构造与识图	4	8
18		单元 18 管桁架构造与识图	4	
19	空间网格结构构造与识图	单元 19 网架结构构造与识图	4	6
20		单元 20* 网壳结构构造与识图	2	
		上面用星号标出的单元建议作为选学内容。	合计	96

说明：本书中的工程图按照行业惯例未标注数字单位，除标高的单位为 m 外其余的数字单位均为 mm。

4．读者对象

本书内容通俗易懂、便于教学，为高等职业院校相应课程的教材，也可作为开放大学、成人教育、自学考试、中职学校和培训班的教材，以及建筑工程技术人员的参考书。

5．编写分工

本书由石家庄职业技术学院苏英志、河北科技工程职业技术大学张广峻任主编并统稿，由河北科技工程职业技术大学张鹏、邢台学院闫峰及天津东南钢结构有限公司陈拴景任副主编，河北科技工程职业技术大学王丽、钟静、苑敏、汤梦玲、杨文军，洛阳理工学院贠英伟，天津合创结构设计事务所陈蒙参加编写。在本书编写过程中得到了有关企业工程技术人员的大力支持，在此一并表示衷心的感谢！

由于编者水平和时间有限，书中难免有疏漏之处，敬请读者给予批评指正。

为了方便教师教学，本书配有免费的电子教学课件、电子教案、思考题及参考答案、任务书等，请有此需求的教师扫一扫书中的二维码阅览或下载相应资源，也可登录华信教育资源网（http://www.hxedu.com.cn）免费注册后进行下载，如有问题请在网站留言或与电子工业出版社联系（E-mail:hxedu@phei.com.cn）。

编 者

扫一扫看本课程练习题	扫一扫看本课程练习题答案	扫一扫下载门式刚架工程案例图纸	扫一扫下载钢框架工程案例图纸
扫一扫看模拟考试卷 A	扫一扫看模拟考试卷 A 参考答案	扫一扫看模拟考试卷 B	扫一扫看模拟考试卷 B 参考答案
扫一扫看附录 A 某体育场看台管桁架图纸	扫一扫看附录 B Q235 钢锚栓选用表	扫一扫看附录 C Q345 钢锚栓选用表	扫一扫下载 CAD 钢筋字体文件

目　　录

模块3　多、高层钢结构构造与识图

模块 4 重型钢结构厂房构造与识图

职业导航

职业素养：

应学习职业道德、生涯规划、计算机、英语、数学、相关法律等公共基础知识；应具有良好的社交能力和团队合作意识；应具有继续学习能力和创新意识。

专业技术：

应学习建筑制图、建筑力学、钢结构材料与检验等专业基础课程。

工程实践：

应在钢结构企业相关岗位实习，熟悉钢结构设计程序、钢结构详图转化程序、钢结构制作车间按图制作、质检程序，钢结构施工现场按图施工管理等工作内容，熟悉企业各部门的基本职能、管理制度和办事程序等。

能力目标

模块1 建筑钢结构识图基础
熟悉建筑钢结构的特点、应用、发展趋势
熟悉建筑钢结构用钢的分类及应用特点
熟悉建筑钢结构图纸的制图标准和表达方法

模块2 门式刚架构造与识图
熟悉门式刚架的组成及节点构造
熟读门式刚架施工图

模块3 多、高层钢结构构造与识图
熟悉多、高层钢结构的组成及节点构造
熟读多、高层钢结构施工图

模块4 重型钢结构厂房构造与识图
熟悉重型钢结构厂房的组成及节点构造
熟读重型钢结构厂房施工图

模块5 钢桁架构造与识图
熟悉钢桁架屋架的组成及节点构造
熟读钢桁架施工图

模块6 空间网格结构构造与识图
熟悉网架、网壳结构的组成及节点构造
熟读网架施工图

本书按照建筑钢结构岗位群构成来划分相对应的学习模块。选取典型的实际工程案例为学习载体，以工作过程为导向，实行任务驱动教学，考虑学生的职业成长规律，从简单到复杂，逐步实现学生的能力提升和层次提升。

职业岗位

| 设计员 | 设计师 | 详图员 | 详图设计师 | 施工员 | 项目经理 |

模块 1

建筑钢结构识图基础

　　建筑钢结构在世界上发展迅猛，在我国发展前景十分乐观。我们应充分认识建筑钢结构的发展及特点，把握行业发展的热点与方向，大力发展建筑钢结构。

　　为了更好地学习本书的后续内容，读者首先应该充分认识建筑钢结构用钢材的分类、性能及选择，同时应该具备识图的初步理论知识与能力，认真掌握建筑钢结构的制图标准及图纸的表达方法。在后续内容的学习过程中，读者可根据需要来查阅本模块的学习内容，做到前后联系、融会贯通。

单元1 建筑钢结构的发展及特点

扫一扫看本单元教学课件

1.1 我国建筑钢结构的发展

钢结构建筑主要采用钢板、热轧型钢、冷弯型钢等材料为骨架制作受力构件，采用焊接或螺栓连接等方式进行连接，采用压型钢板或具有隔热、防水、隔音等功能的其他材料作为屋面、楼层及墙体围护结构。钢结构具有自重轻、强度高、抗震性能好，便于工业化生产及节能环保、可循环使用等特点。

1. 我国建筑钢结构的早期发展

随着人类社会的不断发展和进步，铁作为一种重要材料在人类的生产、生活中起到了不可估量的作用。据可靠资料显示，我国用铁作为建筑材料的历史可以追溯到公元前 2 世纪。在公元前二百多年前的秦朝已能用生铁造桥墩，汉朝时用铁建造了铁链悬桥；在公元58—75 年（东汉）用铁建造了有史可查的兰津桥；在 1061 年（宋朝）建造了湖北当阳市的玉泉寺铁塔（13 层）。

我国建筑钢结构的应用较早。例如，1889 年，唐山水泥厂建造了钢结构厂房；1927 年，皇姑屯机车厂厂房采用了钢结构；1931 年，广州建成了中山纪念堂——我国自行设计的钢穹顶；1934 年，上海建造了 24 层钢结构国际饭店，成为那个年代的标志性建筑。

在中华人民共和国成立后到改革开放前，有些重型工业厂房和大跨度的标志性建筑都采用了钢结构，其结构形式基本上是由钢筋混凝土下部支承结构与大跨度桁架、网架或悬索组成的混合结构。改革开放后，我国的经济迅猛发展，钢铁工业也得到了突飞猛进的发展，建筑钢结构的应用越来越广泛，相应的技术也有了比较大的进步，同时，建筑钢结构产业也由小到大、由弱到强。如今，我国的建筑钢结构无论是设计水平，还是制作安装技术，完全可以满足我国经济发展和基本建设的需要。

2. 我国钢铁产业的发展

钢铁产业的发展经历了一个由小到大、由弱到强的快速发展过程。钢铁的产量由原来的每年几百万吨到现在的每年几亿吨，其中，可用于建筑钢结构的钢材在钢总产量中所占的比重越来越大，为建筑钢结构的快速发展提供了坚实的物质基础。在中华人民共和国成立后很长一段时间内，我国可用于建筑钢结构的钢材牌号和品种比较简单，钢材牌号只有A3（相当于 Q235）和 16Mn（相当于 Q345），钢材品种仅限于钢板、角钢、槽钢、工字钢和钢管。近二三十年来，钢铁工业在生产规模、产量、品质等方面均有明显的提高，许多重要的钢材品种及技术含量高的产品已经达到了国际先进水平。

3. 我国建筑钢结构的全面发展

随着经济的发展和工业化进程的加速，我国每年建成的门式刚架轻型钢结构厂房超过了 1000 万平方米。门式刚架轻型钢结构受力合理、造价经济、施工方便快捷，已经由厂房、仓库推广到超市、展馆等建筑。门式刚架轻型钢结构的推广和发展反过来又刺激了材料的发展，用于门式轻型钢结构的中板和热轧 H 型钢的产量逐步提高，目前我国能自给自

足并且能大量出口。彩色涂层钢板的使用量不断增加，宝钢、马钢、鞍钢等国内大型钢铁联合企业可以大量生产彩色涂层钢板，不仅能满足市场需求，而且能下降到合理价位，使门式刚架轻型钢结构的造价也得到了相应下降。高强螺栓、自攻螺丝等门式钢架轻型钢结构常用的连接材料及超薄型防火涂料、玻璃隔热棉等配套附属材料也得到了一定发展，推动了门式刚架轻型钢结构的大规模发展。

大尺寸热轧 H 型钢、Z 向性能厚钢板、耐火耐候钢、无缝钢管和焊接结构用钢管等材料的快速发展带动了高层钢结构的建筑发展。据中国钢结构协会统计，从 1980 年到 2005 年，我国建成的和在建的高层钢结构建筑超过了 80 幢，总面积超过了 600 万平方米，总用钢量超过了 60 万吨，加上目前正在规划和设计的高层钢结构建筑，我国的高层钢结构建筑已超过 100 幢。尽管在 9·11 事件后，人们对高层钢结构建筑的建设保持了慎重态度，但是我国第 3 次高层钢结构建筑的建设高潮正在到来。1997 年在上海建成的金茂大厦高 421 m，一度成为世界前十高的高楼。2008 年至 2012 年间陆续建成的上海环球金融中心（高 492 m）、中央电视台总部大楼、广州电视塔等均是以使用国产优质钢材为主的建筑。2017 年投入试运营的上海中心大厦总高度达 632 m，超过了台湾地区的 101 大楼，成为我国第一高楼，其主体结构除混凝土外，大量采用了钢结构。

以网架和网壳为代表的空间钢结构大量发展，成为建筑钢结构中发展最快的结构之一，空间钢结构不仅大量应用于候机楼、机库、体育馆、展览馆、汽车站、火车站等民用建筑，也广泛应用于工业厂房等。空间钢结构采用圆钢管、矩形钢管、H 型钢、钢索等材料制成的网架、空间桁架、张弦梁等结构组合成各种造型，成为各地富有现代特色的标志性建筑。例如，国家体育场、国家大剧院、国家速滑馆等。

4. 我国建筑钢结构的科研和设计工作

我国建筑钢结构的科研和设计工作也伴随着钢结构建筑的发展而不断取得进步。自 20 世纪 80 年代起，国家技术监督局、建设部和行业协会就组织高等院校、科研院所、设计和施工单位编制和修订了大量钢结构设计、施工规范和规程，并编制了相应构件和配套材料的通用图集，为建筑钢结构行业的发展奠定了良好基础。目前，我国建筑钢结构的科研工作主要围绕新结构体系的研究和工程应用、新的设计理论和计算方法研究、节点构造和连接、新型材料的应用、新型制作工艺和安装工艺等几个方面。国内许多科研院所、高等院校、设计和施工单位都参与到建筑钢结构的科研工作中，并且大量的科研成果很快在设计和施工实践中得到了应用。许多重要的钢结构建筑在立项、设计和施工阶段所遇到的难题反过来又促进了建筑钢结构的科研工作。在建筑钢结构的设计方面，我国的高层和大跨度建筑钢结构设计已经形成了比较成熟的体系，目前国内大部分重点工程的建筑钢结构施工图设计是在国内完成的。

1.2 我国建筑钢结构行业的发展和相关建议

1. 行业现状

钢结构建筑的迅猛发展带动了钢结构行业的快速发展。20 世纪 80 年代以前，我国钢结构的制作、安装企业仅限于一些大型国有建筑公司，如中建系统、中铁系统、中冶

系统的公司等，其制作设备简单，生产效率比较低。进入 90 年代以后，一些外资的钢结构公司开始在我国设立加工厂，引进国外先进的加工工艺和设备，在建设大量钢结构建筑的同时，也为我国钢结构行业培训了第一批管理人员和技术人员，以及为我国钢结构市场的开拓和发展做出了巨大贡献。我国的设备生产厂商也意识到钢结构这个巨大的商机，在此基础上经过不断开发，越来越多的、物美价廉的国产钢结构生产设备出现在我国市场上。

随着钢结构人才队伍的不断壮大及设备操作门槛的不断降低，钢结构企业在我国大地上如同雨后春笋般成长起来。这些企业的所有制形式包括国有、民营、外商独资、中外合资、乡镇集体等。与我国经济的热点地区相重合，这些钢结构企业主要分布在珠江三角洲、长江三角洲和环渤海经济区。目前，宝冶钢构、冠达尔钢构、沪宁钢机、杭萧钢构、精工钢构、东南网架等长江三角洲地区的钢结构公司已经完成了钢结构产业的升级换代，逐渐脱离了技术门槛比较低的轻钢市场，转向利润好、资金密集的重钢加工和安装。这些企业也基本完成了规模化、集团化、产业化进程，并且开始向其他经济热点地区进军。例如，在雄安新区的建设中，大量采用了钢结构建筑，并结合智能信息化的手段，加速推进了钢结构的发展。

2. 发展趋势

随着我国钢材产量的不断提高，政府鼓励建筑钢结构的应用，并对其进行扶植，特别是我国经济持续高速增长，大批工程建设项目待建，为建筑钢结构的应用和发展提供了广阔的天地和持续增长的空间。据统计，2021 年我国钢结构产量为 9700 万吨，钢结构产量占钢产量的 9.4%，发达国家的钢结构产量占钢产量的 30%，我国与发达国家相比，仍有一定差距。钢结构产量的大幅增加，对化解钢铁过剩产能起到了重大促进作用。钢结构的发展还有广阔空间，在今后一段时间内，在下列几个领域钢结构的用量将会增加。

（1）由于火力电厂建设速度不断加快，主厂房和锅炉钢架用钢量会增加。

（2）在交通工程中，桥梁用钢量会有所增加。铁路桥梁均采用钢结构，公路桥梁采用钢结构也已成为近几年来的一个发展趋势，因此，随着桥梁建设项目的增加，钢结构的用量也会加大。

（3）在市政建设中，采用钢结构的量会增加。地铁和轻轨工程、城市立交桥、高架桥、环保工程、城市公共设施及临时房屋等越来越多地采用钢结构，尤其在北京、上海、天津、重庆、雄安新区和各大省会城市及经济发达的中型城市，钢材的消耗量明显增加。北京奥运会、上海世博会、广州亚运会的配套设施都采用了大量的钢结构建筑。

（4）钢结构住宅将增加。国家提倡大力推广装配式建筑，钢结构是天然的装配式建筑结构，而有关钢结构住宅的设计规范及配套技术、材料已完善。若我国在每年竣工 6 亿平方米的城镇住宅建设中有 5% 采用钢结构，则按多层、高层建筑平均每平方米用钢 50 kg 计算，用钢量将达到每年 150 万吨。

（5）由于我国的钢材价格、劳动力成本都比国际上许多国家低，而且钢结构的质量优良，因此在国际工程市场上有较强的竞争力。国外企业在我国采购钢结构的量有所增加，许多钢结构厂都承接了海外订单。

3. 相关建议

未来，我国建筑钢结构将向各个不同的建筑领域深入发展，材料、工艺和结构形式不断创新，钢结构企业不断发展壮大。以下是对建筑钢结构未来发展的一些看法和建议。

（1）立足国内，面向世界，与国际接轨。我国是一个产钢大国，但不是一个钢结构强国。虽然我国的钢结构企业有很多，但真正具有国际水平且具有有效竞争能力的企业为数不多，这就必须在承认我们成就的同时，寻找我们的差距和不足，尽快地进行钢结构生产的联合或重组，鼓励钢结构企业向集团化和产业化发展，建立国际一流的钢结构专业公司和集团公司。

（2）在提高建筑钢结构产量和扩大应用范围的同时，应着重提高质量，包括设计、材料、加工和安装的质量。没有高质量就没有竞争力和发展活力。建筑钢结构的质量要严格执行国家有关标准，包括质量检验和验收标准。建筑钢结构的发展日新月异，有关建筑钢结构的规范和规程应及时修订或补充，使之既能促进建筑钢结构的发展，又不会限制建筑钢结构的创新。

（3）我国应继续加大建筑钢结构科研方面的投入力度，不停步地进行技术改革和创新。通过企业和科研单位横向联合等多种形式，使产、学、研相结合，让企业在科研中的投入得到相应回报，并建立知识产权保护措施，使企业愿意在科研方面投入，在技术方面创新。

（4）我国应加速培养高水平的、从事建筑钢结构的人才，高等院校应适当增加建筑钢结构课程的学时数，改进培养方法。建筑钢结构课程的教学工作要与时俱进、紧跟市场、紧跟时代，建筑钢结构课程的教学标准要及时更新。

我国的建筑钢结构行业目前正处于一个飞速发展的黄金时期，如何抓住机遇、迎接挑战，是钢结构企业和钢结构从业人员所面临的课题。

1.3　建筑钢结构的类型和技术特点

建筑钢结构可大致分为高层钢结构、大跨度空间钢结构（包括膜结构）、轻钢结构、钢混组合结构和钢结构住宅等多种结构体系。

1. 高层钢结构

高层钢结构建筑是一个国家经济实力和科技水平的反映，又往往被当作一个城市的标志性建筑。从 20 世纪 80 年代至今，我国已建成的和在建的高层钢结构建筑已超过 100幢，总面积近千万平方米，钢材用量达百万吨，如上海中心大厦（118 层，高度为 632 m，用钢量约为 10 万吨）、上海环球金融中心（101 层，高度为 492 m，用钢量为 6.5 万吨）、中关村金融中心（建筑面积为 11 万平方米，高度为 150 m，用钢量为 1.5 万吨）、LG 大厦（建筑面积为 25 万平方米，高度为 110 m，用钢量为 1 万吨）等。今后，我国每年将有 200万~300 万平方米的高层钢结构建筑施工，用钢量约为 45 万吨。

2. 大跨度空间钢结构

近年来，以网架和网壳为代表的空间钢结构发展迅速，不仅可用于民用建筑，而且可

用于工业厂房、候机楼、体育馆、大剧院、博物馆等，在使用范围、结构形式、安装施工等方面均具有中国建筑结构的特色。例如，杭州、成都、西安、长春、上海、北京、武汉、济南、郑州等地的飞机航站楼、机库、会展中心等都采用了圆钢管、矩形钢管制成空间桁架、拱架及斜拉网架的结构，新颖和富有现代特色的风格使它们成为所在城市的标志性建筑。据中国钢结构协会空间结构分会统计：网架和网壳的生产已趋于平稳状态。我国每年建造约 1500 座网架和网壳结构建筑，建筑面积约为 250 万平方米，用钢量约为 7 万吨。2001 年建造空间桁架 20 座，建筑面积为 60 万平方米。悬索结构、膜结构目前处于发展阶段，用钢量平稳增长，专家预计用钢量每年将以 20% 的速度增长。膜结构的设计规程已经出版，聚四氟乙烯（PTFE）、乙烯-四氟乙烯共聚物（ETFE）膜材已被广泛应用。目前，国内已有多家膜结构工程公司，承担着体育场馆、机场、公园和街道景观的设计和施工。公共建筑优先采用钢结构，符合政策发展要求。

3. 轻钢结构

轻钢结构类型有门式刚架、拱形波纹钢屋盖结构等，用钢量（不含钢筋用量）一般较少。门式刚架房屋单跨或多跨均广泛应用，以单层为主，也可用于两层或三层建筑，厂房单体面积超过 10 万平方米。拱形波纹钢屋盖结构的跨度一般为 8 m，最大可达 40 m，每平方米自重仅为 20 kg，每年增加约 100 万平方米，用钢量为 4 万吨。门式刚架和拱形波纹钢屋盖结构都有相应的设计施工规程。

我国轻钢结构发展较快，应用广泛，主要用于轻型工业厂房、仓库、各类交易市场、体育场馆等建筑。每年新建轻钢结构建筑的面积约为 800 万平方米，用钢量约为 20 万吨。

4. 钢混组合结构

钢混组合结构是充分发挥钢材和混凝土两种材料各自优点的合理组合，不但具有优良的静、动力工作性能，而且能大量节约钢材、降低工程造价和加快施工进度，同时，对环境污染较小，符合我国建筑结构发展的方向。

自 20 世纪 80 年代开始，钢混组合结构在我国迅速发展，已广泛应用于冶金、造船、电力、交通等部门的建筑，并以迅猛的势头进入了桥梁工程和高层与超高层建筑。20 世纪 90 年代，我国采用钢混组合结构建成了世界上跨度最大的公路拱桥，如广州丫髻沙大桥（主跨 360 m）、重庆万州长江大桥（桥拱净跨为 420 m），前者为钢管混凝土拱桥，后者为劲性钢管混凝土骨架拱桥。我国已建成的钢混组合结构拱桥超过 300 座。在高层建筑方面，我国建成了全部采用钢混组合结构的超高层建筑——深圳赛格广场大厦，高度为 292 m，是世界上最高的钢混组合结构之一。

5. 钢结构住宅

钢结构住宅能发挥自身优势，提高住宅的综合效益。

（1）用钢结构建造的住宅质量是钢筋混凝土住宅质量的 1/2 左右，可满足住宅大开间的需要，使用面积也比钢筋混凝土住宅增加了 4% 左右。

（2）抗震性能好，钢结构住宅延性优于钢筋混凝土住宅。从国内外震后的调查结果来看，钢结构住宅的倒塌数量是最少的。

（3）钢结构构件、墙板及有关部品都能在工厂制作，质量可靠、尺寸精确、安装方

便，易与相关部品配合。因此，使用钢结构住宅不仅减少了现场工作量，而且缩短了施工工期。钢结构住宅的工地实质上是工厂产品的组装和集成场所，通过补充少量无法在工厂进行的工序项目，使其符合产业化的要求。

（4）钢结构住宅在建造和拆除时对环境污染较小，且钢材可以回收，符合推进住宅产业化和发展节能省地型住宅装配式建筑发展的国家政策。

1.4 本课程的主要内容和学习方法

1. 课程任务

本课程主要培养本专业学生对常见建筑钢结构的组成、节点构造与连接形式的认识与理解能力，同时培养学生对常见钢结构设计图及施工图的初步识读能力。为加强动脑及动手操作能力，本课程配有与课程紧密相关的构造认识实习（实训指导书请扫一扫扉页上的二维码）和识图实习。

2. 课程地位

学生在学习了有关公共基础课程后，本课程可作为专业基础课程，为钢结构设计原理、钢结构施工技术、钢结构设计软件操作等专业课程打下重要基础。

3. 主要内容

本课程主要讲解了门式刚架、钢框架、钢网架、钢桁架等常见建筑钢结构的组成、连接节点构造、设计图及施工图初步识读。

4. 学习方法及要求

（1）以本课程为主，以主要图集、图纸为辅，学生可广泛参考相关专业书籍、图集、规范、图纸等，联系前后内容及其他相关课程知识，做到承前启后，活学活用。

（2）课前要做好针对性预习。

（3）课上认真听讲，对重要内容做好笔记，抓住重点和要点。

（4）踊跃提问，师生互动，培养兴趣。

（5）课后做好复习，有问题及时探讨、解决，不要积重难返。

（6）课堂及课后作业要保质、及时、独立完成。

（7）要求：掌握主要建筑钢结构的组成、连接节点构造；熟练识读相关设计图和施工图。

5. 参考资料

利用图书馆、书店、网络、工程等多种方式查看书籍、图集、图纸、规范、照片、图片等，以辅助学习。

钢结构等方面的重要网站有：中国钢结构网、中国钢结构协会、中华钢结构论坛、土木在线、筑龙学社、百大英才网（钢结构站）等。

知识梳理与总结

本单元讲述了建筑钢结构的发展、建筑钢结构行业的发展、建筑钢结构的类型和技术特点等，学习时需要注意以下两点。

（1）建筑钢结构的发展与建筑钢结构行业的发展息息相关，应注意建筑钢结构的最新应用及行业发展热点。

（2）建筑钢结构类型较多，特点不一，应充分利用建筑实物、图片等媒介加深印象。

思考题 1

（1）简述建筑钢结构的类型和技术特点。

（2）如何学好本门课程？

实训 1

认识周边的钢结构建筑，并观察其整体形式、构件特点和传力途径等。

单元 2　建筑结构用钢材

2.1　建筑结构用钢材的分类

我国建筑钢结构采用的钢材以碳素结构钢和低合金、高强度结构钢为主，目前已经形成像桥梁结构钢和锅炉结构钢那样的专业用钢标准，即《建筑结构用钢板》（GB/T 19879—2015）。

国家标准《建筑结构用钢板》适用于制造高层建筑结构、大跨度结构及其他重要建筑结构用厚度为 6～200 mm 的 Q345GJ，厚度为 6～150 mm 的 Q235GJ、Q390GJ、Q420GJ 和 Q460GJ 及厚度为 12～40 mm 的 Q500GJ、Q550GJ、Q620GJ 和 Q690GJ 热轧钢板。

建筑钢结构用钢板牌号的表示方法：牌号由代表屈服点的汉语拼音字母（Q）、规定的最小屈服强度数值、代表高性能建筑结构用钢的汉语拼音字母（GJ）、质量等级符号（B、C、D、E）组成，如 Q345GJC。对于厚度方向性能钢板，可在质量等级符号后加上厚度方向（Z 向）的性能级别（Z15、Z25 或 Z35），如 Q345GJCZ25。

2.1.1　碳素结构钢

国家标准《碳素结构钢》（GB/T 700—2006）一般适用于交货状态，通常用于焊接、铆接、栓接工程结构用的热轧钢板、钢带、型钢和钢棒。

碳素结构钢是最普遍的工程用钢，按含碳量的多少可粗略地分成低碳钢、中碳钢和高碳钢。建筑钢结构主要使用低碳钢。

碳素结构钢按脱氧程度分为镇静钢和沸腾钢两类（注：半镇静钢在新标准中已经取消）。碳素结构钢的牌号按屈服点共划分为 4 种，即 Q195、Q215、Q235、Q275（注：Q255 在新标准中已经取消）。

碳素结构钢的牌号由代表屈服点的字母、屈服点数值、质量等级符号、脱氧方法符号 4 个部分按顺序组成，所采用的符号分别用下列字母表示：Q——钢材屈服点，Q 为"屈"字汉语拼音的首位字母；A、B、C、D——质量等级；F——沸腾钢，F 为"沸"字汉语拼音的首位字母；Z——镇静钢，Z 为"镇"字汉语拼音的首位字母；TZ——特殊镇静钢，TZ 为"特镇"两字汉语拼音的首位字母。在牌号表示方法中，"Z"与"TZ"符号可以省略。

2.1.2　优质碳素结构钢

国家标准《优质碳素结构钢》（GB/T 699—2015）适用于公称直径或厚度不大于 250 mm 的热轧和锻制优质碳素结构钢棒材（该标准规定的牌号及化学成分也适用于钢锭、钢坯、其他截面的钢材及制品）。

优质碳素结构钢（Quality Carbon Structure Steel）与碳素结构钢的主要区别在于，优质碳素结构钢中所含的杂质元素较少，磷、硫等有害元素的含量均不大于 0.035%，其他缺陷限制也较严格，具有较好的综合性能。由于优质碳素结构钢价格较高，因此，在钢结构中使用较少，通常仅用经热处理的优质碳素结构钢冷拔高强钢丝或制作高强螺栓、自攻螺丝等。

优质碳素结构钢的牌号是以平均含碳量的万分数表示前面两位数字的。若某种合金元素的平均含量高于一定百分比时，则其后要标出所含合金元素的符号。用于建筑的优质碳素结构钢有15号、20号、45号、15Mn、20Mn钢等。

2.1.3 低合金高强度结构钢

合金元素总量低于5%的钢是低合金钢，在5%～10%之间的钢是中合金钢，高于10%的钢是高合金钢。建筑钢结构使用低合金钢。低合金高强度结构钢广泛用于大跨度钢结构，比碳素结构钢节省20%～30%的钢材。低合金高强度钢结构的牌号表示方法，详见《低合金高强度结构钢》（GB/T1591—2018）的规定，牌号示例：Q355ND、Q355NDZ25。

2.1.4 Z向钢板

随着高层建筑、大跨度结构的发展，要求构件的承载力越来越大，所用钢板的厚度也日趋增大。目前，国内高层建筑中所用的钢板厚度已超过100 mm。

钢板沿3个方向的机械性能是有差别的：沿轧制方向的性能最好；垂直于轧制方向的性能稍差；沿厚度方向的性能则又次之。一般情况下的钢材，尤其是厚钢板，局部会存在夹渣、分层现象，且往往难以避免。夹渣、分层现象主要来源于钢中的硫、磷偏析和非金属夹杂等缺陷。另外，在实际钢结构中，尤其是在层数较高的建筑和跨度较大的结构中，常常会出现沿钢板厚度方向受拉的情况，如梁与柱的连接处。钢板沿厚度方向塑性较差或出现夹渣、分层现象，常常造成钢板沿厚度方向受拉时发生层状撕裂。为保证安全，要求采用一种能抗层状撕裂的钢板，即厚度方向性能钢板，或称Z向钢板（Z向是指钢材的厚度方向）。

Z向钢板是在某一级结构钢（称为母级钢）的基础上，经过特殊冶炼、处理的钢材，含硫量的控制较严，一般为钢材的1/5以下，截面收缩率ψ在15%以上。因此，Z向钢板沿厚度方向有较好的延性。根据国家标准《厚度方向性能钢板》（GB/T 5313—2010）的规定，我国生产的Z向钢板的牌号是在母级钢牌号后面加上Z向钢板的等级标记Z15、Z25和Z35。Z后面的数字为截面收缩率ψ的指标（%）。

2.1.5 其他建筑用钢

在某些情况下，采用一些有别于上述牌号的钢材时，材质应符合国家相关标准的要求。例如，当处于外露环境对耐腐蚀有特殊要求或在腐蚀性气、固态介质作用下的承重结构采用耐候钢时，应满足《耐候结构钢》（GB/T 4171—2008）的规定；当在钢结构中采用铸钢件时，应满足《一般工程用铸造碳钢件》（GB/T 11352—2009）的规定等。

1. 耐候钢

在钢的冶炼过程中，需加入少量特定的合金元素，一般指Cu、P、Cr、Ni等，使之在金属基体表面生成一种致密的防腐薄膜，起到抗腐蚀的作用，其耐大气腐蚀能力约为碳素钢的4倍。因此，对处于外露环境，且对抗大气腐蚀有特殊要求，或在腐蚀性气态和固态介质作用下的承重结构，宜采用耐候钢。

我国现行生产的耐候钢又分为焊接耐候钢和高耐候钢两类，统称为耐候结构钢。

焊接耐候钢以保持钢材具有良好的焊接性能为特点，适用厚度可达60 mm、100 mm。

根据《耐候结构钢》（GB/T 4171—2008）的规定，牌号由代表屈服点的字母 Q、屈服点数值、代表耐候的字母 NH 及钢材的质量等级符号（A、B、C、D、E）顺序组成，如 Q355NHC。焊接耐候钢共分为 Q235NH、Q295NH、Q355NH、Q415NH、Q460NH、Q500NH、Q550NH 7 种牌号。

根据《耐候结构钢》的规定，高耐候钢适用于耐大气腐蚀的建筑结构，高耐候钢通常在交货状态下使用，但作为焊接结构用材时，板厚应不大于 20 mm。这类钢的耐候性能比焊接耐候钢好，故称为高耐候钢。

高耐候钢的牌号由代表屈服点的字母 Q、屈服点数值、代表高耐候的字母 GNH 组成。例如，牌号 Q355GNH 表示屈服点为 355 MPa 的高耐候钢。高耐候钢共分为 Q295GNH、Q355GNH、Q265GNH、Q310GNH 4 种牌号。其中，后两种牌号的钢为冷轧高耐候钢，厚度不大于 3.5 mm。牌号最后可加上质量等级符号。

2. 铸钢件

建筑钢结构，尤其在大跨度情况下，有时需要铸钢件的支座。根据《钢结构设计标准》（GB 50017—2017）的规定，铸钢材质应符合《一般工程用铸造碳钢件》的规定。铸钢牌号示例：ZG200-400 表示铸钢的屈服强度为 200 N/mm^2，抗拉强度为 400 N/mm^2。

3. 结构用钢管

结构用钢管有热轧无缝钢管和焊接钢管两大类。焊接钢管由钢带卷焊而成，依据管径大小，卷焊又分为直缝焊和螺旋焊两种。结构用无缝钢管按《结构用无缝钢管》（GB/T 8162—2018）的规定，分热轧无缝钢管和冷拔无缝钢管两种。冷拔无缝钢管只限于小管径，热轧无缝钢管所用钢主要为优质碳素结构钢和低合金高强度结构钢。无缝钢管的长度通常为 3000～12 000 mm。

2.1.6 H 型钢和 T 型钢

H 型钢有热轧成型及焊接组合成型两种生产方式。

焊接 H 型钢是将厚度合适的带钢裁成合适的宽度，在连续式焊接机组上将边部和腰部焊接在一起（或者利用非连续式焊接机焊接 H 型钢生产线，即钢结构制作单位可采用钢板切割、H 型钢组立焊接、H 型钢通长焊接、H 型钢翼缘矫正等生产方式）。焊接 H 型钢有金属消耗大、生产经济效益低、产品性能不易保证等缺点。因此，符合国家标准规定型号的 H 型钢的生产以轧制方式为主。

根据《焊接 H 型钢》（YB/T 3301—2005）的规定，焊接 H 型钢用 WH 表示，W 为"焊接"英文 Welding 的首字母，H 代表 H 型钢。

热轧 H 型钢根据不同用途可合理分配截面尺寸的高宽比，具有优良的力学性能和优越的使用性能，结构强度高。与热轧工字钢相比，热轧 H 型钢截面模数大，在承载条件相同时，可节约 10%～15% 的钢材。以热轧 H 型钢为主的钢结构，结构科学、合理，塑性和冲击韧性好，结构稳定性高，适用于承受振动和冲击荷载大的建筑结构，抗自然灾害能力强，特别适用于多地震发生带的建筑结构。与焊接 H 型钢相比，热轧 H 型钢能明显减少对原材料、能源和人工的消耗，残余应力低，外观和表面质量好。

根据《热轧 H 型钢和剖分 T 型钢》（GB/T 11263—2017）的规定，热轧 H 型钢分为 4 类，其代号如下：宽翼缘 H 型钢 HW（W 为英文 Wide 的首字母）、中翼缘 H 型钢 HM（M 为英文 Middle 的首字母）、窄翼缘 H 型钢 HN（N 为英文 Narrow 的首字母）和薄壁 H 型钢 HT（T 为英文 Thin 的首字母）。热轧剖分 T 型钢分为 3 类，其代号如下：宽翼缘剖分 T 型钢 TW、中翼缘剖分 T 型钢 TM 和窄翼缘剖分 T 型钢 TN。

2.2 建筑结构用钢材的性能

2.2.1 建筑结构用钢材的力学性能

钢材的力学性能是通过对钢材的一次单向、均匀拉伸等试验得出的，主要包括强度、塑性和冲击韧性 3 个方面。

1. 钢材的强度

钢材的强度主要包括屈服强度 f_y 和抗拉强度 f_u。在钢结构设计时，可将屈服强度 f_y 作为承载能力极限状态强度计算的限值。对于没有明显的屈服点和屈服平台的钢材，可将卸荷后试件残余应变的 0.2%所对应的应力作为屈服点，称为名义屈服点或屈服强度 $f_{0.2}$。

抗拉强度 f_u 主要作为钢材的强度储备，即屈强比（f_y/f_u）越小，强度储备越大，结构越安全。但如果屈强比过小，则表示钢材的有效利用率太低，会造成浪费。建筑结构用钢材的屈强比一般为 0.6～0.75。

2. 钢材的塑性

钢材的塑性指钢材破坏前产生塑性变形的能力，可由拉伸试验得到的伸长率 δ 和截面收缩率 ψ 来衡量。

3. 钢材的冲击韧性

钢材的冲击韧性是指钢材抵抗冲击荷载的能力，根据材料在断裂时所吸收的总能量来度量。现行国家标准采用国际上通用的夏比试验法，夏比缺口韧性用 A_{KV} 或 C_V 表示，其值为试件折断所需的功，单位为焦耳（J）。

2.2.2 建筑结构用钢材的工艺性能

1. 冷弯性能

冷弯性能可衡量钢材在常温下冷加工弯曲时产生塑性变形的能力。冷弯性能可通过冷弯试验确定，它不仅能检验钢材承受规定弯曲变形的能力，还能反映钢材内部的冶金缺陷，如结晶情况、非金属夹杂物的分布情况等。因此，冷弯性能是判别钢材塑性和冶炼质量的一个综合性指标。

2. 可焊性

可焊性是指钢材对焊接工艺的适应能力，包括两个方面的要求：一是通过一定的焊接工艺保证焊接接头具有良好的力学性能；二是在施工过程中，选择适宜的焊接材料和焊接

工艺参数，有可能避免焊缝金属和钢材热影响区产生热（冷）裂纹的敏感性。

衡量可焊性高低的指标是碳当量 C_{eq}，它主要与碳元素的含量有关。另外，其他合金元素对可焊性也有一定的影响。

2.3 建筑结构用钢材的选择

钢材的选用既要确保结构物的安全可靠，又要经济合理，必须慎重对待。为了保证承重结构的承载能力，防止在一定条件下出现脆性破坏，应根据结构的重要性、荷载特征、连接方法、工作环境、应力状态和钢材厚度等因素综合考虑，选用合适牌号和质量等级的钢材。

一般而言，对于直接承受动力荷载的构件和结构（吊车梁、工作平台梁或直接承受车辆荷载的栈桥构件等）、重要的构件和结构（桁架、屋面楼面大梁、框架横梁及其他受拉力较大的类似结构和构件等）、采用焊接连接的结构及处于低温下工作的结构，应选用质量较高的钢材；对于承受静力荷载的受拉及受弯的重要焊接构件和结构，宜选用较薄的型钢和板材，当选用型钢或板材的厚度较大时，宜采用质量较高的钢材，以防止钢材中较大的残余拉应力和缺陷等与外力共同作用形成三向拉应力场，引起脆性破坏。

《钢结构设计标准》（GB 50017—2017）规定，"承重结构所用的钢材应具有屈服强度、抗拉强度、断后伸长率和硫、磷含量的合格保证，对焊接结构尚应具有碳当量的合格保证。焊接承重结构以及重要的非焊接承重结构采用的钢材，应具有冷弯试验的合格保证；对直接承受动力荷载或需验算疲劳的构件所用钢材尚应具有冲击韧性的合格保证"。

为了简化订货，选择钢材时要尽量统一规格，减少钢材牌号和型材的种类，还要考虑市场的供应情况和制造厂的工艺可能性。对于某些拼接组合结构（焊接组合梁、桁架等）可以选用两种不同牌号的钢材，对由强度控制、受力大的部分（组合梁的翼缘、桁架的弦杆等）用强度较高的钢材，对由稳定控制、受力小的部分（组合梁的腹板、桁架的腹杆等）用强度较低的钢材，以此达到经济合理的目的。

知识梳理与总结

本单元讲述了建筑结构用钢材的分类、性能及选择原则，学习时需要注意以下两点。

（1）建筑结构用钢材种类较多，应注意建筑结构用钢材的最新种类及表达。

（2）建筑结构用钢材的选择应按照工程特点和设计要求，结合规范合理地选择。

思考题 2

（1）简述建筑结构用钢材的基本分类。

（2）如何选择建筑结构用钢材？

实训 2

通过认识周边的建筑结构用钢材，思考钢材应达到的力学性能与工艺性能要求。

单元 3 建筑钢结构制图标准及图纸表示方法

3.1 建筑钢结构制图标准

3.1.1 基本规定

1. 零件、杆件的编号

零件、杆件的编号用阿拉伯数字按顺序编写，以直径为 4～6 mm 的细实线圆表示，如图 3-1 所示。同一图样圆的直径要相同。

2. 对称符号

施工图中的对称符号由对称线和两端的两对平行线组成。对称线用细点画线表示，平行线用细实线表示。平行线的长度为 6～10 mm，每对平行线的间距为 2～3 mm，对称线垂直平分两对平行线，两端均超出平行线 2～3 mm。对称符号如图 3-2 所示。

3. 连接符号

在施工图中，当构件详图的纵向较长、重复较多时，可省略重复部分，用连接符号表示相连。连接符号用折断线表示所需连接的部位，当两个部位相距过远时，折断线两端靠图样一侧要标注大写拉丁字母，以表示连接编号，两个被连接的图样要用相同的字母做连接编号，如图 3-3 所示。

图 3-1 零件、杆件的编号　　　图 3-2 对称符号　　　图 3-3 连接符号

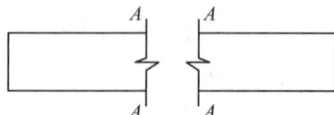

4. 引出线

施工图中的引出线用细实线表示，它由水平方向的直线或与水平方向成 30°、45°、60°、90°角的直线和经上述角度转折的水平直线组成。文字说明要注写在水平直线的上方或端部，如图 3-4（a）和（b）所示。索引详图的引出线与水平直线相连接，如图 3-4（c）所示。同时引出几个相同部分的引出线，引出线可相互平行，也可集中于一点，如图 3-5 所示。

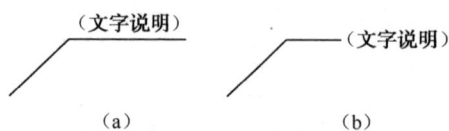

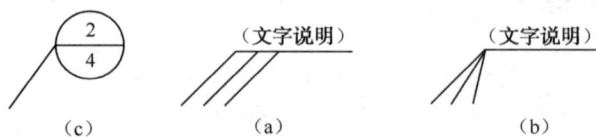

图 3-4 引出线　　　　　　　　　图 3-5 共用引出线

多层构造或多层管道共用的引出线要通过被引出的各层。文字说明要注写在水平直线的上方或端部，说明的顺序由上至下，与被说明的层次相一致。若层次为横向排序时，则

由上至下的说明顺序与由左至右的层次相一致，如图 3-6 所示。

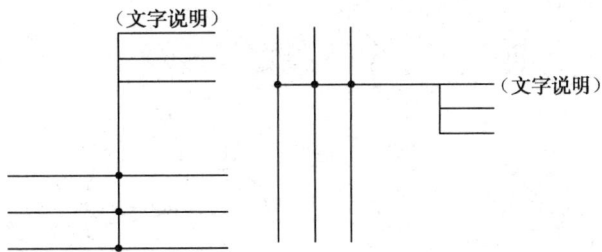

3.1.2　尺寸标注

1. 半径、直径、球的尺寸标注

半径的尺寸线一端应从圆心开始，另一端画箭头指向圆弧，半径尺

图 3-6　多层构造或多层管道共用的引出线

寸数字前应加注半径符号 R，如图 3-7 所示。较小圆弧的半径尺寸可按照图 3-8 所示的标注方法标注，较大圆弧的半径尺寸可按照图 3-9 所示的标注方法标注。

在标注圆直径的尺寸时，直径尺寸数字前应加注直径符号 ϕ，在圆内标注的尺寸线应通过圆心，两端画箭头指至圆弧，如图 3-10 所示。较小圆直径的尺寸可标注在圆外，如图 3-11 所示。

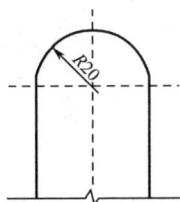

图 3-7　半径的尺寸标注方法

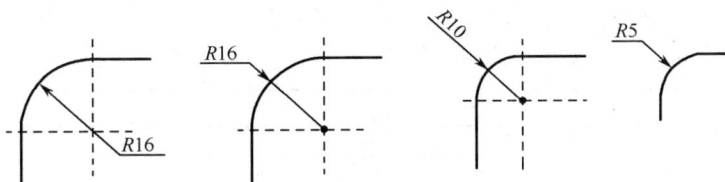

图 3-8　较小圆弧的半径尺寸标注方法

图 3-9　较大圆弧的半径尺寸标注方法

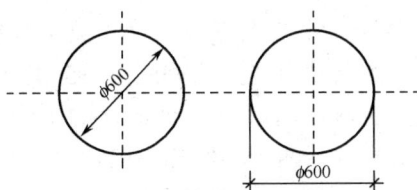

图 3-10　圆直径的尺寸标注方法

在标注球的半径尺寸时，应在半径尺寸数字前加注符号 SR。在标注球的直径尺寸时，应在直径尺寸数字前加注符号 $S\phi$。标注方法与圆弧半径和圆直径的尺寸标注方法相同。

2. 角度、弧长、弦长的尺寸标注

角度的尺寸线以圆弧表示，该圆弧的圆心是该角的顶点，角的两条边为尺寸界限，起止符号用箭头表示。如果没有足够的位置画箭头，则可用圆点代替。引出线上的角度数字应按水平方向注写，如图 3-12（a）所示。

在标注圆弧的弧长尺寸时，尺寸线以与该圆弧同心的圆弧线表示，尺寸界线应垂直于该圆弧的弦，起止符号用圆弧表示，弧长尺寸数字的上方应加注圆弧符号 ⌒，如图 3-12（b）所示。在标注圆弧的弦长尺寸时，尺寸线以平行于该圆弧的弦的直线表示，尺寸界线应垂直于该弦，起止符号用中粗斜短线表示，如图 3-12（c）所示。

3. 尺寸的简化标注

桁架简图、杆件的长度等可直接将尺寸数字沿杆件一侧注写。连续排列的等长尺寸，可用"等长尺寸×个数=总长"的形式标注。简化标注如图 3-13 所示。

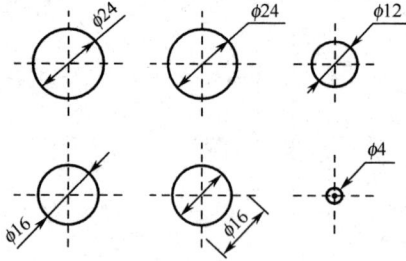

图 3-11　较小圆直径的尺寸标注方法

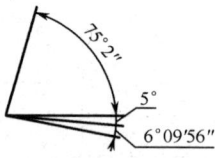

（a）角度的尺寸标注方法　（b）弧长的尺寸标注方法　（c）弦长的尺寸标注方法

图 3-12　角度、弧长、弦长的尺寸标注方法

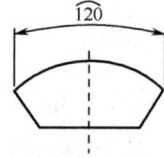

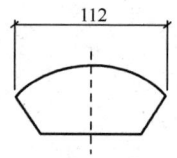

　　若构件内的构造要素（孔、槽等）相同，则可仅标注其中一个要素的尺寸，并在尺寸前注明该要素的数量，如图 3-14 所示。

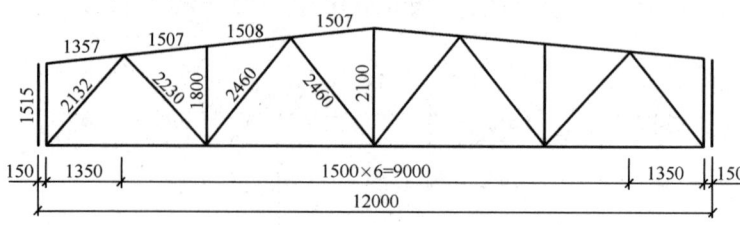

图 3-13　简化标注

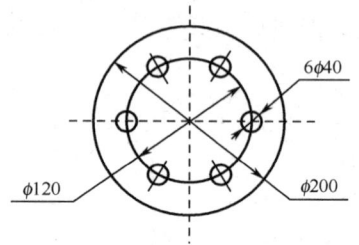

图 3-14　相同要素的尺寸标注方法

　　当对称构件采用对称省略画法时，该对称构件的尺寸线应略超过对称符号，仅在尺寸线的一端画尺寸起止符号，尺寸数字应按整体全尺寸注写，注写位置宜与对称符号对齐。对称构件的尺寸标注方法如图 3-15 所示。对于两个相似构件，若仅个别尺寸数字不同，则可在同一图样中将其中一个构件的不同尺寸数字注写在括号内，该构件的名称也应注写在相应的括号内。两个相似构件的尺寸标注方法如图 3-16 所示。对于数个相似构件，若仅某些尺寸数字不同，则这些有变化的尺寸数字，可用拉丁字母注写在同一图样中，另列表格写明其具体尺寸。数个相似构件的尺寸及表格标注方法如图 3-17 所示。

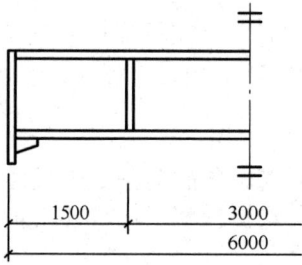

图 3-15　对称构件的尺寸标注方法

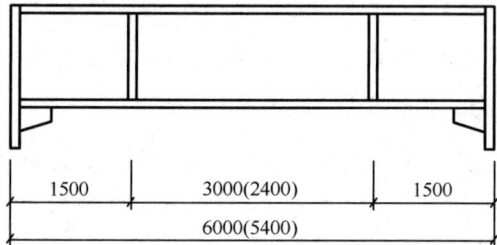

图 3-16　两个相似构件的尺寸标注方法

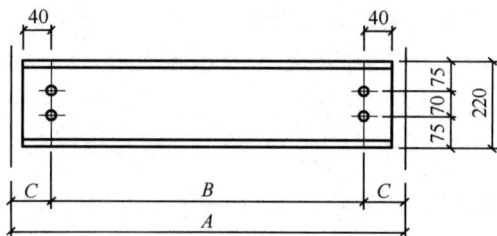

构件编号	A	B	C
L-1	6000	5500	250
L-2	5400	5000	200
L-3	5000	4500	250

图 3-17　数个相似构件的尺寸及表格标注方法

4. 桁架的标注

在钢结构施工图中，桁架结构的几何尺寸用单线图表示，杆件轴线长度的尺寸标注在构件的上方。当桁架结构杆件布置和受力均对称时，在桁架单线图的左半部分标注杆件的几何轴线尺寸，右半部分标注杆件的内力值和反力值。当桁架结构杆件布置和受力非对称时，在桁架单线图的上方标注杆件的几何轴线尺寸，下方标注杆件的内力值和反力值。竖杆的几何轴线尺寸标注在左侧，内力值标注在右侧。桁架的尺寸标注和内力标注方法如图 3-18 所示。

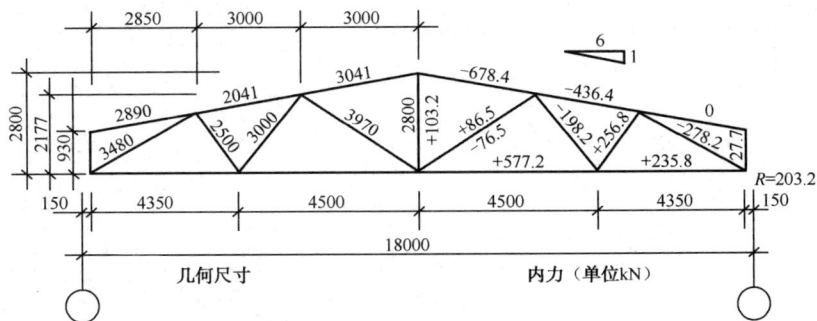

图 3-18 桁架的尺寸标注和内力标注方法

5. 构件的尺寸标注

当两个构件的两条重心线很接近时，在交汇处将各自向外错开，如图 3-19 所示。

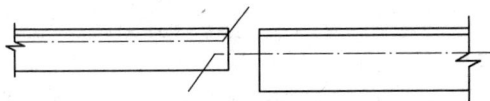

弯曲构件应沿弧度的曲线标注弧的轴线长度，如图 3-20 所示。

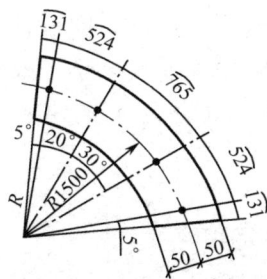

切割板材应标注各线段的长度及位置，如图 3-21 所示。

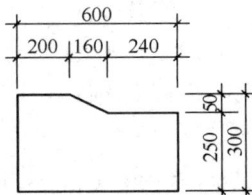

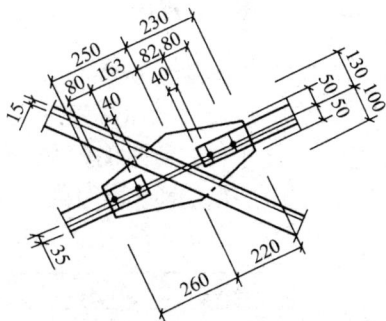

图 3-19 两个构件的两条重心线很接近时的标注方法

图 3-20 弯曲构件的尺寸标注方法

图 3-21 切割板材的尺寸标注方法

不等边角钢组成的构件，必须标注角钢一肢的尺寸，如图 3-22 所示；当构件由等边角钢组成时，可不必标注。

节点板的尺寸标注应注明节点板的尺寸和各杆件螺栓孔的中心或中心距，以及杆件端部至几何中心线交点的距离，如图 3-23 所示。

双型钢组合截面的构件，应注明缀（填）板的数量及尺寸，如图 3-24 所示，引出横线的上方标注缀（填）板的数量、宽度和厚度，引出横线的下方标注缀（填）板的长度。

当节点板为非焊接时，应注明节点板的尺寸和螺栓孔与构件几何中心线交点的距离，连接节点板的尺寸标注方法如图 3-25 所示。

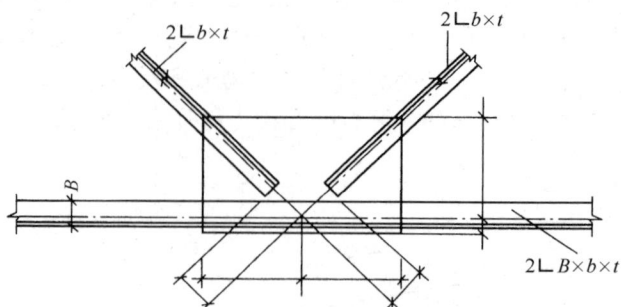

图 3-22　不等边角钢的尺寸标注方法

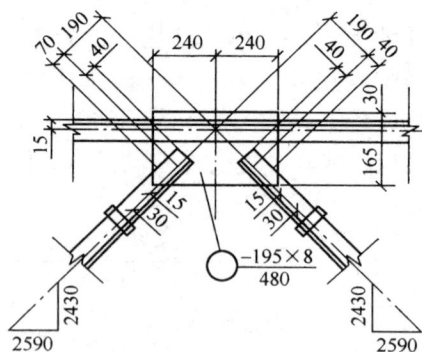

图 3-23　节点板的尺寸标注方法

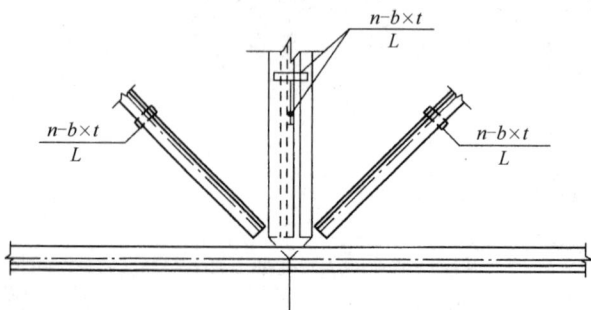

图 3-24　缀（填）板的尺寸标注方法

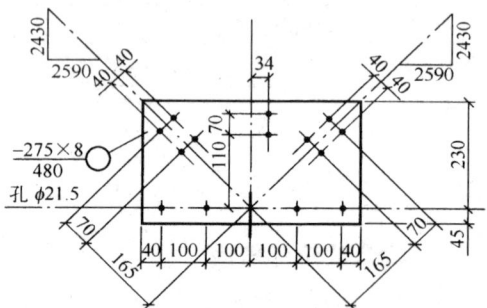

图 3-25　连接节点板的尺寸标注方法

3.2　建筑钢结构图纸表示方法

3.2.1　构件表示

构件名称可用代号来表示，一般用汉语拼音的第一个字母表示。当材料为钢材时，代号最前面加 G，代号后标注的阿拉伯数字为该构件的型号、编号或构件的顺序号。构件的顺序号可采用不带角标的阿拉伯数字连续编排。例如，GWJ-1 表示编号为 1 的钢屋架。表 3-1 列出了建筑钢结构图纸常用构件代号。

表 3-1　建筑钢结构图纸常用构件代号

序号	名称	代号	序号	名称	代号	序号	名称	代号
1	刚架	GJ	10	钢屋架	GWJ	19	刚性系杆	GXG
2	刚架（梁式吊车）	GJL	11	山墙柱	SQZ	20	檩条	LT
3	刚架（桥式吊车）	GJQ	12	门柱	MZ	21	墙梁	QL
4	钢框架柱	GKZ	13	门梁	ML	22	刚性檩条	GL
5	非钢框架柱	GZ	14	钢吊车梁	GDL	23	屋脊檩条	WL
6	钢框架柱柱脚	GZJ	15	水平支撑	SC	24	撑杆	CG
7	钢框架梁	GKL	16	柱间支撑	ZC	25	直拉条	ZLT
8	钢次梁	GL	17	剪力墙支撑	JV	26	斜拉条	XLT
9	钢悬臂梁	GXL	18	系杆	XG	27	隔撑	YC

3.2.2　型钢表示

型钢的表示方法如表 3-2 所示。

表 3-2　型钢的表示方法

序号	名　称	截　面	标　注	说　明
1	热轧等边角钢		$b×t$	b 为肢宽，t 为肢厚
2	热轧不等边角钢	B	$B×b×t$	B 为长肢宽，b 为短肢宽，t 为肢厚
3	热轧工字钢		N	N 为工字钢的型号
4	热轧槽钢		N	N 为槽钢的型号
5	方钢	b	b	b 为方钢的边长
6	扁钢	b	$-b×t$	b 为钢板宽度，t 为钢板厚度，l 为钢板长度
7	钢板		$\dfrac{-b×t}{l}$	
8	圆钢		ϕd	d 为圆钢直径
9	钢管		$\phi d×t$	d 为钢管外径，t 为管壁厚度
10	薄壁方钢管		$B \boxed{} b×t$	薄壁型钢加注 B，b 为钢管外径，t 为管壁厚度
11	热轧部分 T 型钢	b h	TW $h×b$ TM $h×b$ TN $h×b$	TW 为宽翼缘 T 型钢 TM 为中翼缘 T 型钢 TN 为窄翼缘 T 型钢
12	热轧 H 型钢		HW $h×b$ HM $h×b$ HN $h×b$ HT $h×b$	HW 为宽翼缘 H 型钢 HM 为中翼缘 H 型钢 HN 为窄翼缘 H 型钢 HT 为薄壁 H 型钢
13	起重机钢轨		QU××	QU 为起重机轨道型号

3.2.3　螺栓、孔表示

螺栓、孔的表示方法如表 3-3 所示。

表 3-3　螺栓、孔的表示方法

序号	名　称	图　例	说　明
1	永久螺栓	$\dfrac{M}{\phi}$	
2	高强螺栓	$\dfrac{M}{\phi}$	
3	安装螺栓	$\dfrac{M}{\phi}$	细"+"表示定位线 M 表示螺栓型号 ϕ 表示螺栓孔直径 d 表示膨胀螺栓直径 采用引出线标注螺栓时，横线上标注螺栓的规格，横线下标注螺栓孔的直径 b 表示孔的长度
4	膨胀螺栓	d	
5	圆形螺栓孔	ϕ	
6	长圆形螺栓孔	ϕ b	

3.2.4　焊缝符号及标注方法

1. 焊缝符号的组成及标注要点

在钢结构施工图中要用焊缝符号表明焊缝形式、尺寸和补充要求。根据《焊缝符号表示法》（GB/T 324—2008），完整的焊缝符号主要由基本符号、指引线、补充符号、尺寸及数据等组成。为了简化，标注焊缝时通常只采用基本符号和指引线，其他内容一般在有关文件（焊接工艺规程等）中明确。在焊缝符号中，基本符号和指引线为基本要素。焊缝的准确位置通常由基本符号和指引线之间的相对位置决定，具体位置包括箭头线的位置、基准线的位置和基本符号的位置。

指引线由箭头线和基准线（实线和虚线）组成，如图 3-26 所示。基准线的虚线可以画在实线的上侧，也可以画在实线的下侧。基准线一般与图纸的底边相平行，特殊情况也可与底边相垂直。

基本符号能表示焊缝的基本截面形式，其线条宜粗于指引线。基本符号标注在基准线上，相对位置规定如下：如果焊缝在接头的箭头侧，则将基本符号标注在基准线的实线

侧；如果焊缝在接头的非箭头侧，则将基本符号标注在基准线的虚线侧。焊缝的指引线如图 3-27 所示，这与基本符号标注的上下位置无关。如果焊缝为双面对称焊缝，则基准线可以不加虚线，如图 3-28 所示。箭头线相对于焊缝位置一般无特别的要求，对于有坡口的焊缝，箭头线应指向带有坡口的一侧。单面 V 形焊缝的指引线如图 3-29 所示。在实际应用中，为方便起见，往往将虚线省略。

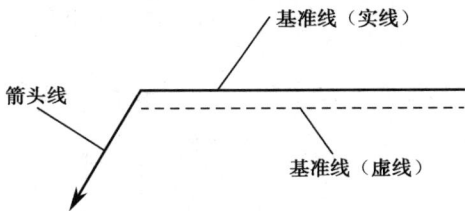

图 3-26　指引线

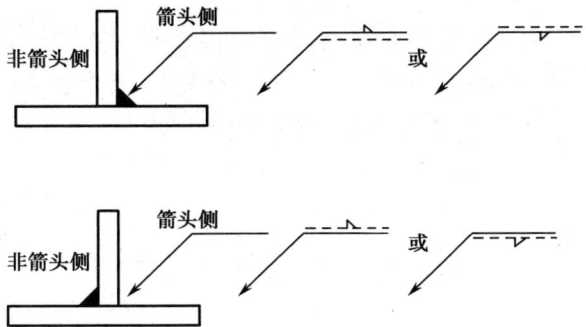

图 3-27　焊缝的指引线

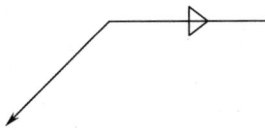

图 3-28　双面对称焊缝的标注方法

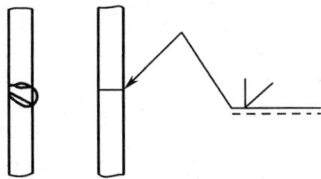

图 3-29　单面 V 形焊缝的指引线

补充符号是为了补充说明焊缝的某些特征而采用的符号，如三面围焊、周边焊缝、在工地现场施焊的焊缝和焊缝底部有垫板等说明。

焊缝的基本符号和补充符号均用粗实线表示，并与基准线相交或相切，但尾部符号除外。尾部符号用细实线表示，并且在基准线的尾端。

焊缝尺寸要标注在基准线上。应注意不论箭头线方向如何，有关焊缝横截面的尺寸（角焊缝的焊角尺寸等）一律标在焊缝基本符号的左边，有关焊缝长度方向的尺寸（焊缝长度等）则一律标在焊缝基本符号的右边。此外，对接焊缝中有关坡口的尺寸应标在焊缝基本符号的上侧或下侧。

当焊缝分布不规则时，在标注焊缝符号的同时，还可以在焊缝位置处加栅线表示。

2. 常见焊缝的标注方法

在同一图形上，当焊缝形式、断面尺寸和辅助要求均相同时，可只选择一处标注焊缝的符号，并加注相同焊缝的符号，相同焊缝的符号为 3/4 圆弧，画在指引线的转折处，如图 3-30（a）所示。在同一图形上，有数种相同焊缝时，可将焊缝的分类编号标注在尾部符号内。分类编号用 A、B、C……表示，在同一类焊缝中可选择一处标注编号，如图 3-30（b）所示。

熔透角焊缝应按图 3-31 所示的标注方法标注，熔透角焊缝的符号为涂黑的圆圈，画在指引线的转折处。

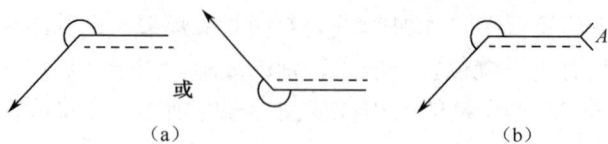

图 3-30　相同焊缝的指引线及符号

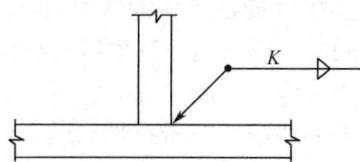

图 3-31　熔透角焊缝的标注方法

图形中较长的角焊缝（焊接实腹钢梁的翼缘焊缝等）可不用指引线标注，而直接在角焊缝旁标注焊缝的尺寸值 K，如图 3-32 所示。

在连接长度内仅局部区段有焊缝时，按图 3-33 所示的标注方法标注，K 为角焊缝焊脚的尺寸。

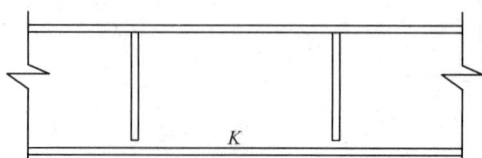

图 3-32　较长角焊缝的标注方法

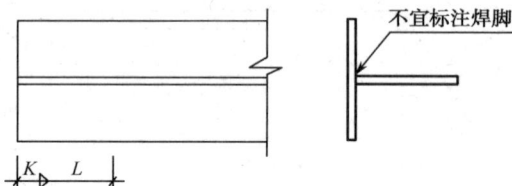

图 3-33　局部焊缝的标注方法

当焊缝分布不规则时，可在标注焊缝符号的同时，在焊缝处加中实线表示可见焊缝，或加栅线表示不可见焊缝，标注方法如图 3-34 所示。

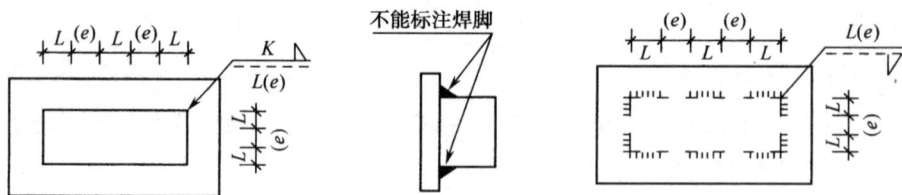

图 3-34　不规则焊缝的标注方法

相互焊接的两个焊件，当焊缝为单面带双边不对称坡口焊缝时，指引线箭头要指向较大坡口的焊件，如图 3-35 所示。环绕工作件周围的围焊缝符号用圆圈表示，画在指引线的转折处，并标注焊脚尺寸 K，如图 3-36 所示。

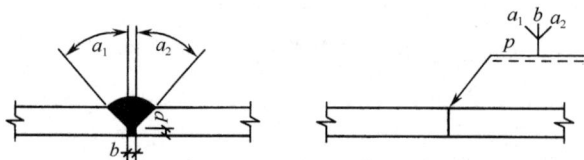

图 3-35　单面带双边不对称坡口焊缝的标注方法

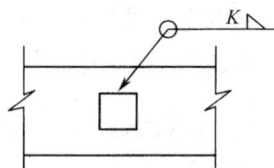

图 3-36　围焊缝的标注方法

当两个或两个以上的焊件相互焊接时，焊缝不能作为双面焊缝标注，焊缝的符号和尺寸应分别标注，如图 3-37 所示。在施工现场进行焊接的焊件，焊缝需要标注现场焊缝符号，现场焊缝符号为涂黑的三角形旗号，绘在指引线的转折处，如图 3-38 所示。

在相互焊接的两个焊件中，当只有一个焊件带坡口（单面 V 形等）时，指引线箭头要指向带坡口的焊件。单个焊件带坡口焊缝的标注方法如图 3-39 所示。

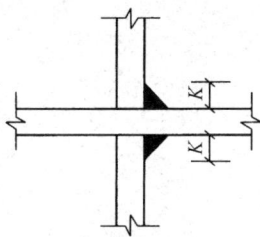

图 3-37 两个以上焊件焊缝的标注方法

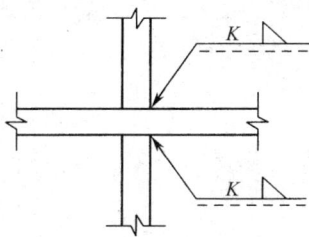

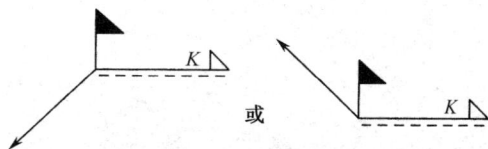

图 3-38 现场焊缝的标注方法

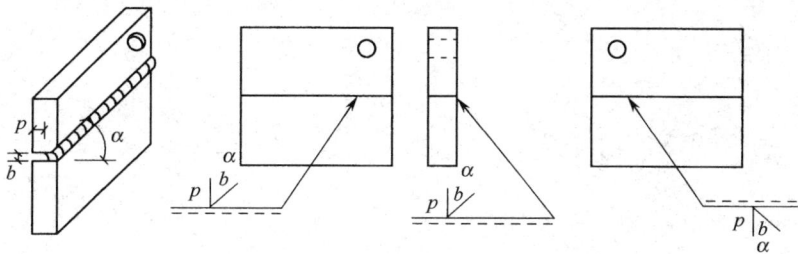

图 3-39 单个焊件带坡口焊缝的标注方法

知识梳理与总结

本单元讲述了建筑钢结构的制图标准及图纸表达方法，学习时需要注意以下两点。

（1）熟悉建筑钢结构的制图标准，结合钢结构的施工图集、图纸仔细看懂图线及尺寸标注。

（2）能看懂常见钢结构施工图中有关钢结构构件的表示符号、螺栓连接符号和焊缝符号。

思考题 3

（1）在建筑钢结构施工图中，对于桁架的尺寸标注、节点板的尺寸标注有何注意事项？

（2）焊缝符号一般分为哪几类？分别举例说明。

实训 3

（1）认识建筑钢结构施工图纸、图集中的基本制图符号、构件表示符号、螺栓连接符号、焊缝符号等，并分析其表示的含义。

（2）识读《钢结构设计制图深度和表示方法》（03G102）（以下简称图集 03G102）中的基本制图规则。

模块 2
门式刚架构造与识图

一般来说，钢结构可以划分为普通钢结构和轻型钢结构两大类。但是，如何定义和区分这两类钢结构却存在着诸多标准，如可以从结构的跨度标准、层数标准、结构用途标准、吊车吨位标准等进行区分，它们都有一定的合理性，但都是建立在结构外部因素的基础之上的。事实上，轻型钢结构体系的本质就是一个"轻"字，实现"轻"的关键就是板件截面要"薄"。

门式刚架是典型的轻型钢结构。在工业发达国家，经过较长时间的发展，它已被广泛应用在各类房屋中，如厂房、超市、住宅、办公用房等。随着我国经济的快速发展，门式刚架轻型房屋钢结构也得到了迅速发展。本模块的内容参照《门式刚架轻型房屋钢结构技术规范》（GB 51022—2015）编写。

通过学习，读者应对门式刚架的组成和构造有一个全面的了解，掌握门式刚架的构造要点，熟悉门式刚架各构件的组成和节点的连接关系，识别和分析各构件，熟读门式刚架施工图纸的主要内容。

单元 4　门式刚架的组成、特点与选材

扫一扫看
本单元教
学课件

4.1　门式刚架的组成与荷载传递

门式刚架结构是指主要承重结构为单跨或多跨实腹式刚架（刚架就是梁、柱单元构件的组合体，是柱和直线形、弧形或折线形横梁刚性连接的承重骨架的结构体系），具有轻型屋盖和轻型外墙，可以设置起重量不大于 20 t 的中、轻级工作制（A1～A5）桥式吊车或 3 t 悬挂式吊车的单层房屋钢结构。

4.1.1　门式刚架的结构体系组成

门式刚架的结构体系组成如图 4-1 所示，主要包括以下几个部分。

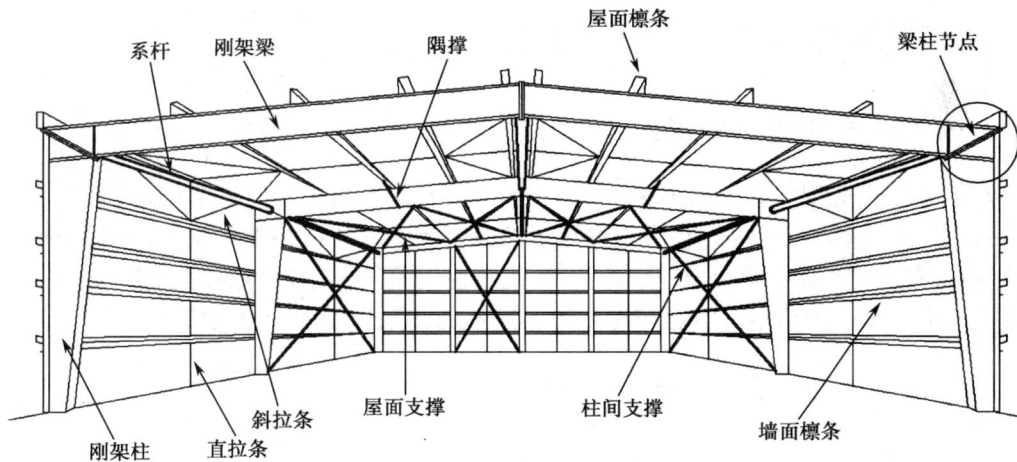

图 4-1　门式刚架的结构体系组成

（1）基础。

（2）主结构：横向刚架（包括中部和端部刚架，端部钢架由刚架柱和刚架梁组成）、楼面梁和托梁。

（3）次结构：屋面檩条和墙面檩条（简称墙梁或墙檩）等。

（4）支撑系统：屋面支撑、柱间支撑等。

（5）围护结构：屋面系统和墙面系统等。

（6）辅助结构：楼梯、平台、栏杆等。

平面门式刚架组成了门式刚架结构的主要受力骨架，即主结构（见图 4-1）。屋面支撑和柱间支撑、隔撑、系杆等传递侧向力，一定程度上保证了结构的稳定，构成了支撑体系。屋面檩条和墙面檩条是围护材料的支承结构，也构成了门式刚架的次结构。另外，屋面板和墙面板对整个结构起围护和封闭作用。若有必要，还应设置吊车梁、楼梯、栏杆、平台、夹层等辅助结构。

在门式刚架房屋钢结构体系中，屋盖一般采用压型钢板屋面板和冷弯薄壁型钢屋面檩

条组合而成；主刚架可采用实腹式刚架；外墙宜采用压型钢板墙板和冷弯薄壁型钢墙梁，也可采用砌体外墙或底部为砌体、上部为轻质材料的外墙；主刚架斜梁下翼缘和刚架柱内翼缘平面外的稳定性，由与檩条或墙梁相连接的隔撑来保证；主刚架间的交叉支撑可采用张紧的圆钢、角钢等。

门式刚架房屋一般采用带隔热层的板材作为屋面、墙面的隔热和保温层，需要时应设置屋面防潮层。

门式刚架房屋设置门窗、天窗、采光带时应考虑墙梁、檩条的合理布置。

4.1.2 荷载传递

主刚架按受荷范围承受整个结构传来的恒荷载、屋墙面活荷载、横向风荷载、吊车竖向和横向水平荷载，最终将内力传递到柱脚和基础上；而纵向风荷载、地震力、吊车纵向水平荷载等通过屋面支撑和柱间支撑等传递到柱脚和基础上。

4.2 门式刚架的结构形式和确定原则

4.2.1 门式刚架的结构形式

门式刚架结构是梁、柱单元构件的组合体。在单层工业与民用房屋的钢结构中，应用较多的为图 4-2 所示的单跨、双跨、多跨刚架及带毗屋、带挑檐的刚架等。多跨刚架宜采用双坡屋面或单坡屋面［见图 4-2（f）］，必要时也可采用多个双坡单跨相连的多跨刚架形式。根据通风、采光的需要，刚架厂房可设置通风口、采光带和天窗架等。

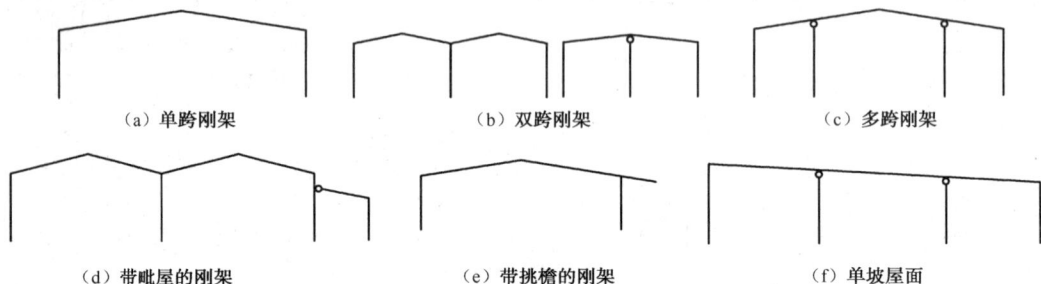

（a）单跨刚架　　　　　　（b）双跨刚架　　　　　　（c）多跨刚架

（d）带毗屋的刚架　　　　　（e）带挑檐的刚架　　　　　（f）单坡屋面

图 4-2　门式刚架的结构形式

4.2.2 门式刚架的常见类型和适用范围

门式刚架通常用于单跨跨度为 12～48 m、柱网轴线纵向间距为 6～9 m、房屋高度不超过 18 m、房屋高宽比小于 1 的结构，采用等截面或变截面的单跨或多跨实腹门式刚架为承重刚架、采用轻型钢屋面和轻型外墙（有时也采用非嵌砌砌体墙）围护系统、采用无桥式吊车、设置起重量不大于 20 t 的中轻级工作制桥式吊车或起重量不超过 3 t 的悬挂式起重机的单层钢结构房屋（常用于工业建筑或公共建筑，如工业厂房、超市房屋、娱乐体育建筑、车站候车室、码头建筑、汽车销售服务 4S 店等）。门式刚架的常见类型如图 4-3 所示。

（a）结构类型1 　　　　　　（b）结构类型2 　　　　　　（c）结构类型3

（d）结构类型4 　　　　　　（e）结构类型5 　　　　　　（f）结构类型6

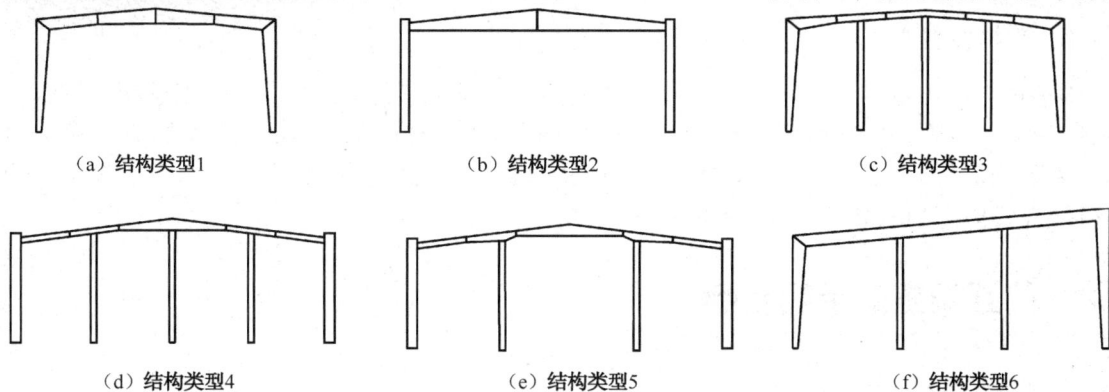

图 4-3　门式刚架的常见类型

1. 结构类型 1

结构类型 1 如图 4-3（a）所示。该结构是屋面小坡度的刚架，柱子采用变截面柱，屋面梁采用变截面梁更为合理，横梁的中间部分接近水平，内部不设中间柱，使厂房内具有一定的净跨尺寸，使用方便。同时，该结构不需要较高的中间净空。屋面坡度较小，这样可以节省非使用空间的采暖和保温方面的费用。该结构设计跨度为 9～48 m，檐高为 3～9 m，屋面坡度为 1/20～1/12，柱距为 6～9 m，适用于工业用较大跨度厂房、粮食库、仓库等建筑。

2. 结构类型 2

结构类型 2 如图 4-3（b）所示。该结构采用等截面柱和平底梁，屋面坡度小，墙线简练，空间紧凑，墙柱和圈梁外边齐平，稳定性好，具有室内外均较美观的特点。该结构可节省采暖、降温费用，具有很好的商业应用价值，适用于办公室、超市、食堂、礼堂等。该结构设计跨度为 9～24 m，檐高为 3～7.5 m，屋面坡度为 1/12、1/16、1/20，柱距为 6～9 m。

3. 结构类型 3

结构类型 3 如图 4-3（c）所示。该结构除具备结构类型 1 的特点外，还能在内部设置 3 排内柱，使厂房的体型更加庞大，内部流水线的布置更为紧凑、高效，并能使厂区土地得到充分利用，适用于仓库、办公室、展览厅、轻工业装备厂等。该结构设计跨度为 36～108 m，檐高为 3～9 m，屋面坡度为 1/12、1/16、1/20，柱距为 6～9 m。

4. 结构类型 4

结构类型 4 如图 4-3（d）所示。该结构除具备结构类型 2 的特点外，还具有现代化的外观和较小的屋面坡度。若在内部加配纵向托梁，则可形成内部空间，柱距可达 12 m、15 m、18 m，适用于购物中心、超市、仓库、工业厂房及商业办公楼等。该结构设计跨度为 30～96 m，檐高为 3.6～7.5 m，柱距为 6～9 m。

5. 结构类型 5

结构类型 5 如图 4-3（e）所示。该结构除具备结构类型 3 的特点外，加上内柱使该结构的商业应用在设计方面更经济，更能显示结构优势，适用于仓库、展示厅、购物中心、大型服装厂等。该结构设计跨度为 34～96 m，檐高为 3.6～7.5 m，柱距为 6～9 m。

6. 结构类型 6

结构类型 6 如图 4-3（f）所示。该结构建筑物的屋面坡度较小，且为单斜坡及单一排水区的形式，典型的搭接围梁和小屋面坡度是它的结构特点，适用于建筑物的扩建，商店、简易仓库等。该结构也可以通过增加内柱来加大跨度空间，使之更实用，设计跨度为 18～61 m，檐高为 3.7～7.5 m，柱距为 6～9 m。

4.3 门式刚架的结构特点

门式刚架的结构特点如下。

（1）采用轻型屋面，可减小梁柱的截面尺寸及基础尺寸，有效地利用建筑空间。

（2）刚架可采用变截面，根据需要改变腹板高度、厚度及翼缘宽度，做到材尽其用。

（3）刚架的侧向刚度可由檩条和墙梁的隅撑保证，以减少纵向刚性构件和减小翼缘宽度。

（4）支撑可做得较轻便，直接或用水平节点板连接在腹板上，可采用张紧的圆钢。

（5）刚架的腹板允许部分失稳，利用屈曲后的强度，即按有效宽度设计，可减小腹板厚度，不设或少设横向加劲肋。

（6）竖向荷载通常是设计的控制荷载，地震荷载一般不做为控制荷载。当风荷载较大或房屋较高时，风荷载的作用不应忽视。

（7）在大跨度建筑中增设中间柱做成一个屋脊多跨大双坡屋面，以避免内天沟排水。中间柱可采用钢管制作的上下铰接摇摆柱，占空间小。

（8）结构构件可全部在工厂制作，工业化程度高。

4.4 门式刚架的尺寸要求和结构布置

（1）门式刚架轻型房屋钢结构的尺寸应符合下列要求。

① 门式刚架的跨度应取横向刚架柱轴线间的距离。

② 门式刚架的高度应取室外地面至柱轴线与斜梁轴线交点的高度。高度应根据使用要求的室内净高确定，有吊车的厂房应根据轨顶标高和吊车净空要求确定。

③ 柱的轴线可取通过柱下端（较小端）中心的竖向轴线。斜梁的轴线可取通过变截面梁段最小端中心与斜梁上表面平行的轴线。

④ 门式刚架房屋的檐口高度应取室外地面至房屋外侧檩条上缘的高度。门式刚架轻型房屋的最大高度应取室外地面至屋盖顶部檩条上缘的高度。门式刚架轻型房屋的宽度应取房屋侧墙墙梁外皮之间的距离。门式刚架轻型房屋的长度应取两端山墙墙梁外皮之间的距离。

（2）门式刚架的单跨跨度宜为 12～48 m，当有根据时，可采用更大的跨度。当边柱宽度不等时，其外侧应对齐。门式刚架的间距，即柱网轴线在纵向的距离宜采用 6～9 m，挑檐长度可根据使用要求确定，宜采用 0.5～1.2 m，上翼缘坡度宜与斜梁坡度相同。

（3）门式刚架轻型房屋的屋面坡度一般为 1/20～1/8，在雨水较多的地区可取其中的较大值。

（4）门式刚架轻型房屋钢结构的温度区段长度，应符合下列规定。

① 纵向温度区段不宜大于 300 m。

② 横向温度区段不宜大于 150 m，当横向温度区段大于 150 m 时，应考虑温度的影响。

③ 当有可靠依据时，温度区段的长度可适当加大。

（5）当需要设置伸缩缝时，应符合下列规定。

① 在搭接檩条的螺栓连接处宜采用长圆孔，该处屋面板在构造上应允许胀缩或设置双柱。

② 吊车梁与柱的连接处宜采用长圆孔。

（6）在多跨刚架局部抽掉中间柱或边柱处，宜布置托梁或托架。

（7）屋面檩条的布置应考虑天窗、通风屋脊、采光带、屋面材料、檩条供货规格等因素的影响。屋面压型钢板的厚度和檩条间距应按计算确定。

（8）山墙可设置由斜梁、抗风柱、墙梁及支撑组成的山墙墙架，或采用门式刚架。图 4-4 所示为山墙墙架示意图。

（9）房屋的纵向应有明确、可靠的传力体系。当某一柱列的纵向刚度和强度较弱时，应通过房屋的横向水平支撑，将水平力传递至相邻柱列。

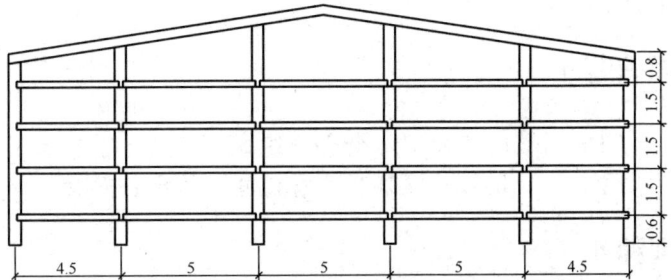

图 4-4　山墙墙架示意图

（10）门式刚架轻型房屋的侧墙可采用非嵌砌砌体墙或压型钢板墙面。当采用压型钢板墙面时，下部宜设置一道高约 1 m 的砌体墙或高约 0.2 m 的混凝土踢脚，以防雨水浸渗或意外碰撞损伤墙面。

4.5　门式刚架的钢材选用

钢材选用的原则：既能使结构安全可靠地满足使用要求，又能尽量节约结构钢材和降低造价。一般而言，轻型门式刚架设计中钢材的选用应考虑以下几个方面。

4.5.1　结构类型及重要性

结构可分为重要、一般和次要结构三类。

普通门式刚架厂房的主结构梁柱和次结构构件属于一般结构，可选用 Q235B 或 Q345B 以上的钢。

辅助结构中的楼梯、平台、栏杆等属于次要结构，可选用 Q235B 钢。

4.5.2　荷载性质

直接承受动力荷载的结构一般采用 Q235B 以上的钢或 Q345 钢。

对于环境温度高于-20 ℃，起重量小于 50 t 的中、轻级工作制吊车梁也可选用 Q235B 钢。

承受静力荷载或间接承受动力荷载的结构可选用 Q235B 钢或 Q345B 钢。

4.5.3　工作温度

应根据结构的工作温度选择结构的质量等级。例如，当工作温度低于-20 ℃时，宜选用 C、D 级；当工作温度高于-20 ℃时，可选用 B 级。

知识梳理与总结

本单元讲述了门式刚架的组成、结构形式、常见类型、确定原则、结构特点、建筑尺寸、结构布置和钢材选用等，学习时需要注意以下两点。

（1）门式刚架的结构形式多样，学习时应注意将结构形式与应用类型对比理解。

（2）门式刚架的建筑尺寸应与结构形式等结合理解，并充分利用建筑实物、图片等媒介加深印象。

思考题 4

（1）门式刚架由哪几个部分组成？

（2）门式刚架的建筑尺寸有哪些？请举例解释。

实训 4

认识周边的门式刚架建筑，观察其组成、结构形式、应用类型、传力途径，并注意其建筑尺寸和结构布置等。

单元 5 门式刚架基础构造与识图

众所周知，在房屋建筑中，基础造价约占整个建筑物造价的 30%左右。对轻钢结构（门式刚架等）而言，最大的优点就是质量轻，直接影响基础设计。与其他结构形式的基础相比，轻钢结构基础的尺寸小，可以减少整个建筑物的造价，另外，对于地质条件较差的地区，可优先考虑采用轻钢结构，容易满足地基承载力方面的要求。

5.1 门式刚架基础设计的特点

由于结构形式、荷载取值、支座条件等方面的不同，传至基础顶面的内力是不同的，轻钢结构与传统的钢筋混凝土结构相比，最大的差别就是在柱脚处存在较小的竖向力和较大的水平力，对于固接柱脚，还存在较大的弯矩，在风荷载起控制作用的情况下，还存在较大的上拔力。柱脚的水平力会使基础产生倾覆和滑移，基础受上拔力的作用，在覆土较浅的情况下，会使基础向上拔起。门式刚架的这些受力特点，使基础设计与其他结构相比存在很大的不同，主要表现在以下几个方面。

5.1.1 基础形式

对门式刚架而言，上部结构传至柱脚的内力一般较小，基础形式以独立基础为主。若地质条件较差，则可考虑采用条形基础；若遇到不良地质的情况，则可考虑采用桩基础，一般不采用片筏基础和箱形基础。

5.1.2 柱脚受力

门式刚架常见的柱脚有铰接柱脚和刚接柱脚两种，如图 5-1 所示，其受力是不同的。

对于铰接柱脚，只存在轴向力 N 和水平力 V。

对于刚接柱脚，存在轴向力 N、水平力 V 和弯矩 M，使刚接柱脚的基础大于铰接柱脚。

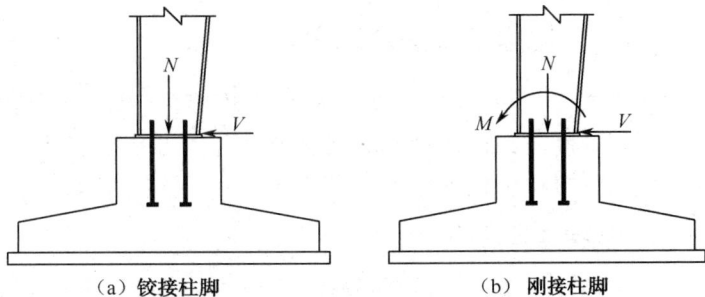

（a）铰接柱脚　　　　　（b）刚接柱脚

图 5-1　不同柱脚形式的受力情况

5.1.3 防止基础破坏措施

为防止基础发生倾覆破坏，应有足够的埋深。

另外，对于门式刚架基础，还要预埋锚栓（也称地脚螺栓），用于上部结构和基础的连接。若锚栓离混凝土基础边缘太近，则会产生基础劈裂破坏。所以，我国钢结构设计规范规定锚栓离混凝土基础边缘的距离不得小于 150 mm。

若锚栓长度过短，则会使锚栓从基础中拔出，导致破坏。所以，我国钢结构设计规范也规定了锚栓的埋入长度。

5.1.4　基础设计内容

基础设计一般包括基础底面积确定、基础高度确定和配筋计算，还应符合有关构造措施。门式刚架基础设计除包含上述内容外，还要进行柱脚设计和锚栓设计。

5.1.5　基础与上部结构的连接

基础与上部结构是两次施工完成的，其间存在连接问题。对于传统混凝土基础，可通过预留插筋的方式与上部结构连接，如图 5-2（a）所示。对于门式刚架基础，可通过预埋锚栓的方式与上部结构连接，如图 5-2（b）所示。

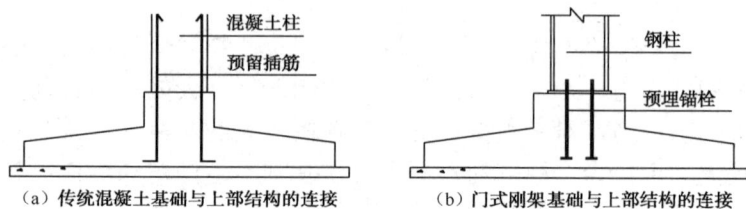

(a) 传统混凝土基础与上部结构的连接　　(b) 门式刚架基础与上部结构的连接

图 5-2　基础与上部结构的连接

5.2　门式刚架基础构造设计

门式刚架的柱脚与基础通常做成铰接柱脚，为平板支座，设一对或两对地脚螺栓。当柱高度较大时，为控制风荷载作用下的柱顶侧移值，柱脚宜做成刚接柱脚。当工业厂房内设有梁式或桥式吊车时，也宜将柱脚设计为刚接柱脚。

5.2.1　刚接和铰接柱脚设计

能抵抗弯矩作用的柱脚称为刚接柱脚。相反，不能抵抗弯矩作用的柱脚称为铰接柱脚，刚接柱脚与铰接柱脚的区别在于是否能传递弯矩。

使用刚接柱脚还是铰接柱脚关键取决于锚栓布置。

1. 铰接柱脚设计

铰接柱脚一般采用两个锚栓［见图 5-3（a）］或 4 个锚栓［见图 5-3（b）］，以保证柱脚充分转动。为安全起见，常布置 4 个锚栓。锚栓宜尽量靠近柱脚中心，以保证柱脚转动。

2. 刚接柱脚设计

刚接柱脚一般采用 4 个、6 个及以上锚栓。图 5-3（c）所示的刚接柱脚采用了 6 个锚栓，且远离柱脚中心，可以认为柱脚不能转动，可以抵抗弯矩作用。前面讲的几种柱脚均为平板式柱脚，构造简单，是工程上常用的柱脚形式。另外，还有一种柱脚，即靴梁式柱脚，如图 5-3（d）所示。这种柱脚可看成刚接柱脚，由于柱脚有一定的高度，使刚度较好，能起到抵抗弯矩作用，但这种柱脚的构造及制作较烦琐。

（a）铰接柱脚1　　（b）铰接柱脚2　　　　（c）刚接柱脚1　　　　　（d）刚接柱脚2

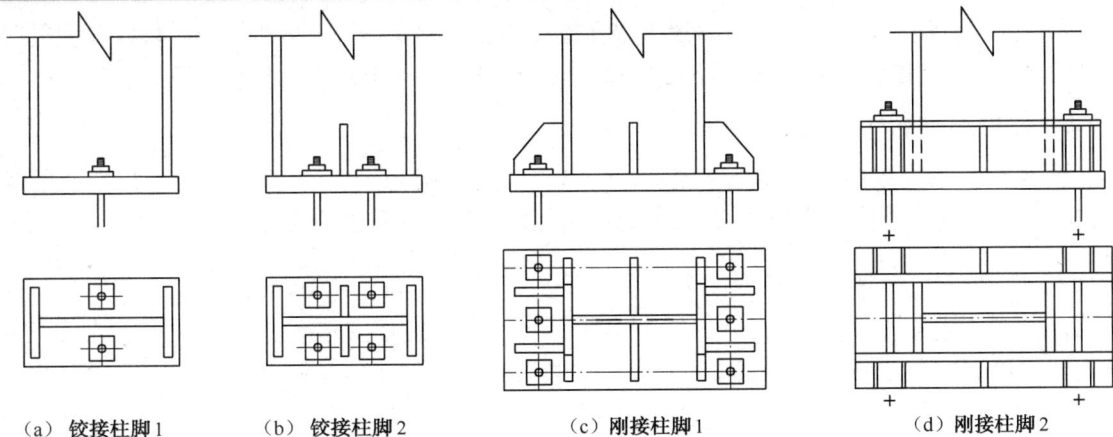

图 5-3　门式刚架常见柱脚形式

5.2.2　锚栓设计

1. 锚栓的作用

锚栓能将上部结构荷载传给基础，在上部结构和下部结构之间起桥梁的作用。

锚栓主要有两个基本作用：一是安装时作为临时支撑，保证钢柱的定位和安装的稳定性；二是将柱脚底板的内力传给基础。

2. 锚栓的类型

锚栓采用 Q235 钢或 Q345 钢制作，按外形分为弯钩式锚栓和锚板式锚栓两种。直径小于等于 M39 的锚栓，一般为弯钩式锚栓［见图 5-4（a）］；直径大于 M39 的锚栓，一般为锚板式锚栓［见图 5-4（b）］。

3. 锚栓的选用

对于铰接柱脚，锚栓直径一般不小于 M24；对于刚接柱脚，锚栓直径一般不小于 M30。锚栓直径由计算确定，锚栓长度由钢结构设计手册确定。锚栓的具体规格请扫一扫前言下部的二维码后参考附录 B、附录 C 选用。

4. 安装准备

为方便钢柱的安装和调整，柱脚底板上的锚栓孔为锚栓直径的 1.5～2.5 倍［见图 5-5（a）］；或者直接在底板上开缺口［见图 5-5（b）］。

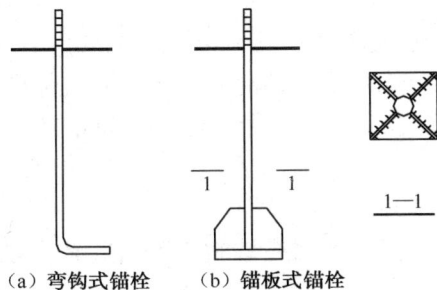

（a）弯钩式锚栓　　（b）锚板式锚栓

图 5-4　基础锚栓

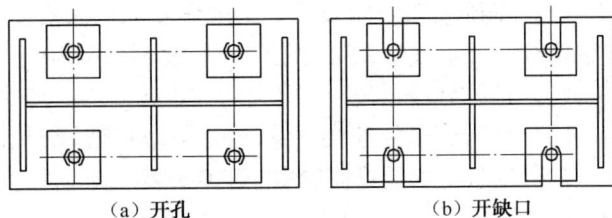

（a）开孔　　　　　　（b）开缺口

图 5-5　在柱脚底板上开孔或缺口

底板上应设置垫板，垫板尺寸一般为锚栓直径的 2.5～3.0 倍，一般为方形。垫板厚度根据计算确定，垫板上的开孔较锚栓直径大 1～2 mm，待安装、校正完毕后，将垫板焊于底板上。

5. 锚栓的布置

图 5-6 所示为铰接柱脚锚栓布置图，图 5-7 所示为刚接柱脚锚栓布置图。从安全角度考虑，中柱的两个锚栓可换成 4 个，但间距不能太大，以保证铰接（见图 5-6）。

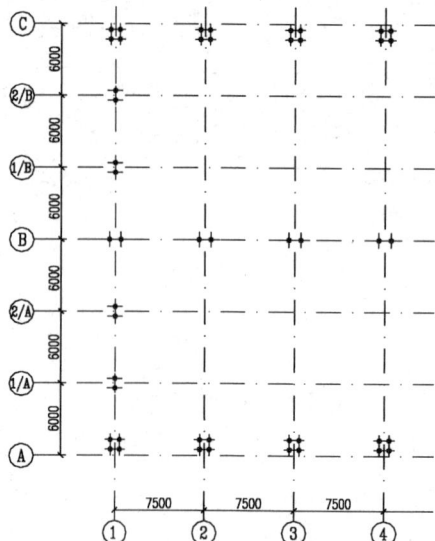

图 5-6　铰接柱脚锚栓布置图

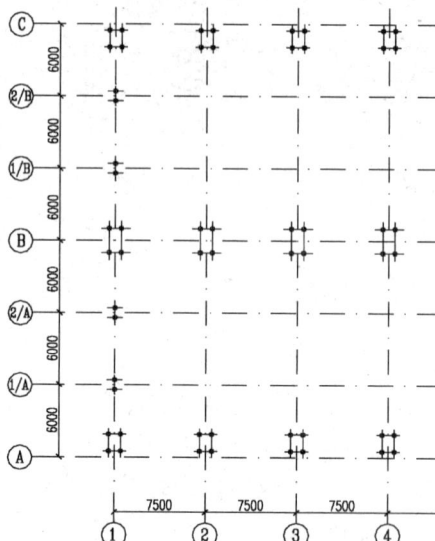

图 5-7　刚接柱脚锚栓布置图

6. 抗剪键的设置

锚栓一般不用来抗剪，剪力是通过底板和基础顶面的摩擦力来传递的。当剪力大于摩擦力时，要设抗剪键，如图 5-8 所示。

抗剪键一般用槽钢、钢板、角钢、H 型钢等与底板下部焊接。抗剪键的高度一般为 100～200 mm，具体尺寸和焊缝高度应通过计算确定。基础顶部应根据实际情况留设抗剪键槽（预留洞）。

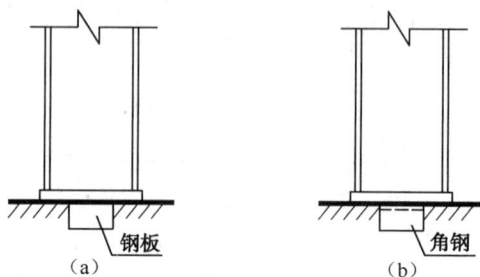

图 5-8　抗剪键

5.2.3　门式刚架柱脚节点构造应满足的条件

除前面提到的几个方面外，门式刚架基础还有一些构造措施有别于其他结构的基础。

（1）基础顶面必须设置二次浇灌层。二次浇灌层的材料应用比基础混凝土强度等级高的高强度细石混凝土或专用灌浆料，厚度不小于 50 mm，常取 50 mm（一般为 50～100 mm）。

（2）柱脚底板厚度一般不小于 20 mm。

（3）柱与底板的连接焊缝一般应比柱身焊缝加厚 1 或 2 级。

（4）底板上部的锚栓螺帽应采用双螺帽等防松措施，底板下一般还应设置 1 个调整螺母及对应的垫板。

（5）柱脚底板宜留设灌浆孔（二次浇灌混凝土用）。

5.3　典型柱基础详图

通过前面的讨论，我们已经对门式刚架基础有了一个初步的了解，现结合实际工程，给出几种典型柱基础的详图，以供大家参考。

5.3.1　柱下独立基础

柱下独立基础如图 5-9 所示（常用）。

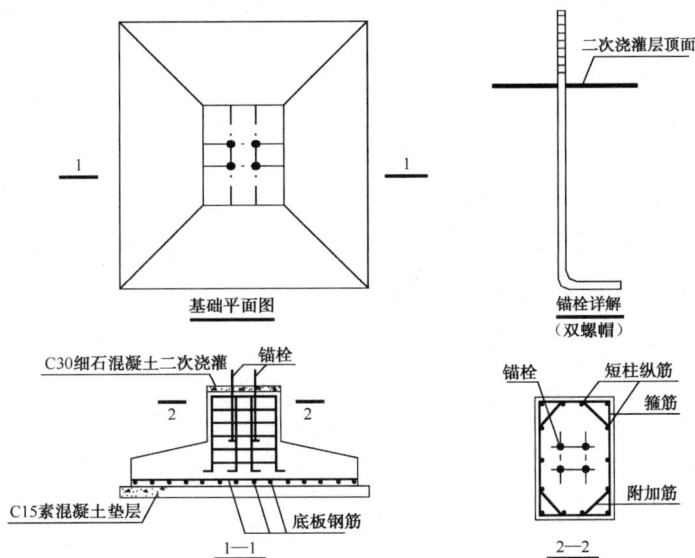

图 5-9　柱下独立基础

5.3.2　柱下条形基础

柱下条形基础如图 5-10 所示。

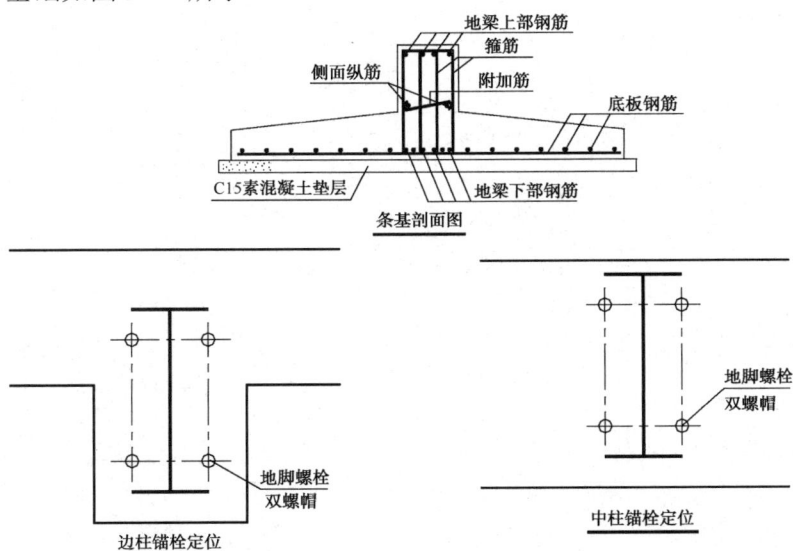

图 5-10　柱下条形基础

知识梳理与总结

本单元讲述了门式刚架基础设计的特点、基础构造设计、典型柱基础详图等，学习时需要注意以下两点。

（1）门式刚架基础最常用的有两种，分别注意其组成及构造。

（2）门式刚架柱脚的受力有两种，注意其受力特点及与构造对比。

思考题 5

（1）简述门式刚架柱下独立基础的组成及构造。

（2）门式刚架刚接柱脚与铰接柱脚的构造区别是什么？

实训 5

（1）认识周边的门式刚架建筑，观察其柱脚类型、基础类型及构造，思考其受力特点。

（2）识读门式刚架基础及柱脚部分的工程图纸。

单元 6 门式刚架主结构构造与识图

扫一扫看
本单元教
学课件

门式刚架的主结构可由多个梁、柱单元构件组成，一般为边柱、刚架梁和中柱。

边柱和刚架梁通常会根据门式刚架弯矩包络图的形状制作成变截面以节材，边柱和刚架梁为刚接。刚架的主要构件运输到现场后，可通过高强度螺栓节点相连。

门式刚架腹板主要以抗剪为主，翼缘以抗弯为主。在无振动荷载作用下，可充分利用腹板屈曲后的强度分析构件的强度和稳定性，将构件设计成高而窄的截面形式，截面高宽比一般为 2～5。

6.1 门式刚架柱

扫一扫看门式刚架
主结构构造与识图
学习方法微课视频

门式刚架柱构件的截面通常用焊接的工字形截面或轧制 H 形截面。门式刚架柱有等截面柱、阶形柱及变截面的楔形柱。各跨边柱应保证外侧翼缘竖直、平齐。柱一般为单独的单元构件。

6.1.1 楔形柱

（1）楔形柱常用于刚架跨度、高度、荷载不大的情况，当无吊车时作为首选。

（2）当门式刚架采用铰接柱脚时，为使刚架柱美观及节材，边柱常用楔形柱。

（3）楔形柱的最大截面高度取最小截面高度的 2～3 倍为最优，楔形柱的下端小头截面高度不宜小于 200 mm。

6.1.2 等截面柱或阶形柱

（1）当门式刚架设有桥式吊车时，应采用刚接柱脚，刚架柱用等截面柱。

（2）常在柱牛腿顶面处改变上下柱的截面，形成阶形柱。

（3）多跨刚架的中柱多采用摇摆柱。当中柱为摇摆柱时，一般采用等截面材料，常用方管、圆管，也可用焊接的工字形截面或轧制 H 形截面。

（4）当柱高较大时，柱脚宜做成刚接柱脚；多跨刚架的中柱与横梁的连接也宜采用刚接柱脚。多跨多坡时的中柱常用等截面；除摇摆柱外的中柱常用焊接的工字形截面或轧制 H 形截面。

6.2 门式刚架横梁

门式刚架横梁构件的截面通常用焊接的工字形截面或轧制 H 形截面。实腹式门式刚架横梁的截面高度一般为跨度的 1/40～1/30。当刚架跨度较小时，刚架横梁也可采用等截面构造。

（1）门式刚架横梁一般可采用楔形梁，变截面原理同楔形柱。在梁柱连接处横梁采用大头与刚架柱连接，在横梁弯矩包络图中的弯矩较小处设置小头连接。

（2）当门式刚架横梁跨度较小时常用等截面梁。

（3）当跨度、荷载较大时，采用等截面梁与楔形梁组合连接。变截面梁段一般只改变腹板高度（必要时也可改变腹板厚度）。结构构件在安装单元内一般不改变翼缘截面的宽度（当必要时，可改变翼缘厚度）；邻接的安装单元可采用不同的翼缘截面，两单元相邻截面的高度应相等。

（4）各梁段在同一坡面上的连接应保持上翼缘在同一坡面内。

6.3 门式刚架连接节点

6.3.1 连接节点的主要形式与连接方法

门式刚架梁与柱的工地连接，常用螺栓端板连接。它是在构件端部截面上焊接一平板（端板与梁、柱的焊接要求等强，多采用熔透焊），并以螺栓与另一构件的端板相连的一种节点形式。

梁柱的连接形式分为端板竖放、端板平放、端板斜放 3 种基本形式，如图 6-1 所示。每种形式又可分为端板外伸式连接和端板平齐式连接两种连接方法，如图 6-2 所示。

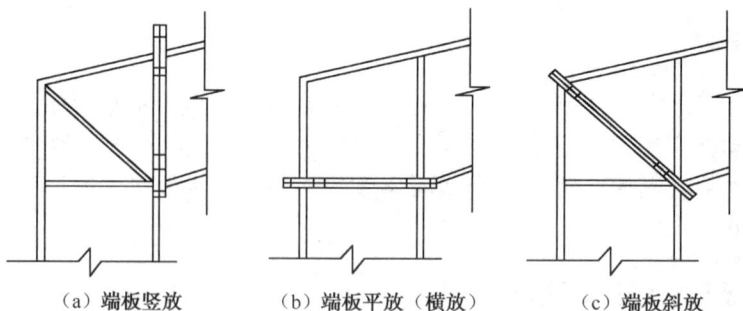

（a）端板竖放　　　　（b）端板平放（横放）　　　　（c）端板斜放

图 6-1　梁柱的连接形式

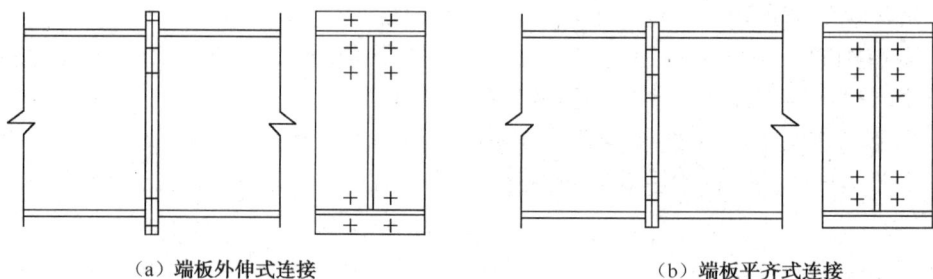

（a）端板外伸式连接　　　　　　　　（b）端板平齐式连接

图 6-2　端板的连接方法

典型的主刚架连接节点如图 6-3 所示。

6.3.2 连接节点构造应注意的事项

（1）刚架梁柱、梁梁的连接常采用高强度螺栓摩擦型连接，通常采用 M16～M24 高强度螺栓连接。

（2）吊车梁与制动梁的连接宜采用高强度螺栓摩擦型连接。吊车梁与刚架牛腿顶面连

接的螺栓孔宜设长圆孔，高强度螺栓的直径可根据需要选用，通常采用 M16～M24 螺栓。

另外，檩条和墙梁与刚架横梁和柱的连接通常采用 M10 或 M12 普通螺栓。

（3）端板的连接螺栓应成对对称布置。在受拉翼缘和受压翼缘的内外两侧均应设置连接螺栓，并宜使每个翼缘的螺栓群中心与翼缘的中心重合或接近。为此，应采用将端板伸出截面高度范围以外的外伸式连接。端板外伸式连接节点的受力合理，承载力高于端板平齐式连接，因此应尽量采用端板外伸式连接。同时，应在端板外伸部分设置加劲肋，如图 6-4 所示。加劲肋可以把力均匀分布，此处加劲肋的基本形状为三角形，使靠近受拉翼缘两侧螺栓的受力均匀，接近一致。

螺栓群间的力臂足够大（端板斜放时等）或受力较小时的某些横梁拼接，也可采用将螺栓全部设在构件截面高度范围内的端板平齐式连接。

（4）螺栓中心至翼缘板表面的距离应满足螺栓的施拧要求。螺栓端距不应小于螺栓孔径的两倍，且应满足螺栓的施拧要求。

（5）在门式刚架中，受压翼缘的螺栓不宜少于

图 6-3　典型的主刚架连接节点

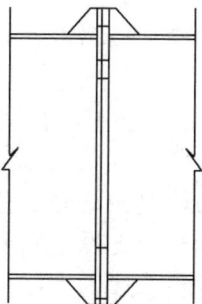

两排。当受拉翼缘两侧各设一排螺栓，且尚不能满足承载力要求时，可在翼缘内侧成对增设螺栓。端板竖放构造如图 6-5 所示，螺栓间距不小于螺栓孔径的 3 倍。

（6）与横梁端板连接的柱翼缘部分应与梁的端板等厚度（见图 6-5），当端板上两对螺栓的最大距离大于 400 mm 时，应在端板的中部增设一对螺栓。

（7）端板尺寸应满足螺栓布置构造的要求，一般宽度同翼缘宽或稍大，高度与端板的连接方法有关。端板厚度应取根据支承条件（见图 6-6）按规范公式计算确定的板厚最大值，且不应小于 16 mm 及 0.8 倍的高强度螺栓直径。

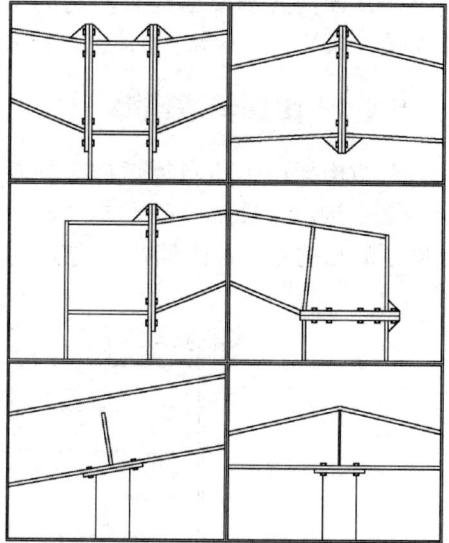

图 6-4　端板外伸部分设置加劲肋

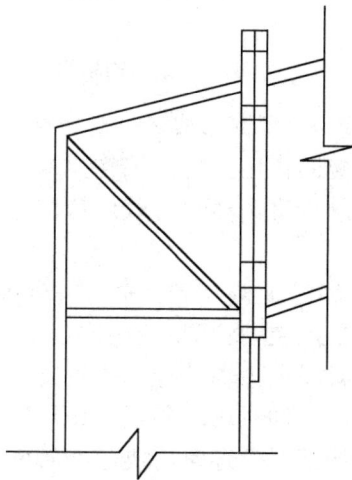

图 6-5　端板竖放构造

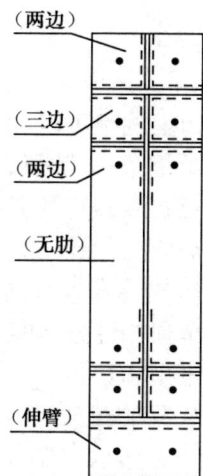

图 6-6　端板支承条件

6.4 门式刚架山墙

在设计门式刚架结构时，它的山墙刚架可以设计成与中间刚架截面一样的门式刚架山墙（带抗风柱及山墙墙梁），也可以设计成（与中间刚架不同的）梁和柱组成的山墙构架。

6.4.1 山墙构架构造

山墙构架由山墙斜梁、构架柱及山墙檩条组成，构架柱的上下端部应铰接，并且与山墙斜梁平接，山墙檩条也和构架柱平接，这样可以提高构架柱的侧向稳定性，同时给建筑提供了简洁的外观。山墙构架构造如图 6-7 所示。

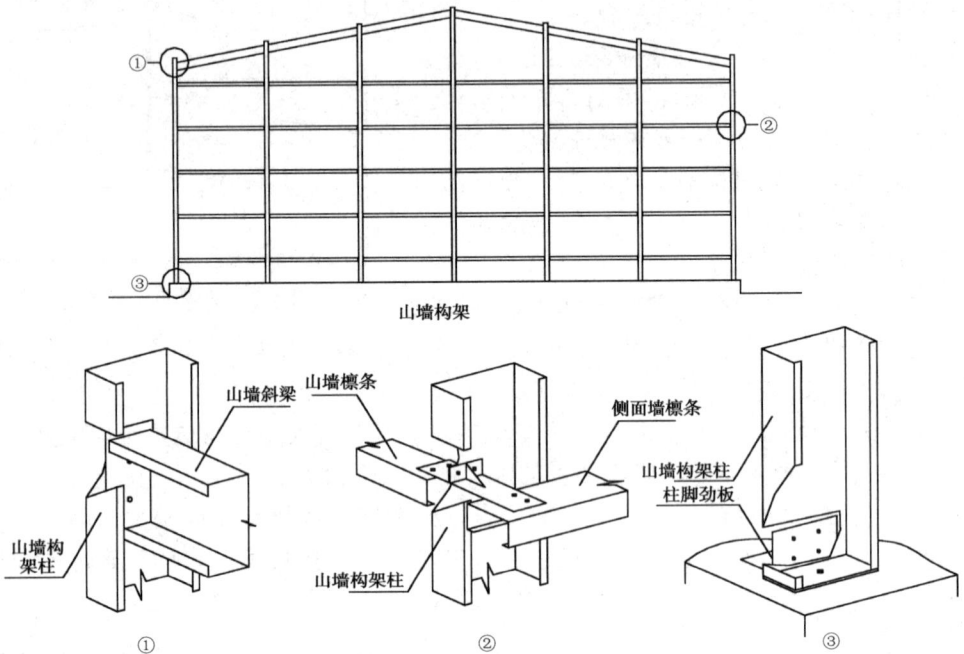

图 6-7 山墙构架构造

山墙构架可以由冷弯薄壁 C 型钢组成，外观轻便且节省钢材，同时，由于与框架平接的墙架檩条和墙面板蒙皮效应的作用，使山墙构架端墙也具有比较好的平面内刚度。蒙皮效应已被实践证明具有足够的刚度，能够有效地抵抗作用在靠近山墙构架端墙附近的边墙上的横向风荷载。

构架柱在设计时应同时满足抵抗竖向荷载和水平荷载的要求。由于构架柱的间距较小，单根构件分担的荷载比较小，因此可以使用比较小的薄壁截面。

采用山墙构架一般要求避免在山墙端开间设置支撑，这是由于山墙梁的截面尺寸和基本刚架梁的截面尺寸相比太小，同时山墙斜梁在山墙构架柱处不连续导致支撑连接节点构造困难。所以，在采用山墙构架时，通常将支撑布置在第二开间以避免上述的连接构造困难。然而，在这种情况下，必须在第一开间和构架柱相应的位置布置刚性系杆，以便将山墙构架柱的风荷载传递到支撑开间。刚性系杆增加的用钢量和山墙梁截面减小而减少的用

钢量大概会持平，因此，总体上采用轻便的山墙构架并不能减少用钢量。

6.4.2　门式刚架山墙构造

当门式刚架建筑存在吊车起重系统（吊车梁）并且延伸到建筑物端部、需要在山墙上开大面积无障碍门洞，或把建筑设计成将来能沿长度方向进行扩建的情况时，就应该采用门式刚架山墙这种典型的构造形式。

门式刚架山墙由门式刚架、抗风柱和山墙檩条组成。抗风柱常上下端铰接，被设计成只承受水平风荷载作用的抗弯构件。门式刚架山墙被设计成能够抵抗全跨荷载的构件，山墙的门式刚架通常设计成与中间榀门式刚架尺寸相同。门式刚架山墙构造如图 6-8 所示。

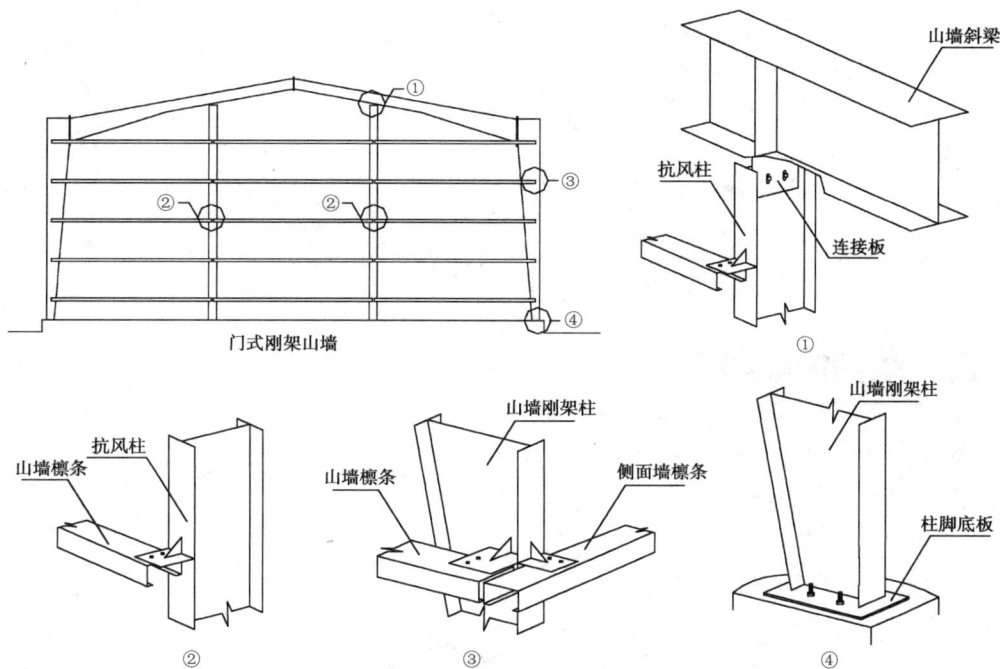

图 6-8　门式刚架山墙构造

抗风柱的间距一般为 6 m 左右。采用门式刚架山墙形式，由于山墙的门式刚架和中间榀门式刚架的尺寸完全相同，比较容易处理支撑连接节点，所以可以把纵向支撑系统设置在结构的端部开间。

6.4.3　抗风柱设计

刚架山墙抗风柱设计的标准模型，如图 6-9（a）所示。柱脚铰接，柱顶由支撑系统提供横向约束。抗风柱承受山墙的所有纵向风荷载和山墙本身的竖向荷载，屋面荷载则通过端刚架传递给基础。

抗风柱设计一般按照受弯构件考虑，由山墙系杆及支撑提供平面支承点以提高受弯构件的稳定性能。抗风柱一般由焊接工字形钢柱强轴沿山墙平面设置，以抵抗主要来自垂直山墙方向的水平风荷载。在抗风柱跨中弯矩最大处需要设置墙梁隅撑以保证受压情况下内翼缘的稳定。

当山墙高度较高、风荷载较大时，设计得到的实腹式柱会具有较大的截面，这时可以使用抗风桁架代替抗风柱，如图 6-9（b）所示。抗风桁架的自重轻并且有很好的抗弯性能，较抗风柱有更好的力学性能。

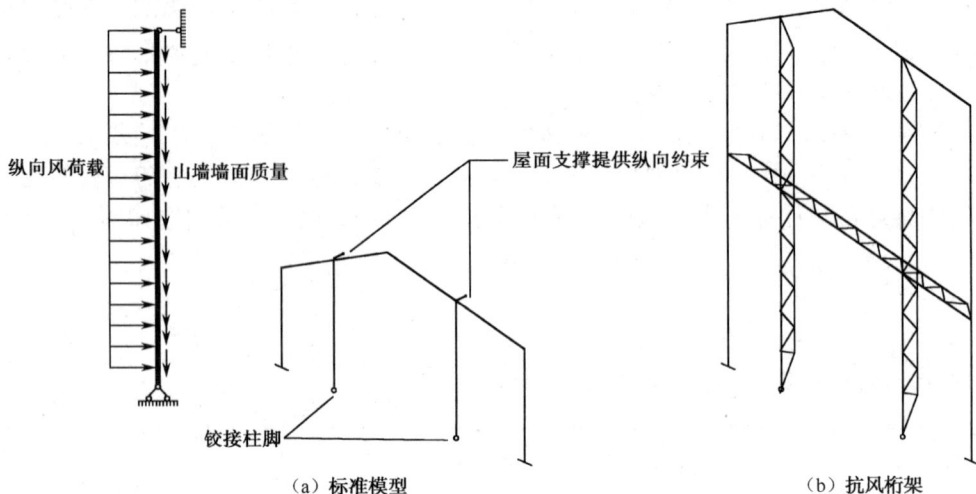

（a）标准模型　　　　　　　　　　　（b）抗风桁架

图 6-9　抗风柱设计的标准模型

6.5　门式刚架伸缩缝

为避免热胀冷缩，一种简单但比较昂贵的处理方法是在伸缩缝处采用双刚架（双柱），如图 6-10（a）所示，刚架的间距以保证柱脚底板不相碰为原则。以双刚架为界，结构两边各自具有独立的檩条、支撑和围护板系统，其中屋面板和墙面板使用可伸缩的连接件相连。在纵向伸缩缝处需要设置防火墙时，这种处理方法是必须的。

另一种避免热胀冷缩的方法较为经济，具体方法是在伸缩缝处只设置一榀刚架，而在伸缩缝处的檩条上，设置长圆孔，如图 6-10（b）所示。

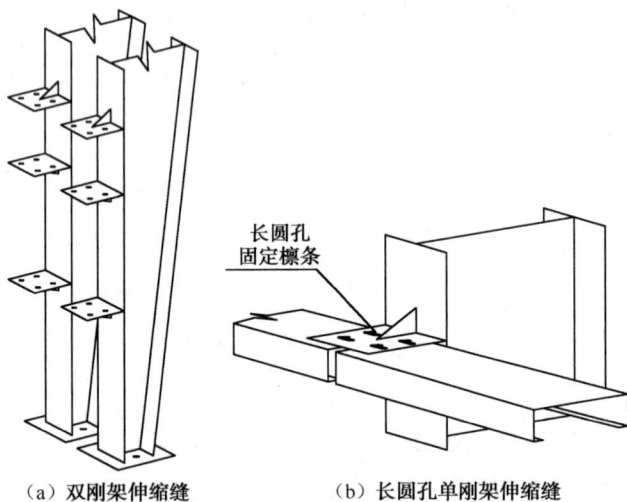

（a）双刚架伸缩缝　　　　　　（b）长圆孔单刚架伸缩缝

图 6-10　双刚架伸缩缝和长圆孔单刚架伸缩缝

在确定伸缩缝的形式后，需要根据允许最大温度区段的长度来确定伸缩缝的位置，即使通过公式算得的建筑物的允许最大长度远远超过 180 m，在应用时建筑物的允许最大长度最好也不要超过 180 m，因为当建筑物的长度很大时，若温度变化较大，则上部结构将发生很大的伸缩变形，而基础以下还固定在原来的位置，这种变形会使柱、梁等构件产生很大

的内力，严重的可使其断裂甚至破坏。一般要求纵向伸缩缝之间的最大间距为 180～220 m（规范规定不超过 300 m）。

当建筑的横向宽度超过 150 m 时，和纵向一样需要考虑温差伸缩应力。在不设温度缝的情况下，在刚架计算中，需要把温度变化作为一种工况计算由于温差引起的建筑物的内力变化和伸缩变形。纵向板材连接同样需要设置允许伸缩的扣件以释放热应力。

6.6 门式刚架托梁

当某个刚架柱因为建筑净空需要被抽除时，托梁通常横跨在相邻的两个刚架柱之间，支承已抽柱位置中间那个刚架上的斜梁。托梁是一种仅承受竖向荷载的结构构件，一般按照简支梁模型设计，根据托梁的位置分为边跨托梁（见图 6-11）和中间跨托梁（见图 6-12）。

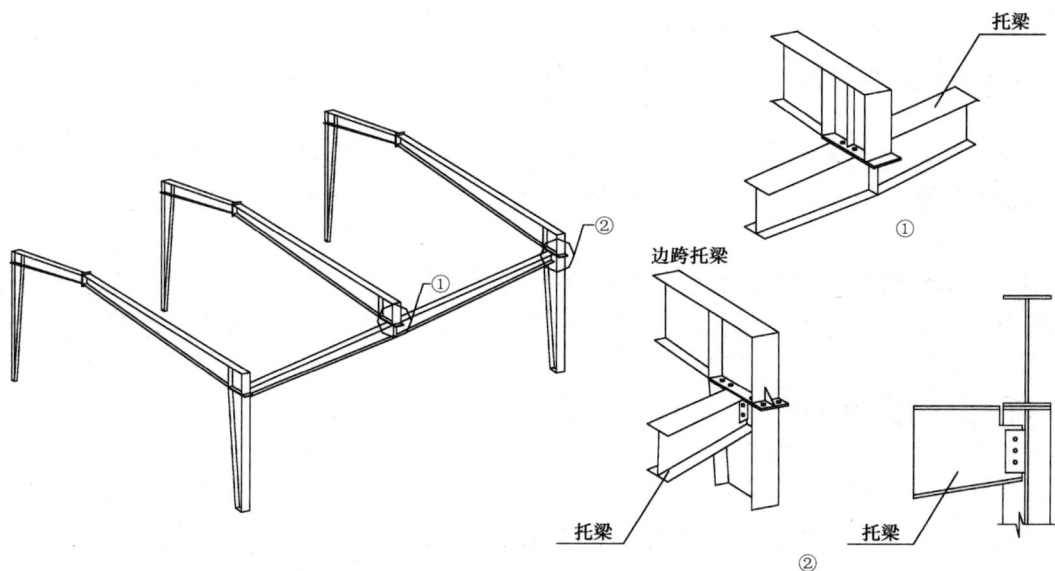

图 6-11 边跨托梁构造

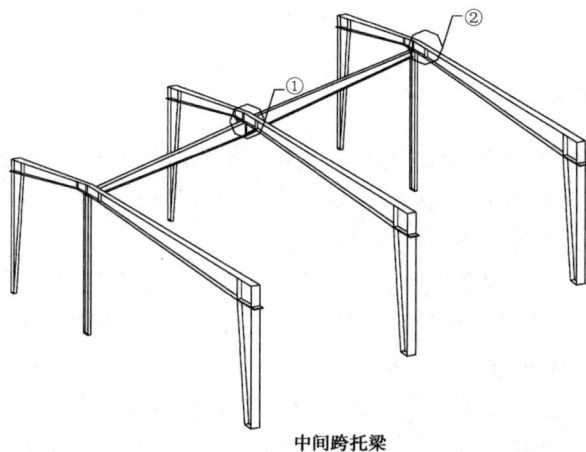

图 6-12 中间跨托梁构造

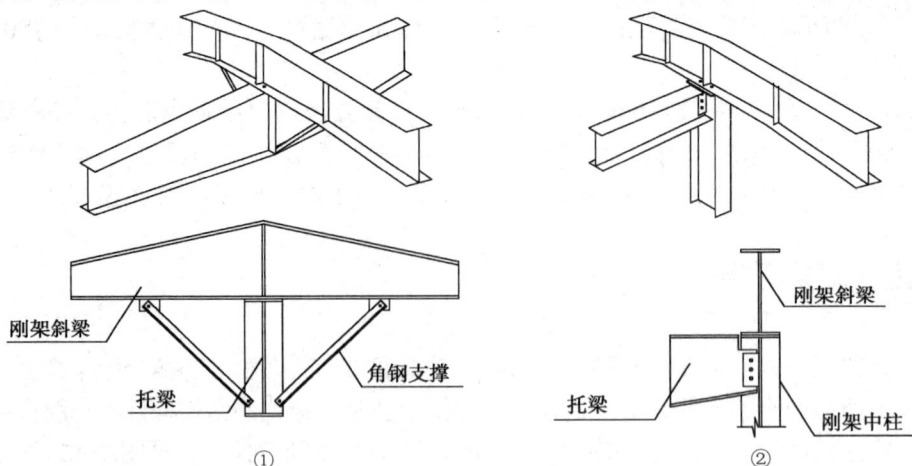

图 6-12　中间跨托梁构造（续）

当沿建筑物纵向设置大于 10 m 的大开间时，常需要设置托梁，采用托梁后的开间可达 20 m。

在多跨厂房或仓库内部，当为了满足建筑净空间要求而必须抽去一个或多个内部柱子时，托梁常放置在柱顶。当大梁直接搁置在托梁顶部时，需要额外添加隅撑为托梁下翼缘提供面外的支承点。

钢托梁是常用的工字形组合截面梁或楔形组合截面梁。楔形组合截面梁可以是平顶斜底的梁也可以是平底斜顶的梁。当然，托梁也可以采用其他合适截面形式的梁或桁架。

6.7　门式刚架夹层

目前，钢结构厂房多以门式刚架为主。根据生产线工艺不同及建设单位要求不断提高，常将生产线和办公区，甚至食堂、洗浴等都集中放在一座厂房里，厂房向大型化、多功能化发展。为充分利用厂房内净空高度高的特点，夹层被广泛使用。夹层一般采用组合楼板，常用于办公室、设备机房、活动区、仓库等。相对于轻钢屋面来说，夹层一般都自重大、使用荷载大。

6.7.1　夹层的布置

夹层自身一般不按独立钢框架结构布置，而是和厂房一同按横向刚架布置。

（1）如果厂房柱的抗侧移刚度足够的话，那么夹层的横向梁可以设计成连续梁，夹层的柱子上下铰接，夹层的横向梁和厂房的柱子铰接。

（2）如果厂房柱的抗侧移刚度比较小，那么可以考虑将夹层的梁和柱刚接，夹层的梁和厂房柱也刚接，这样使夹层和厂房一同抵抗侧向力。在纵向，夹层的梁与柱都设置成铰接。为抵抗纵向水平力的作用，这时需要在夹层纵向设置柱间支撑。因为夹层自重大、使用荷载大，所以夹层的柱间支撑一般不采用圆钢柔性支撑，而是采用型钢刚性支撑。这种结构布置，使夹层和厂房连接在一起，虽然两者适用规范不一样，但结构体系统一，结构受力明确，计算分析也比较方便。在具体工程设计时，设计人员可根据夹层的平面形状布置范围和位置荷载的分布、

支撑的布置情况等选择具体的结构布置方法。

6.7.2　夹层的设计

1. 楼板设计

夹层楼板一般采用组合楼板，就是在压型钢板（楼承板）上现浇钢筋混凝土构成的楼板。这种方法的优势在于，施工时不需要使用满堂脚手架支撑系统，也不需要使用混凝土模板系统；在楼板的混凝土施工完成后，压型钢板也不需要拆除，因此施工速度比传统楼板快。根据压型钢板是否和混凝土共同工作分为组合板和非组合板。需要注意的是，如果按照组合板设计，压型钢板不仅可作为模板使用，而且还参与受力，这就需要考虑压型钢板的防火问题——为保证在火灾的情况下，压型钢板不会马上失去强度，常需要在压型钢板下喷防火涂料。除组合楼板外，夹层楼板还能组成一种楼层桁架次梁体系。由于次梁采用桁架梁，并且可用可循环使用的底模板，所以它的综合造价要比组合楼板低。

2. 节点设计

由于夹层采用的是《钢结构设计标准》（GB50017—2017），在进行夹层梁柱节点设计时，如果夹层梁柱节点采用的是刚接节点，则按照《建筑抗震设计规范》[GB50011—2010（2016 年版）]的要求，以满足"强节点、弱构件"的原则。在实际设计中有 3 种方法可以达到"强节点、弱构件"的目标：梁翼缘加盖板、局部加宽翼缘宽度、设置骨形连接。夹层梁柱设计要用《钢结构设计标准》（GB50017—2017）复核腹板的高厚比和翼缘的宽厚比。

3. 节点构造与识图

后面要讲到的辅助结构"钢平台"等部分章节中将详细介绍相关节点，学习时要注意前后联系。

知识梳理与总结

本单元讲述了门式刚架柱、门式刚架横梁、门式刚架连接节点、门式刚架山墙、门式刚架伸缩缝、门式刚架托梁、门式刚架夹层等，学习时需要注意以下两点。

（1）熟悉门式刚架梁、柱最常用的截面类型，注意其区别与联系。

（2）门式刚架梁柱连接节点、梁梁连接节点、山墙、夹层构造与识图是关键点。

思考题 6

（1）门式刚架主结构梁柱、梁梁连接节点构造的关键点有哪些？

（2）门式刚架山墙、带夹层刚架与普通刚架的组成和构造有何异同？

实训 6

（1）认识周边的门式刚架建筑，观察其梁、柱截面和主结构连接节点构造，思考其受力特点与识图关键点。

（2）识读 03G102 图集中的门式刚架主结构部分的设计图和施工详图。

单元 7　门式刚架次结构构造与识图

扫一扫看本单元教学课件

7.1　次结构系统的组成与冷弯薄壁型钢

7.1.1　次结构系统的组成

屋面檩条、墙面檩条和檐口檩条构成了门式刚架的次结构系统。一方面，它们可以支承屋面板和墙面板，将外部荷载传递给主结构；另一方面，它们可以抵抗作用在结构上的部分纵向风荷载、地震作用等。

檩条（屋面檩条简称）是构成屋面水平支撑系统的主要部分；墙梁（墙面檩条简称墙梁或墙檩）是墙面支撑系统中的重要构件；檐口檩条（又称檐口支梁、檐檩）位于侧墙和屋面的接口处，对屋面和墙面都起到了支承作用。

门式刚架的檩条、墙梁及檐口檩条一般都采用带卷边的槽型（C 型）和 Z 型（斜卷边或直卷边）截面的冷弯薄壁型钢，如图 7-1 所示。

图 7-1　典型的冷弯薄壁型钢构件

7.1.2　冷弯薄壁型钢的特点与应用

1. 基本特点

冷弯薄壁型钢构件能用相对较少的材料承受较大的外荷载，不是单纯增大截面面积，而是通过改变截面形状的方法获得的。根据测算，同样截面面积的冷弯薄壁型钢与热轧型钢相比，回转半径增大 80%，惯性矩和面积矩增大 50%～180%。所以，冷弯薄壁型钢的抗压和抗弯性能好，整体刚度大。

冷弯薄壁型钢构件的板件宽而薄，在压应力作用下，截面板件容易产生凸曲变形，发生局部失稳。但是，截面板件在局部失稳后并不会立即丧失承载能力，而是仍能承担一定的荷载增量直至构件整体失效，这个过程称为屈曲后强度的利用。

冷弯薄壁型钢由于自由扭转刚度小，而且大多数截面剪心和形心不重合，因此构件中存在弯曲和扭转的共同作用。弯扭屈曲破坏必须在设计中加以防止。除采用更好的截面形式（双轴对称、闭合构件）外，常见的构造措施有增加支座和跨中处的侧向支承，如端加劲肋、檩托、撑杆等。

2. 典型应用

C 型和 Z 型钢檩条是目前门式刚架屋、墙面常用的两种檩条形式，其截面如图 7-2 所示。

（1）在屋面坡度较小时，C 型钢檩条自重产生的偏心较小；在屋面坡度较大时，Z 型钢檩条自重产生的偏心较小。因此，C 型钢檩条适用于屋面坡度相对较小时，Z 型钢檩条适用于屋面坡度相对较大时。

（2）Z 型钢檩条绕主轴 X-X 的刚度较大，在屋面荷载作用下挠度较小，受力较为合理，用钢量少，构造简单，制作、安装方便，且可叠合堆放、运输，占地少，是当前比较经济

合理的一种实腹式檩条，为各国所普遍采用。屋面上用的直卷边 Z 型钢主轴示意如图 7-3 所示。

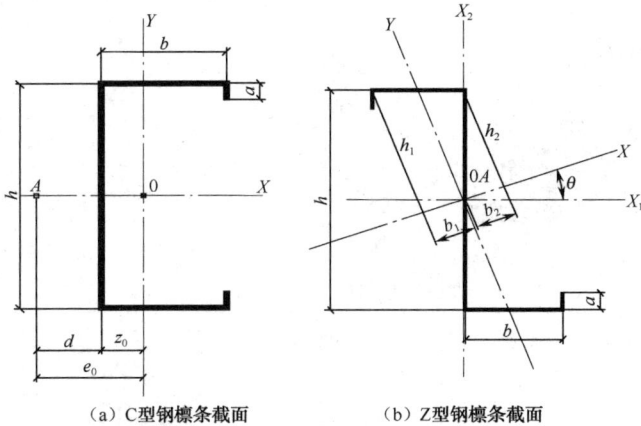

（a）C 型钢檩条截面　　　　　（b）Z 型钢檩条截面

图 7-2　C 型和 Z 型钢檩条截面　　　　　图 7-3　屋面上用的直卷边 Z 型钢主轴示意

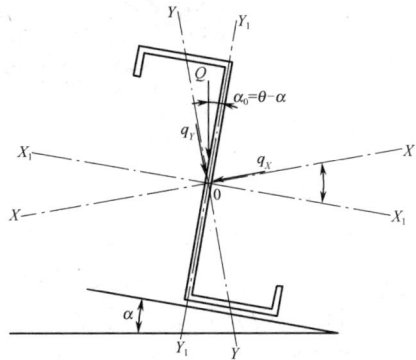

（3）Z 型钢檩条在制作和安装上较 C 型钢檩条麻烦。

（4）墙面一般多用 C 型钢檩条，也可以用 Z 型钢檩条。

7.2　门式刚架屋面檩条

檩条应保证具有足够的强度、刚度和稳定性。适宜的布置和构造是保证檩条受力合理的前提。

7.2.1　屋面檩条的布置和构造

门式刚架的屋面檩条可以采用 C 型卷边槽钢和 Z 型带斜卷边或直卷边的冷弯薄壁型钢。屋面檩条的截面高度一般为 140～300 mm，壁厚为 1.5～3.0 mm，截面的表示方式为 C 或 Z+高度+宽度+卷边宽度+厚度。

冷弯薄壁型钢构件一般采用 Q235 或 Q345 钢，大多数檩条的表面涂层采用防锈底漆，也有的采用镀铝或镀锌的防腐措施。

1. 檩条间距和跨度的布置

檩条的设计首先应考虑天窗、通风屋脊、采光带、屋面材料及檩条供货规格的影响，以确定檩条的间距，并根据主刚架的间距确定檩条的跨度。确定最优的檩条跨度和间距是一个复杂的问题。随着檩条跨度的增大，檩条的用量势必加大，但主刚架榀数的减少可以减少用钢量，檩条间距的增大也可以减少檩条的用量。厚度更大的檩条可以降低单位用钢量的价格，但是，檩条的跨度越大，支撑的用量越多。所有这些因素都需要综合考虑。

2. 简支檩条和连续檩条的构造

檩条构件可以设计为简支构件，也可以设计为连续构件。简支檩条和连续檩条一般通过搭接方式的不同来实现。简支檩条一般不需要搭接长度或搭接长度很小。图 7-4 所示为 Z 型钢的檩条布置（中间跨，简支搭接方式），搭接长度很小。对 C 型钢檩条，则无须搭接。

C型钢、Z型钢檩条可以分别连接在檩托上。中小跨度的檩条常用简支连接。

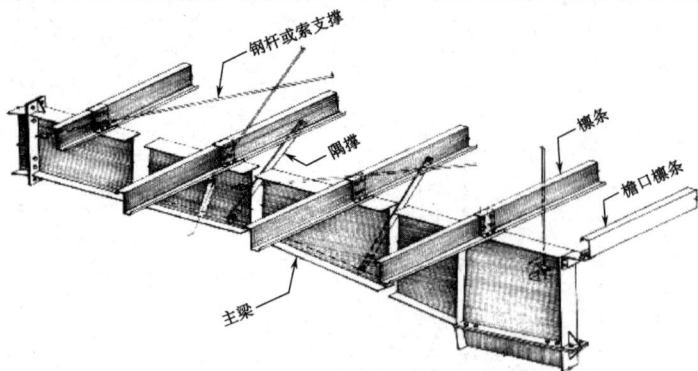

图7-4　Z型钢的檩条布置（中间跨，简支搭接方式）

采用连续构件可以承受更大的荷载和变形，并且比较经济。檩条的连续化构造也比较简单，可以通过搭接和拧紧来实现。带斜卷边的Z型钢檩条可采用叠置搭接，卷边槽钢檩条可采用不同型号的卷边槽型冷弯型钢套搭接。图7-5所示为檩条布置（连续檩条，连续搭接方式）。注意端跨檩条的搭接与中间跨檩条的搭接稍有不同，主要是因为端跨刚架要跟山墙墙架连接。设计成连续构件的檩条（连续檩条对）对

图7-5　檩条布置（连续檩条，连续搭接方式）

搭接长度有一定的要求，因为连续檩条的工作性能是通过耗费构件的搭接长度来获得的，所以一般连续檩条的跨度大于6 m，否则并不一定能达到经济的目的。

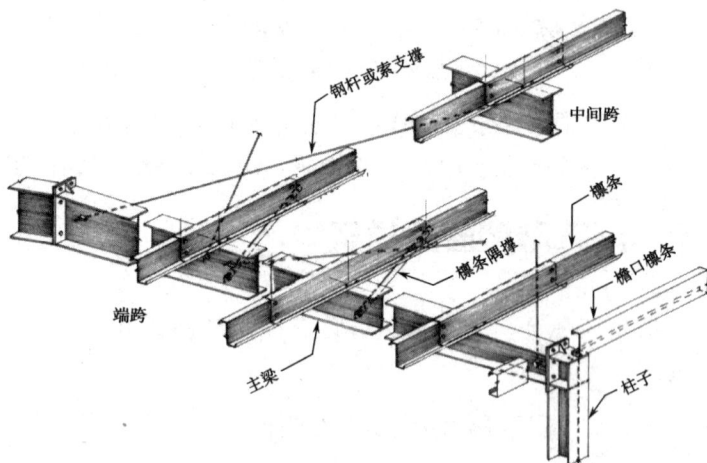

7.2.2　侧向支撑的布置和构造

如前所述，在外荷载作用下，檩条会同时产生弯曲和扭转的共同作用。冷弯薄壁型钢本身板件宽厚比大，抗扭刚度不足；荷载通常位于上翼缘的中心，荷载中心线与剪力中心相距较大；因为坡屋面的影响，檩条腹板倾斜，扭转问题更加突出。所有这些说明，侧向支撑是冷弯薄壁型钢檩条稳定性的重要保障。

1. 屋面板的支撑作用

首先，可以将屋面板视为一个大构件，承受平行于屋面方向的荷载（风荷载、地震作用等）。考虑蒙皮效应的屋面板必须具有合适的板型、厚度及连接性能，主要是一些用自攻螺丝连接的屋面板，可以作为檩条的侧向支撑，使檩条的稳定性大大提高。扣合式或咬合式屋面板不能对檩条提供很好的侧向支撑，蒙皮效应必须慎重考虑。

2. 檩托

（1）在简支檩条的端部或连续檩条的搭接处，设置檩托能较妥善地防止檩条在支座处的倾覆或扭转。檩托常采用角钢、矩形钢板、焊接组合钢板等与刚架梁连接。

（2）檩托高度应至少达到檩条截面高度的 3/4，且与檩条用螺栓连接。图 7-6（c）所示为檩托的设置方法。檩条构件之所以要离开主梁一段距离，主要是防止构件在支座处产生腹板压曲。拉条布置、屋脊连杆和檩托如图 7-6 所示。

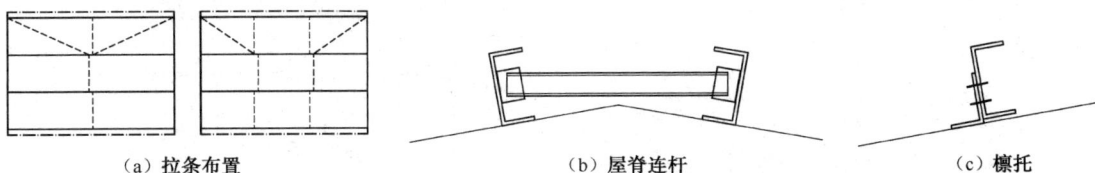

（a）拉条布置　　　　　　　　（b）屋脊连杆　　　　　　　　（c）檩托

图 7-6　拉条布置、屋脊连杆和檩托

（3）檩条的两端部应至少各采用两个螺栓与檩托连接，故一般两端支座处要各留两个螺栓孔，孔径根据螺栓直径来定（连续檩条要多设置螺栓孔）。一般可在檩条腹板上均匀对称地开孔，孔距和边距应满足螺栓构造的要求。当有隔撑相连时，檩条与之连接处应按要求打孔。

3. 拉条和撑杆

提高檩条稳定性的重要构造措施是采用拉条或撑杆从檐口一端通长连接到另一端，以连接每根檩条。

拉条和撑杆的布置应根据檩条的跨度、间距、截面形式及屋面坡度、形式等因素来选择。拉条的布置按与檩条所成角度不同，分为直拉条和斜拉条。拉条常用两端带丝扣的圆钢，具体可参考下列建议。

（1）一般情况下檩条上翼缘会受压，所以拉条常设置在檩条上翼缘 1/3 高的腹板范围内。由于需要考虑檩条在风吸力作用时下翼缘会受压，需要把拉条设置在下翼缘附近；或由檩条自身刚度保持稳定，而不设下层拉条。

（2）对于有自攻螺丝可靠连接的屋面板，考虑到蒙皮效应，上翼缘的侧向稳定性可以由自攻螺丝连接的屋面板提供，而只在下翼缘附近设置拉条。

（3）对于非自攻螺丝连接的屋面板，一般需要在檩条上下翼缘附近设置双拉条。对于带卷边的 C 型钢檩条，因在风吸力作用下自由翼缘会向屋脊变形，所以宜采用螺栓加钢套管、角钢截面、方管截面等作为撑杆。

（4）除设置直拉条通长拉结檩条外，应在屋脊两侧、檐口处、天窗架两侧加置斜拉条和撑杆，使其牢固地与檐口檩条在刚架处的节点连接，如图 7-7（c）和（d）所示。

注意斜拉条的倒向应正确。图 7-7（a）列出了一般结构拉条和撑杆的设置方法。

（5）屋脊处的支撑起着将两侧的支撑联系起来的作用，以防止所有檩条向一个方向失稳，所以屋脊连接处多采用比较牢固的连接。图 7-6（b）列出了采用槽钢支撑屋脊的连接，也可采用拉条和撑杆拉紧。

（6）当檩条跨度 $L \leqslant 4$ m 时，通常可不设拉条或撑杆；当檩条跨度 4 m$<L \leqslant 6$ m 时，可仅在檩条跨中设置一道拉条，檐口檩条间应设置撑杆和斜拉条 [见图 7-7（a）]；当檩条跨度 $L > 6$ m 时，宜在檩条跨间三分点处设置两道拉条，檐口檩条间应设置撑杆和斜拉条

[见图 7-7（b）]；图 7-7（c）和（d）所示为有天窗时的拉条与撑杆布置。天窗架檩条也应根据情况设置拉条和撑杆。

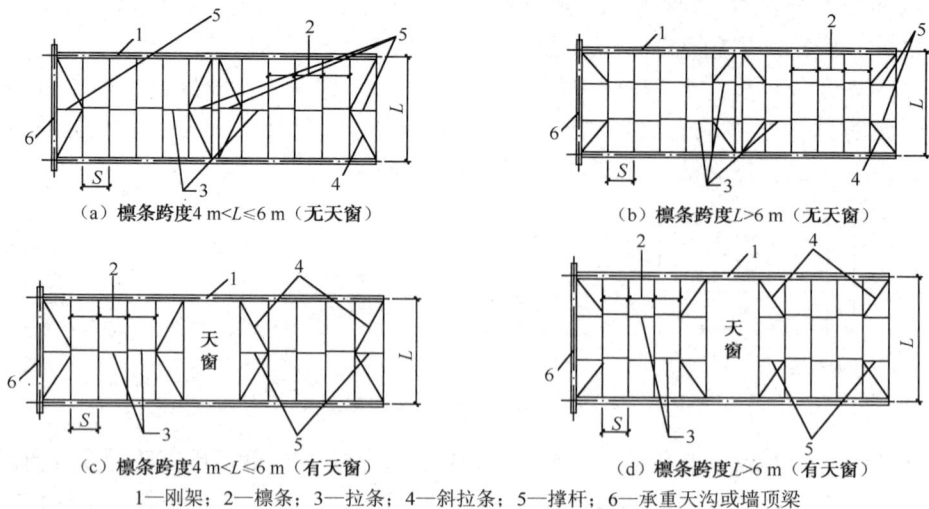

（a）檩条跨度4 m<L≤6 m（无天窗）　　（b）檩条跨度L>6 m（无天窗）

（c）檩条跨度4 m<L≤6 m（有天窗）　　（d）檩条跨度L>6 m（有天窗）

1—刚架；2—檩条；3—拉条；4—斜拉条；5—撑杆；6—承重天沟或墙顶梁

图 7-7　檩间拉条、撑杆布置示意图

（7）当檩距较小时（$S/L<0.2$），可根据檩条跨度大小参照图 7-8 所示的檩间拉条、撑杆布置示意图布置拉条及撑杆，使斜拉条和檩条的交角不致过小，以确保斜拉条拉紧。

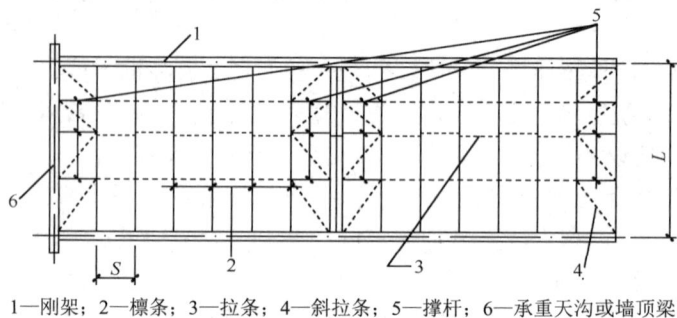

1—刚架；2—檩条；3—拉条；4—斜拉条；5—撑杆；6—承重天沟或墙顶梁

图 7-8　檩间拉条、撑杆布置示意图（$S/L<0.2$ 及双坡对称屋面）

（8）拉条和撑杆的截面依据计算确定。圆钢拉条的直径不小于 10 mm，在工程中常取 12 mm 及以上。撑杆的长细比不得大于 200。

7.3　门式刚架墙面檩条

墙梁（墙面檩条）应保证具有足够的强度、刚度和稳定性。适宜的布置和构造是保证墙梁受力合理的前提。

7.3.1　墙梁的布置和构造

1. 墙梁的布置

墙梁的布置与屋面檩条的布置有类似的考虑原则。墙梁的布置首先应考虑门窗、挑

檐、雨篷等构件和围护材料的要求，其次，综合考虑墙板的板型和规格，以确定墙梁的间距。墙梁的跨度取决于主刚架的柱距。当柱距过大，使墙梁使用不经济时，可设置墙架柱。墙梁的放置方式一般与门窗匹配。

墙梁与主刚架柱的相对位置一般有两种。图 7-9 所示为穿越式墙梁，墙梁的自由翼缘简单地与柱子外翼缘的螺栓或檩托连接，根据墙梁搭接的长度来确定墙梁是连续的还是简支的。图 7-10 所示为平齐式墙梁，即通过连接角钢将墙梁与柱子腹板相连，墙梁外翼缘基本与柱子外翼缘平齐。

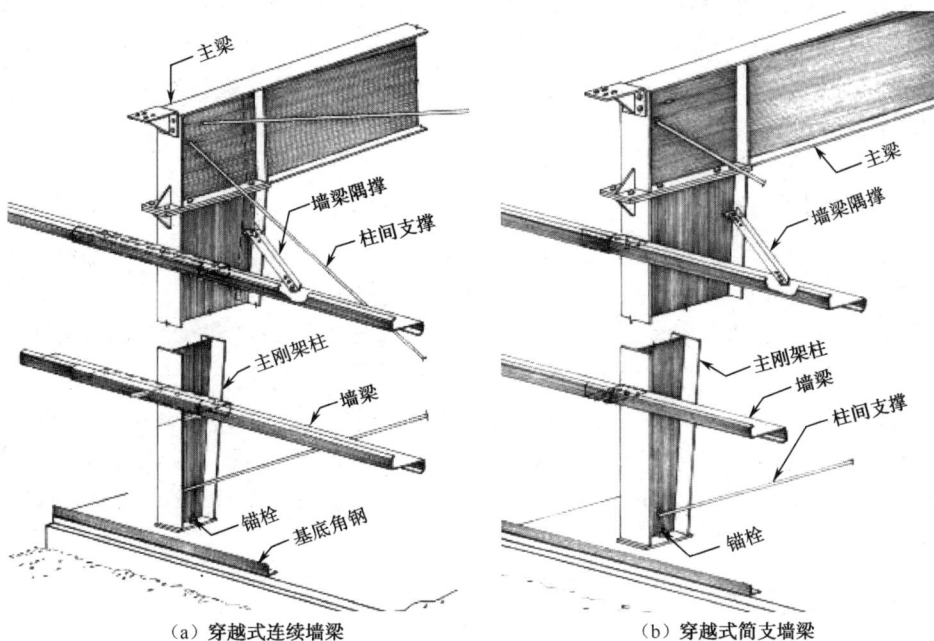

（a）穿越式连续墙梁　　　　　　　　（b）穿越式简支墙梁

图 7-9 穿越式墙梁

2. 墙梁的构造与受力

墙梁与檩条的设计方法相似，但也有不同点。墙梁承受的荷载与布置有关，与墙梁连接的墙面板自重及风荷载均可由墙梁承受，墙面板也可以设计成自承重，墙梁只承受少量的自身质量、风荷载和门窗以上的墙面板荷载。

7.3.2 侧向支撑的布置和构造

1. 墙托

（1）墙托与檩托的做法基本相同，但墙托宽度应至少与墙梁截面高度一致；墙托长度应满足两侧或单侧墙梁的支承长度及开螺栓孔固定的孔边距和中

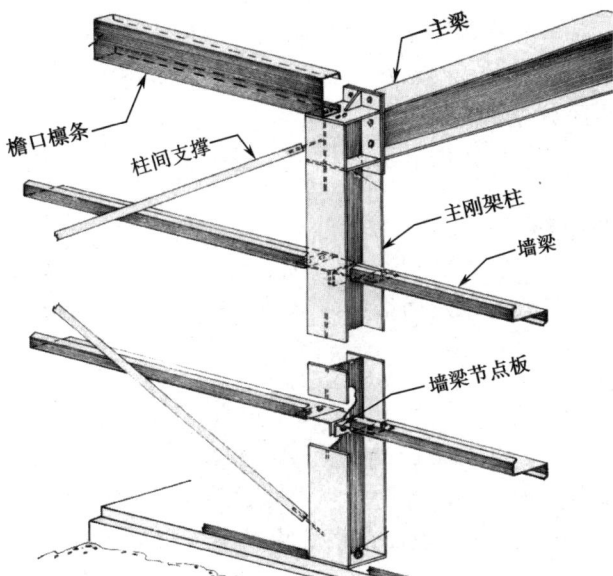

图 7-10 平齐式墙梁

距等构造要求；墙托厚度一般为 6～8 mm。墙托应起到支承、固定墙梁的作用。

（2）墙梁的两端部应至少各采用两个螺栓与墙托连接，故一般两端各留两个螺栓孔，孔径根据螺栓的直径来定（连续墙梁要多设置螺栓孔）。一般要在墙梁腹板上均匀对称开孔，孔距和边距应满足螺栓的构造要求。当有隅撑相连时，墙梁与之连接处应按要求打孔。

（3）墙托常采用角钢、矩形钢板、焊接组合钢板等与刚架柱连接。

2. 拉条和撑杆

提高墙梁稳定性的重要构造措施是采用拉条或撑杆从檐口一端通长连接到底端，以连接每根墙梁。

拉条和撑杆的布置应根据墙梁的跨度、间距、截面形式等因素来选择。

拉条的布置分为直拉条和斜拉条。拉条常用两端带螺纹的圆钢。

具体可参考下列建议。

（1）拉条常设置在墙梁翼缘 1/3 高的受压侧腹板范围内。

（2）对于有自攻螺丝可靠连接的墙面板，考虑到蒙皮效应，外翼缘的侧向稳定性可由自攻螺丝连接的墙面板提供，而只在内翼缘附近设置拉条。

（3）除设置直拉条通长拉结墙梁外，应在檐口处加置斜拉条和撑杆，牢固地与檐口檩条在刚架处的节点连接。注意斜拉条的倒向应正确。

（4）当墙梁跨度 $L \leqslant 4$ m 时，通常可不设拉条或撑杆；当墙梁跨度 4 m$<L \leqslant 6$ m 时，可仅在墙梁跨中设置一道拉条，檐口檩条间应设置撑杆和斜拉条；当墙梁跨度 $L>6$ m 时，宜在墙梁跨间三分点处设置两道拉条，一般在最上侧两排墙梁间应设置撑杆和斜拉条，有时在较大洞口上下也要设置。

（5）天窗架墙梁应根据情况设置拉条和撑杆。

知识梳理与总结

本单元讲述了门式刚架屋面檩条、墙梁等，学习时需要注意以下两点。

（1）门式刚架屋面檩条、墙梁最常用的是卷边 C 型和 Z 型截面的冷弯薄壁型钢，注意其区别与联系。

（2）门式刚架屋面檩条、墙梁连接节点及侧向支撑连接节点的构造与识图是关键点。

思考题 7

门式刚架屋面檩条、墙梁连接节点及侧向支撑连接节点的构造关键点有哪些？

实训 7

（1）认识周边的门式刚架建筑，观察其屋面檩条和墙梁截面、连接节点及侧向支撑连接节点构造，思考受力特点与识图关键点。

（2）识读 03G102 图集中的门式刚架次结构部分的设计图和施工详图。

单元 8　门式刚架支撑系统构造与识图

8.1　门式刚架支撑系统的作用及承受荷载

8.1.1　门式刚架支撑系统的主要作用

　　门式刚架结构沿宽度方向的横向稳定性，一般由门式主刚架抵抗横向荷载而保证。门式刚架结构需要采用各种可靠的支撑结构，以加强结构的整体和局部稳定性及力的可靠传递。由于建筑物在长度方向的纵向结构刚度较弱，因此需要沿建筑物的纵向设置支撑以保证纵向的稳定性。支撑主要分为屋面支撑和柱间支撑等。

　　支撑布置的目的是使每个温度区段或分期建设的区段建筑能构成稳定的空间结构骨架。在每个温度区段或分期建设的区段建筑中，应分别设置能独立构成空间稳定结构的支撑系统。在设置柱间支撑的开间时，宜同时设置屋盖横向支撑，以组成几何不变体系。

　　支撑系统的主要作用是把施加在建筑物纵向上的风、吊车、地震等荷载从作用点传到柱基础，最后传到地基。门式刚架的标准支撑系统分为：①交叉支撑（见图 8-1），设置于屋面、侧墙及端墙，用于抵抗风力和吊车荷载，采用两端带螺纹的抗拉圆钢或钢缆，也可采用角钢等；②隔撑，刚架受压翼缘的平面外刚度较小，采用角钢连接主刚架受压翼缘和墙梁或檩条，防止受压翼缘平面外局部失稳；③门架支撑（见图 8-2），当侧墙或屋顶不允许设置对角支撑或有吊车时，为了提供更可靠的支撑而采用门架支撑。

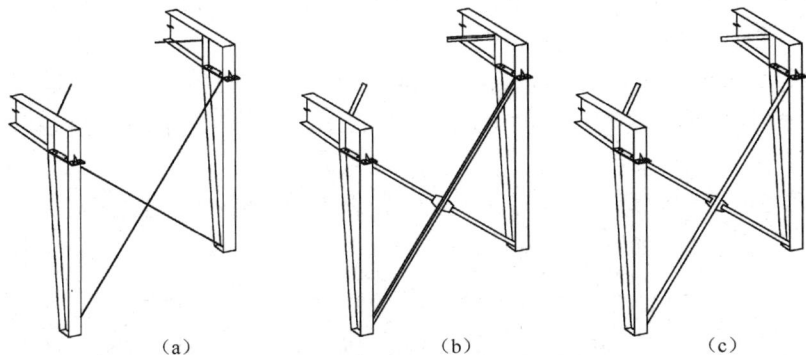

(a)	(b)	(c)

图 8-1　交叉支撑　　　　　　　　　　　　　　图 8-2　门架支撑

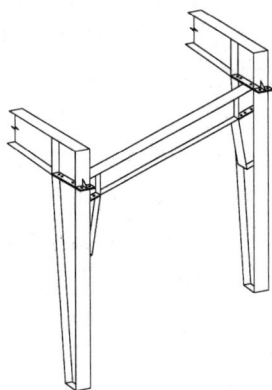

　　支撑结构及与之相连的两榀主刚架形成了一个完全的稳定开间，在施工或使用过程中，它都能通过屋面檩条或系杆为其余各榀刚架提供最基本的纵向稳定保障。

　　支撑的设计具体包括支撑形式的选择、支撑布置、支撑杆及支撑连接设计 3 个方面。首先要明确支撑所受的荷载。

8.1.2　纵向风荷载

　　结构纵向风荷载实际的传力路径有两部分：一大部分荷载通过存在支撑的跨间传到基

础。山墙风荷载传递路径如图 8-3 所示；另外一部分荷载则由檩条系统作用到结构中部的各榀刚架，并依靠刚架本身的面外刚度传递至地面。通常认为支撑承担了所有的纵向风荷载。

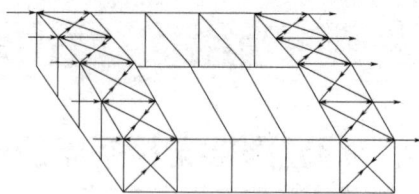

图 8-3　山墙风荷载传递路径

8.1.3　檩条系统的传力

檩条和隔撑为主刚架的构件提供平面外的支撑力，如图 8-4 所示。结构中所有檩条和隔撑的抗侧力叠加起来最后由两端的支撑来平衡。

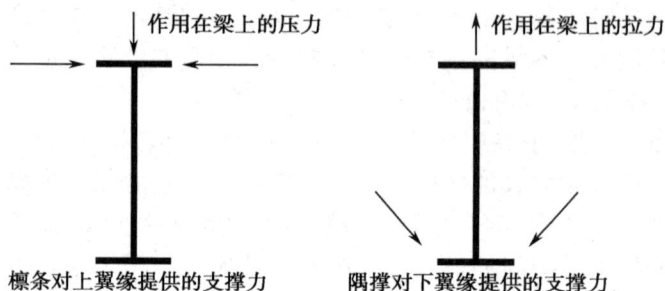

图 8-4　檩条和隔撑为主刚架的构件提供平面外的支撑力

8.2　门式刚架支撑的受力形式

门式刚架支撑按受力形式分类如下。

交叉支撑是门式刚架结构中用于屋顶、侧墙和山墙的标准支撑。交叉支撑有柔性支撑和刚性支撑两种。

（1）柔性支撑构件为镀锌钢丝绳索、圆钢、带钢或截面尺寸较小的单角钢，只能受拉，不能受压。柔性支撑可对钢丝绳和圆钢施加预拉力以抵消自重产生的压力，这样计算时可不考虑构件自重。

（2）刚性支撑构件可以承受拉力和压力，一般为方管、圆管或较大截面的角钢组合等。

柔性支撑和刚性支撑的工作机理，如图 8-5 所示。

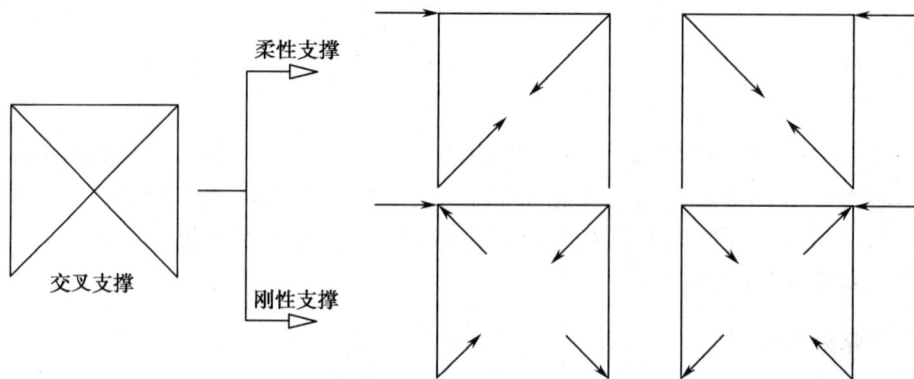

图 8-5　柔性支撑和刚性支撑的工作机理

8.3　门式刚架支撑平面的设置与支撑的布置原则

8.3.1　支撑平面的设置

支撑平面要尽量靠近次结构所在的平面，以避免整个纵向传力系统出现偏心。

对十字交叉支撑而言，如果杆件选用张紧的圆钢，那么可以在腹板靠近上（外）翼缘打孔或直接在上（外）翼缘焊接连接板作为连接点来实现，如图 8-6（a）所示。如果杆件选用角钢，连接板仍然可以焊接在上（外）翼缘，那么在交叉点的杆件必须肢背相靠，如图 8-6（b）所示，这就要求在檩条和上（外）翼缘之间留有比较大的空间，如图 8-6（c）所示。为避免该情况的出现，连接板可以被焊接在梁腹板的中间，以便设计和安装，如图 8-6（d）所示。

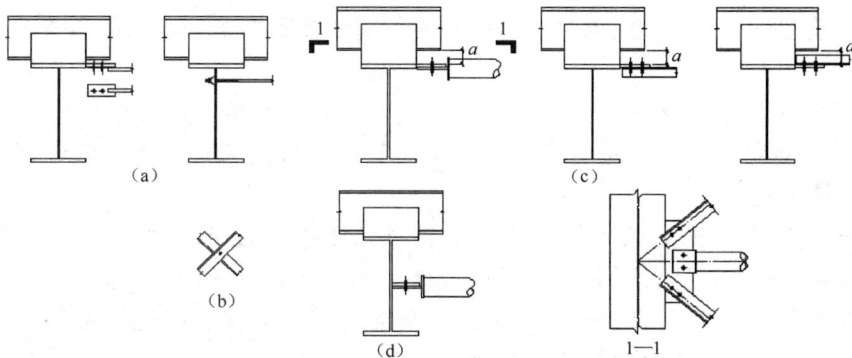

图 8-6　支撑平面的设置

8.3.2　支撑的具体布置

1. 屋面横向和纵向支撑系统的布置

屋面支撑宜用十字交叉支撑布置，如图 8-7（a）所示；对具有一定刚度的圆管和角钢，也可使用对角支撑布置，如图 8-7（b）所示；图 8-7（c）所示为单角钢截面支撑交叉连接节点，支撑上下叠合后直接交叉通过（双向角钢均不需要截断）；图 8-7（d）所示为圆管截面支撑交叉连接节点，一个方向的圆管可利用侧面开槽与连接板插接后焊接，而不需要截断圆管，另一个方向的圆管端部开槽与连接板插接后焊接时，则需要截断成为同轴线的两段圆管，以保持受力连续。

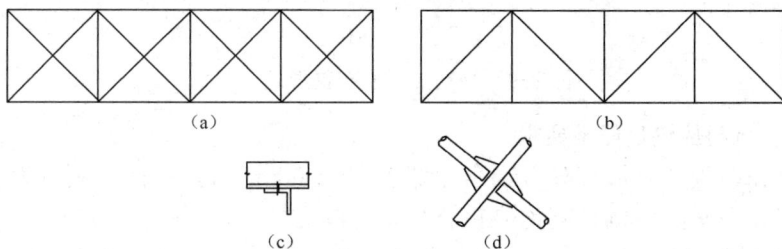

图 8-7　十字交叉支撑布置和对角支撑布置

图 8-8（a）～图 8-8（d）代表了 4 种常见屋面横向支撑的布置形式，常用张拉圆钢支

撑和角钢支撑，尤其是图 8-8（a）和（c）最常用。（图中的虚线表示连接中间各榀刚架的屋面系杆）

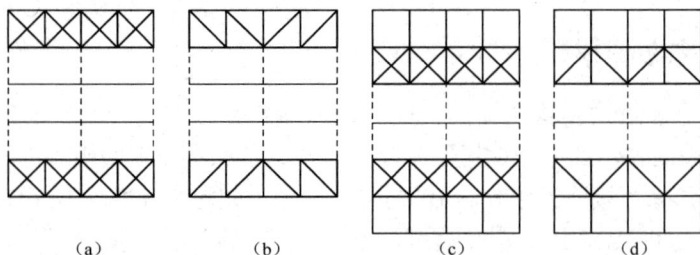

图 8-8　屋面横向支撑的布置形式

屋面端部的横向支撑应布置在房屋端部和温度区段第一或第二开间。当布置在第二开间时，应在房屋端部第一个开间抗风柱顶部的相应位置布置刚性系杆，如图 8-8（c）和（d）所示。

屋面支撑可选用圆钢或钢索交叉支撑；当屋面斜梁承受悬挂的吊车荷载时，屋面的横向支撑应选用型钢交叉支撑。屋面横向交叉支撑节点的布置应与抗风柱相对应，并应在屋面梁转折处布置节点。

屋面横向支撑应根据支承于柱间支撑的柱顶水平桁架设计；圆钢或钢索应按拉杆设计，型钢应按拉杆设计，刚性系杆应按压杆设计。

对设有带驾驶室且起重量大于 15 t 桥式吊车的跨间，应在屋盖边缘设置纵向支撑。在有抽柱的柱列，应沿托架长度设置纵向支撑。

2. 柱间支撑布置

柱间支撑多用十字交叉的支撑布置，柱间支撑的布置形式，如图 8-9 所示。

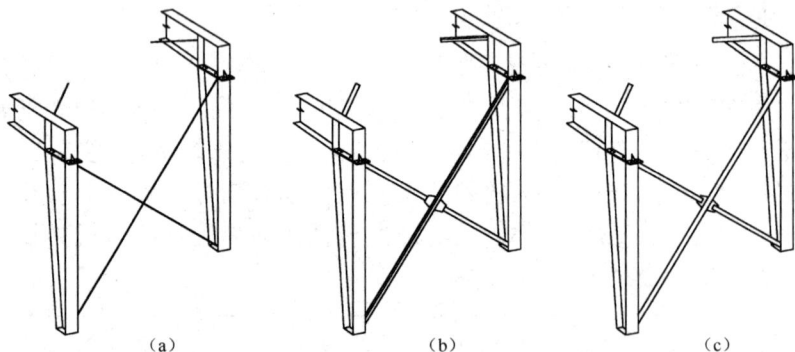

图 8-9　柱间支撑的布置形式

柱间支撑布置同时应满足以下要求。

（1）柱间支撑应设在侧墙柱列，当房屋宽度大于 60 m 时，在内柱列宜设置柱间支撑。当有吊车时，每个吊车跨两侧柱列均应设置吊车柱间支撑。

（2）同一柱列不宜混用刚度差异大的支撑形式。在同一柱列设置的柱间支撑要共同承担该柱列的水平荷载，水平荷载应按各支撑的刚度进行分配。

（3）柱间支撑采用的形式宜为门式框架、圆钢或钢索交叉支撑、型钢交叉支撑、方管

或圆管人字支撑等。当有吊车时，吊车牛腿以下的交叉支撑应选用型钢交叉支撑。

（4）当房屋高度大于柱间距的 2 倍时，柱间支撑宜分层设置。当沿柱高有质量集中点、吊车牛腿或低屋面连接点时，应在该处设置相应的支撑点。

（5）柱间支撑的设置应根据房屋纵向柱距、受力情况和温度区段等条件确定。当无吊车时，柱间支撑的间距宜取 30～45 m，端部柱间支撑宜设置在房屋端部第一或第二开间；当有吊车时，吊车牛腿下部的支撑宜设置在温度区段中部，当温度区段较长时，宜设置在三分点内，且支撑的间距应不大于 50 m。牛腿上部支撑设置的原则与无吊车时的柱间支撑设置相同。

（6）柱间支撑的设计，应根据支承于柱脚基础上的竖向悬臂桁架计算。对于圆钢或钢索交叉支撑应按拉杆设计，型钢可按拉杆设计，支撑中的刚性系杆应按压杆设计。

3. 综合布置要求

门式刚架结构应在横梁顶面设置横向水平支撑，在刚架柱间设置柱间支撑。刚架横梁的横向水平支撑和刚架柱的柱间支撑可设置在同一开间内。当建筑物较短时，支撑可设在两端开间内；当建筑物较长时，支撑宜设在两端第二开间内。此外，尚需每隔 30～45 m 增设一道支撑。门式刚架结构支撑布置简图如图 8-10 所示。

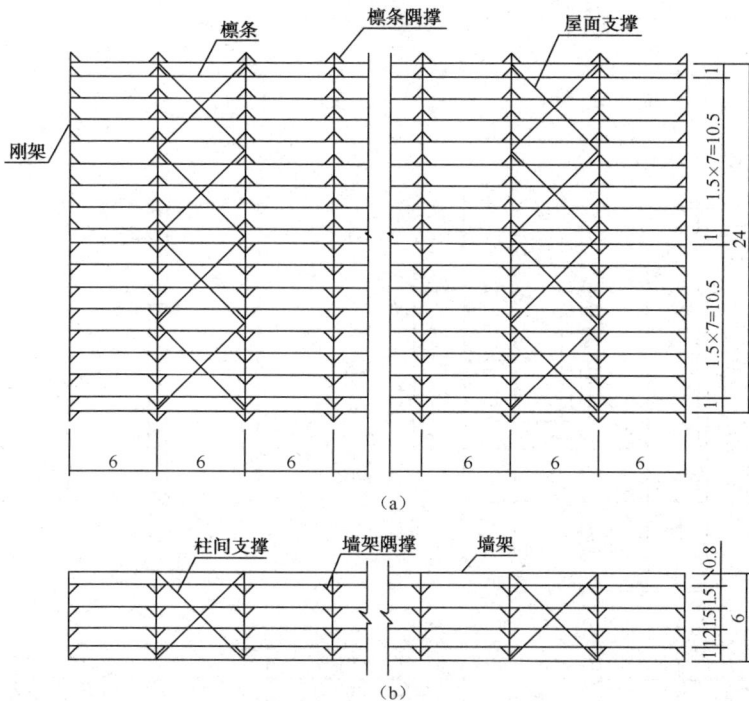

图 8-10　门式刚架结构支撑布置简图（单位：m）

8.4　门式刚架支撑分类与连接节点

8.4.1　张拉圆钢支撑、角钢支撑

门式刚架轻型房屋钢结构的支撑，可采用带张紧装置的十字交叉的圆钢支撑和角钢

支撑。

（1）圆钢、角钢支撑与构件的夹角应为 30°～60°，宜接近 45°。

（2）圆钢、角钢支撑与刚架构件连接时，可设连接板连接。

（3）圆钢支撑也可直接在刚架构件腹板上靠外侧设孔连接，当腹板厚度 $t \leqslant 5$ mm 时，应对支撑孔周边进行加强。张拉圆钢支撑杆两端部采用专用楔形或弧形垫圈，并设丝扣，用螺母固定。中间适当位置用花篮螺栓等专门的张紧装置将圆钢支撑适度张紧。

圆钢支撑与刚架腹板开孔（穿过式）带专用弧形垫圈的连接构造图，如图 8-11 所示。

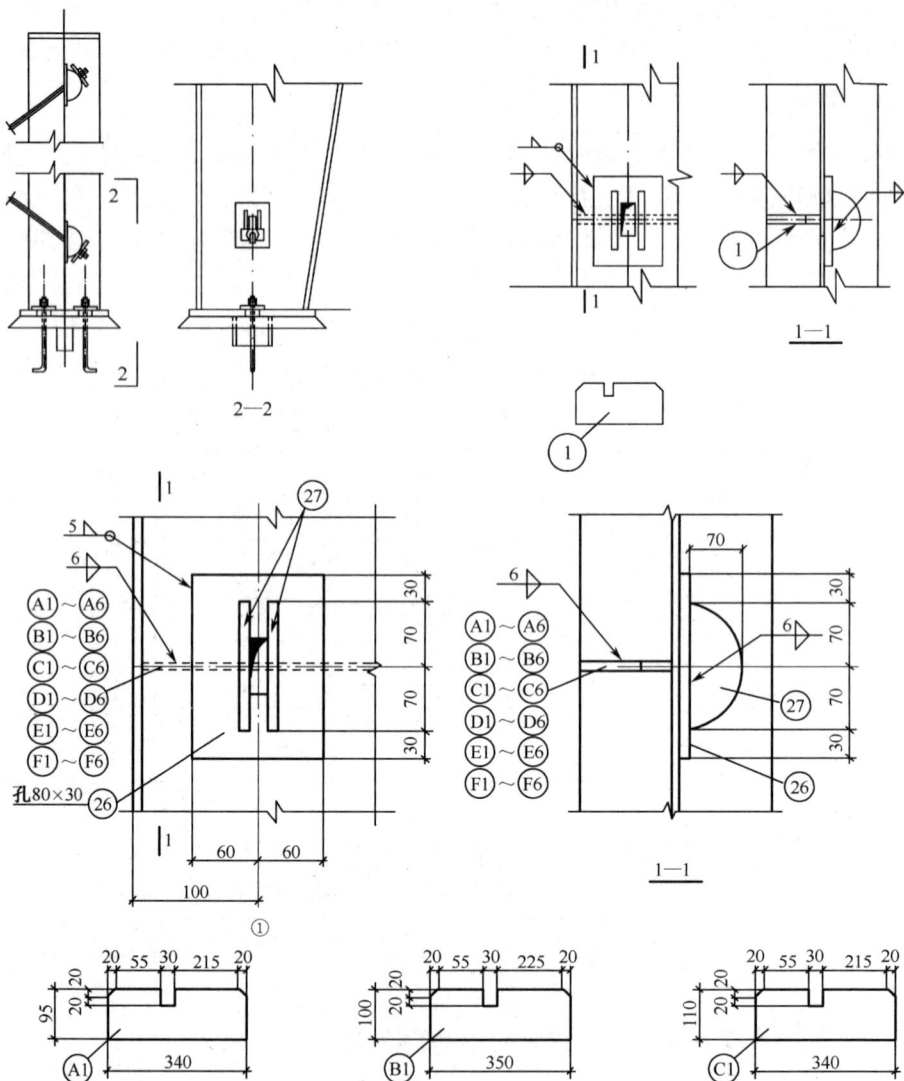

图 8-11　圆钢支撑与刚架腹板开孔（穿过式）带专用弧形垫圈的连接构造图

8.4.2　系杆

在刚架转折处［单跨房屋边柱柱顶刚架横梁折角处和中央弯折（屋脊）处、多跨房屋某些中间柱柱顶和屋脊处，以及梁柱交角处的受压翼缘］应沿房屋全长设置刚性系杆。当

有吊车时，宜在牛腿高度处柱身部位全长设置刚性系杆。

由支撑斜杆等组成的水平桁架，直腹杆宜按刚性系杆考虑。门式刚架横梁顶面的横向水平支撑通常由交叉拉杆与横梁交叉处加设的檩条（此处一般设双檩）构成——刚性系杆有时可由刚性檩条兼作，此时檩条应满足对压弯杆件的刚度和承载力要求，当不满足要求时，应在刚架斜梁间设置钢管、H 型钢或其他截面的杆件。刚性系杆应按受力大小等采用不同的直径和壁厚。

圆管连接最简单的做法如图 8-12（a）所示，杆件压扁的两端可以直接和连接板栓接，但这种连接形式适用于小管径的情况，而且要验算端头截面削弱后的承载力。对于管径大于 100 mm 的较大圆管，通常使用如图 8-12（b）所示的连接，连接板的插入深度和焊缝尺寸根据轴力计算得到。圆管最普遍的做法如图 8-12（c）所示。圆钢管的表示方法是 ϕ 外径乘以壁厚。

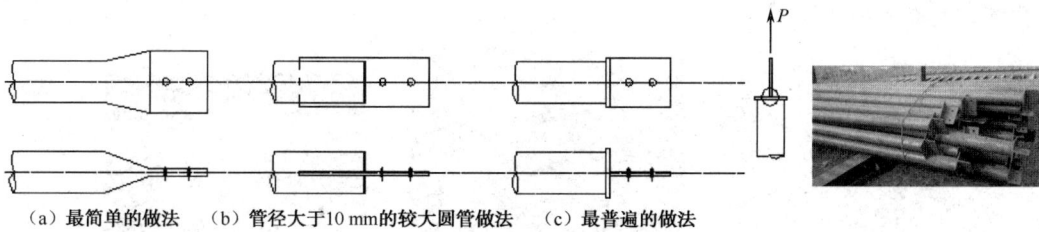

（a）最简单的做法　（b）管径大于10 mm的较大圆管做法　（c）最普遍的做法

图 8-12　圆管连接

8.4.3 隅撑

檩条和墙梁应与刚架梁、柱可靠连接，并设置隅撑（见图 8-13），以确保刚架总体及刚架梁、柱的侧向稳定性。

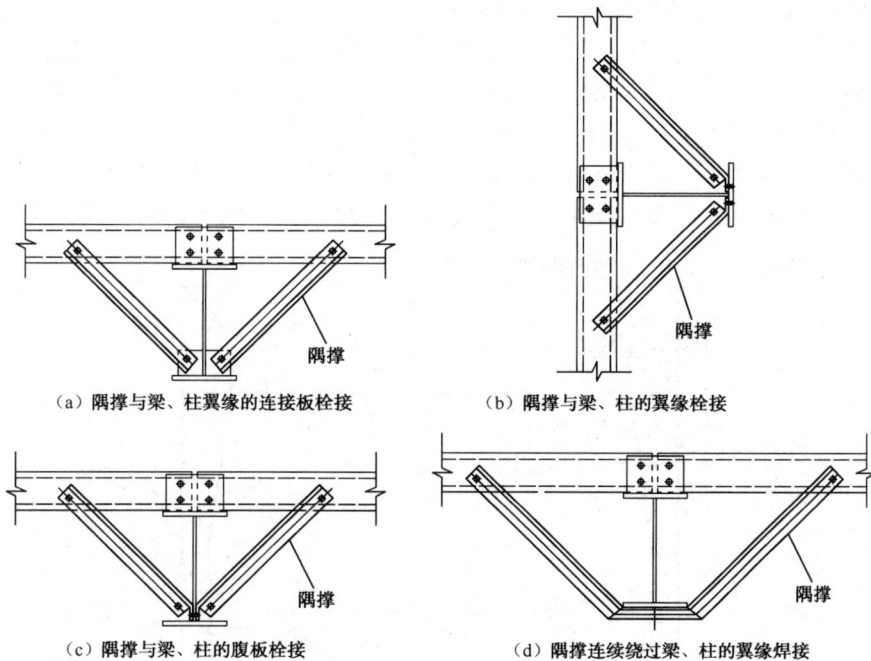

（a）隅撑与梁、柱翼缘的连接板栓接　　　（b）隅撑与梁、柱的翼缘栓接

（c）隅撑与梁、柱的腹板栓接　　　（d）隅撑连续绕过梁、柱的翼缘焊接

图 8-13　隅撑与梁、柱的连接形式

1. 隅撑构造规定

隅撑常用单角钢成对设置，两端各用一个螺栓连接。隅撑一端与檩条或墙梁连接，另一端可连接在刚架梁、柱下（内）翼缘附近的腹板上，也可连接在下（内）翼缘上，还可与在腹板和刚架构件下（内）翼缘的转角部位设置的连接板相连接。隅撑与刚架构件腹板的夹角不宜小于 45°。隅撑用热轧角钢截面不小于 L50×4，具体截面应通过计算确定。隅撑宜用冷弯薄壁型角钢。

2. 隅撑与次结构和梁、柱的连接形式

隅撑角钢与檩条或墙梁的连接孔位置要按所连接刚架梁或柱的截面高度和夹角、檩条或墙梁的腹板高度确定。连接孔径要根据连接螺栓的直径确定。隅撑一端与次结构栓接，另一端与梁、柱连接。连接形式如图 8-13（a）～图 8-13（d）所示。图 8-14 所示为某厂房内的隅撑布置及立体示意图。

（a）隅撑实物图1　　　（b）隅撑实物图2　　　（c）隅撑立体示意图

图 8-14　某厂房内的隅撑布置及立体示意图

8.4.4　门架支撑

由于建筑物功能及外观的要求，在某些开间内不能设置交叉支撑，这时可以设置门架支撑。这种支撑可以沿纵向固定在两个边柱间的开间内或多跨结构两个内柱的开间内布置。门架支撑构件由支撑梁和固定在主刚架腹板上的支撑柱组成，其中梁和柱必须做到完全刚接。当门架支撑顶与主刚架檐口的距离较大时，需要在门架支撑和主刚架间额外设置斜撑，如图 8-15 所示。在设计该种支撑时，要求门架支撑和相同位置设置的交叉支撑刚度相等，另外，节点必须做到完全刚接。还有其他形式的门架支撑，如桁架式门架支撑等。

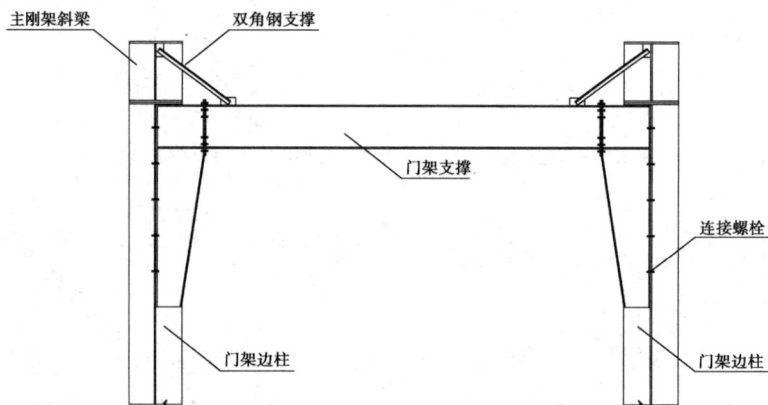

图 8-15　门架支撑

知识梳理与总结

本单元讲述了门式刚架支撑系统的主要作用、受力、分类、布置及连接节点构造等，学习时需要注意以下两点。

（1）门式刚架屋面、柱间支撑主要起纵向稳定、增加整体刚度及抵抗纵向地震力、风荷载（有吊车时，柱间支撑还承担和传递吊车纵向刹车力）的作用，注意其区别与联系。

（2）门式刚架支撑布置图与支撑连接节点的构造与识图是关键点。

思考题 8

（1）门式刚架屋面支撑与柱间支撑的主要受力有哪些？

（2）门式刚架支撑的具体类型与截面有哪些？

（3）如何熟练掌握支撑连接节点的构造与识图方法？

实训 8

（1）认识周边的门式刚架建筑，观察其屋面、柱间支撑的布置、类型及连接节点的构造，思考其受力特点与识图关键点。

（2）识读 03G102 图集中的门式刚架支撑系统的设计图和施工详图。

单元9 门式刚架围护结构构造与识图

扫一扫看本单元教学课件

以门式刚架为代表的轻钢建筑的屋面系统是指由金属屋面板、檩条及保温隔热层组成的屋面围护系统。轻钢建筑的墙面系统是指由金属墙面板、墙梁及保温隔热层组成的墙面围护系统。根据建筑设计要求可以将屋面围护结构分为不保温、保温、隔热、单一和复合型屋面围护结构。此外，还可以在屋面附设采光窗和通风器。由于采用了压型钢板，这些保温材料和附设的采光窗和通风器都必须采用轻质建筑材料制作，而且要满足防水、隔热、保温、声响、通风等建筑功能的要求。

一方面，屋面、墙面对建筑有防水、保温、隔热等作用；另一方面，由于压型钢板形状各异、颜色五彩缤纷（见图9-1），使建筑充满了新意。

图9-1 各种形状和颜色的压型钢板

9.1 门式刚架屋面系统

一般门式刚架等轻钢建筑常见的屋顶形式为坡屋顶，坡度一般为1/20～1/8。

轻型钢结构的屋面材料，宜采用具有轻质、高强、耐久、耐火、保温、隔热、隔声、抗震、防风及防水等性能的建筑材料，同时要求构造简单、施工方便，并能工业化生产，如压型钢板、太空板（由水泥发泡芯材及水泥面层组成的轻板）等。

目前，国内外普遍使用的是压型钢板和复合保温板。

随着金属屋面板的广泛使用，防水、保温、隔热的功能得到不断改进和完善。从保温、隔热方面考虑，由单板发展到复合板。从防水方面考虑，由以前的低波纹屋面板，发展到现在的高波纹屋面板；由以前的采用自攻螺丝的连接方法发展到现在的暗扣式连接方法。以上几个方面的发展，逐步满足了业主选择金属屋面板的要求，进一步推动了金属屋面板的应用和发展。

压型钢板屋面一般由屋面上下层压型钢板、保温材料、采光材料、防潮材料等组成，可结合实际工程设置屋面开洞（包括安装屋面通风设备的开孔和其他工艺管道开孔等）及屋面泛水收边等。

图9-2所示为金属压型钢板屋、墙面系统构造示意图。

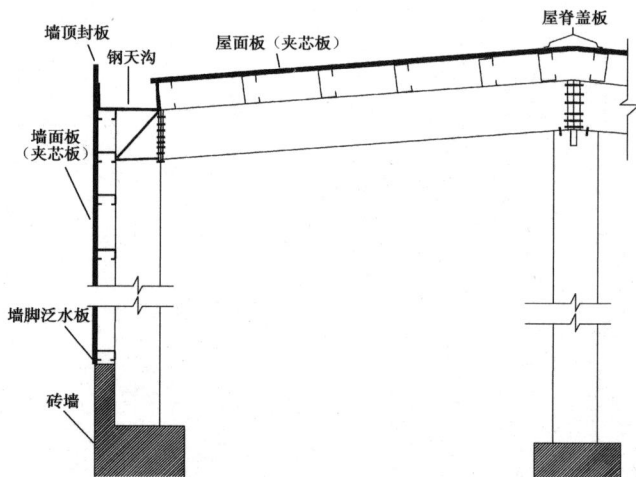

图9-2 金属压型钢板屋、墙面系统构造示意图

9.1.1　压型钢板

压型钢板是目前轻型屋面有檩体系中应用最广泛的屋面材料之一。

建筑用压型钢板（简称压型钢板）是以冷轧薄钢板为基板，经热镀锌或镀锌后覆以彩色涂层再经辊压冷弯成型而成的。它有 V 形、U 形、梯形或类似的形状，在建筑上用作屋面板、楼板、墙面板及装饰板，也可被选为其他用途的钢板。压型钢板具有成型灵活、施工速度快、外观美观，高强、质量轻、耐用、抗震、防火，易于工业化和商品化生产等特点。

1. 压型钢板的有关构造

单层压型钢板的基板板厚宜取 0.4～1.6 mm，板长定尺为 1.5～12 m，自重为 5～12 kg/m²，它的自重是传统结构的 1/30～1/20。当有保温、隔热要求时，可采用双层钢板中间夹保温层（超细离心玻璃纤维棉或岩棉等）的做法。单层压型钢板加保温层及檩条的屋面自重一般在 20 kg/m² 左右（含檩条）。

压型钢板的主要参数：代号 YX、波高 H、波距 S、板厚 t、有效覆盖宽度 B。

（1）波距 S 的模数为 50～300 mm，50 mm 进制。

（2）有效覆盖宽度 B 为 300 mm、450 mm、600 mm、750 mm、900 mm、1000 mm 等。

（3）压型钢板的选择应考虑屋面坡度。当坡度较小时，由于屋面排水并不通畅，应尽量采用高波纹压型钢板。

（4）压型钢板腹板与翼缘水平面之间的夹角 θ 不宜小于 45°。

（5）压型钢板宜采用长尺板材，以减少板的横向搭接数量，有利于屋面防水。

（6）压型钢板的横向搭接应与檩条有可靠连接，搭接长度必须满足规范要求。波高大于 70 mm 的高波纹压型钢板，搭接长度不宜小于 350 mm；波高小于 70 mm 的低波纹压型钢板，搭接长度不宜小于 250 mm。在搭接处要涂密封胶带。图 9-3 所示为高波纹和低波纹压型钢板板型示意图。

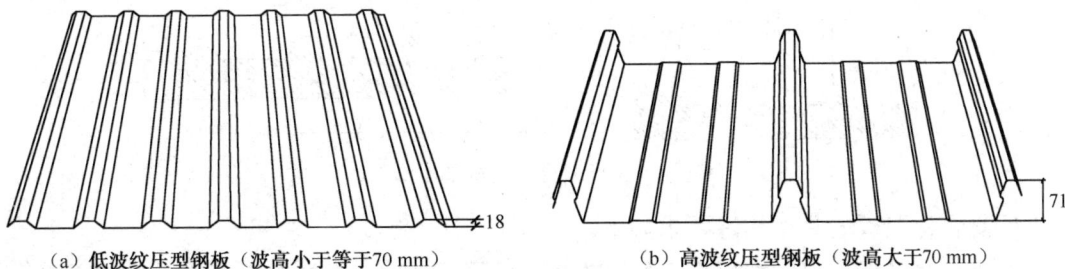

（a）低波纹压型钢板（波高小于等于70 mm）　　（b）高波纹压型钢板（波高大于70 mm）

图 9-3　高波纹和低波纹压型钢板板型示意图

（7）压型钢板的侧向连接有不同方法，详见后文。为防止屋面漏水，有条件时，要尽量采用暗扣式连接。当压型钢板侧向搭接时，搭接宽度应视压型钢板的形状、规格而定，一般不小于半个波峰宽度，搭接方向应与主导风向一致。对于波高小于 70 mm 的低波纹压型钢板，有时可不设固定支架；对于波高大于 70 mm 的高波纹压型钢板，必须设固定支架。

（8）压型钢板的横向和侧向连接均要有可靠连接，以防止压型钢板发生错动和滑动现象。

（9）考虑到国产密封材料的性能较差，易老化开裂，施工时连接件要尽量设置在波峰处，以便防水。

2. 常用压型钢板的产品规格

扫一扫看常用压型钢板的产品规格

目前，压型钢板的加工和安装已达到标准化、工厂化、装配化，可根据板型、支承条件、荷载、板厚、挠度要求等选用产品的规格。

9.1.2 复合保温板

单层压型钢板很薄，包括涂层在内，厚度仅为 0.5～0.6 mm，这样的板不能满足保温、隔热的要求。若采用现场复合保温板，则必须在屋面板下面另设保温层，下托不锈钢丝网片，或者再设计一层屋面内板，在屋面内外板之间填塞保温材料，如聚苯乙烯、聚氨酯、玻璃纤维保温棉、岩棉等。一般保温材料的容重为 12～20 kg/m³，厚度根据保温要求由热工计算确定，对于一般的工业厂房，可选用 50～100 mm 的厚度。对于有较高保温、隔热要求的生产车间或办公楼，可以考虑吊顶；对于冷库或保鲜库等对保温、隔热有特殊要求的建筑，应适当增加保温材料的厚度。

满足保温、隔热要求的另一个措施是直接选择保温、隔热比较好的工厂复合保温板。

1. 工厂复合保温板

工厂复合保温板也称复合板或夹芯板，是由内外两层彩色涂层钢板作为面板，由自熄性聚苯乙烯泡沫等作为芯材，通过高强度黏合剂黏合而成的板材，如图 9-4 所示。彩钢夹芯板是一种多功能新型建筑板材，具有轻质、高强、保温、隔热、隔音、防水、装饰等性能，主要用于工业与民用建筑的屋面和墙面、组合式冷库及加层、改建等工程。

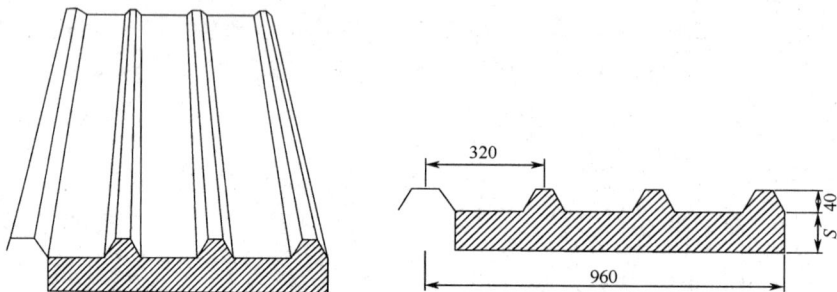

图 9-4　工厂复合保温板的组成

工厂复合保温板的具体构造要求如下。

（1）工厂复合保温板的面板为 0.5～0.6 mm 的单层彩钢板，外板可以是低波纹彩钢板，也可以是高波纹彩钢板——为保证排水通畅，应选择高波纹彩钢板；内板为低波纹彩钢板；芯材为阻燃性聚苯乙烯、聚氨酯、玻璃纤维棉或岩棉等保温材料，容重为 40～50 kg/m³。

（2）保温材料不仅有力学性能的要求，而且还有导热性、吸水性、阻燃性（用氧指数来衡量）等方面的要求。面板与芯材黏合所采用的黏合剂是聚氨酯类双组分热固化长黏合剂，具有黏结强度高、固化时间短、耐低温及抗热、自熄等性能。

（3）根据板的厚度（mm），工厂复合保温板常用的规格有 40 mm、50 mm、60 mm、

75 mm、80 mm、100 mm、150 mm、200 mm、250 mm 等，选材时要根据使用要求由热工计算确定板厚。对于冷库等有较高保温、隔热要求的建筑应采用较厚的工厂复合保温板。

（4）在制作、运输和施工许可的条件下，应采用长尺工厂复合板，以减少接缝、防止渗漏和提高保温性能。表 9-1 列出了在控制挠度为 $L/240$ 的情况下，不同厚度的工厂复合板在各种荷载工况下的最大允许跨度，以供设计参考。

表 9-1　工厂复合板的最大允许跨度（控制挠度为 $L/240$）

荷载 /kN/m²　　　跨度 /m	板厚/mm					
	50	75	100	150	200	250
0.25	5.1	6.9	8.0	9.9	11.4	12.8
0.50	3.7	4.9	5.7	7.0	8.0	9.0
1.00	2.5	3.4	4.0	4.9	5.7	6.4
1.50	1.9	2.7	3.3	4.0	4.6	5.2
2.00	1.4	2.1	2.8	3.5	4.0	4.5

（5）一般建筑物的屋面板会存在接缝，接缝处理是否合理决定着整个屋面的防水效果。在施工前，要做好整个屋面的布板图。尽量采用整块工厂复合板，因为工厂复合板制作时两边均有收口，若沿长度方向切割，收口被切除，则保温棉外露，会影响保温、隔热、隔音等效果。

（6）工厂复合板采用扣件或搭接连接，分横向和侧向两个方向。工厂复合板的侧向连接分为工字铝连接式［见图 9-5（a）］和企口插入式［见图 9-5（b）］两种。在横向两块板的接缝处，上下两块屋面板的上表面应搭接在支座上，搭接长度为 150～250 mm，搭接钢板部分用拉铆钉连接，搭接处用密封胶密封，外露部分用拉铆钉连接，四周均要涂密封胶。沿坡度方向的屋面板搭接，如图 9-6 所示。在侧向两块板的接缝处，上表面的彩钢板要向上翻边大于等于 25 mm，上面倒扣的彩钢扣件，用密封胶填实。

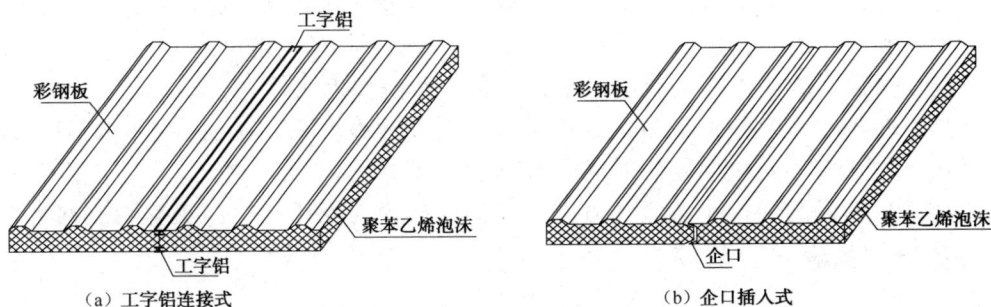

图 9-5　工厂复合板的侧向连接

（7）建筑物的边缘处均要进行包角处理，一般制作单位均有这方面的定型产品，如角铝、槽铝、门框铝或窗框铝及各种彩钢扣件、泛水板等。

2. 现场复合保温板

1）现场复合保温板的适用情况

工厂复合保温板一般情况下都在工厂进行制作，充分体现了在钢结构工厂制作、在工

地安装这一优点，尽量减少现场的安装工作量。但有些情况，必须采用现场复合保温板，如必须把檩条夹在内外板之间或只要外板和保温层时——由于檩条是现场安装的，这就要求现场复合保温板也要现场制作，如图9-7所示。

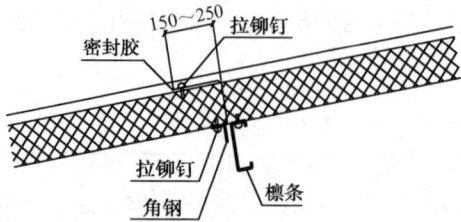

图9-6　沿坡度方向的屋面板搭接

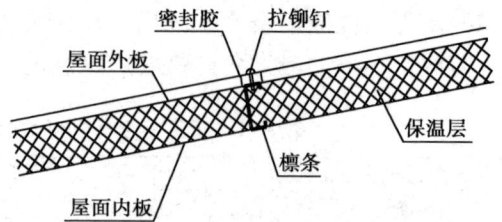

图9-7　现场复合保温板

现场复合保温板金属屋面的施工方法与单层彩钢板加设保温层的施工方法相似，不同之处在于前者采用彩钢板作为内板，以此来代替后者的不锈钢丝网片。需要吊顶的建筑物，如办公楼等，可不设金属内板，直接在屋面外板和吊顶间设置保温层。对于屋面外板，板间接缝要考虑防水要求；对于屋面内板，不存在防水问题，仅需要考虑相邻两板间的连接问题。

2）现场复合保温板的优点

现场复合保温板与工厂复合保温板比较，有以下两个方面的优点。

（1）檩条不外露，整个车间内部显得比较整齐。

（2）保温效果好。相同厚度的现场复合保温板比工厂复合保温板保温、隔热效果好，主要在于现场复合保温板不用黏合剂，内外板之间还存在一定的空隙，有利于保温和隔热。

9.1.3　金属屋面板的连接与固定

金属屋面板按连接方法分类，可分为螺丝暴露式屋面板和暗扣式屋面板。

1. 螺丝暴露式屋面板

在螺丝暴露式屋面板中，屋面板通过自攻螺丝与檩条固定在一起，并在自攻螺丝周围涂上密封胶，如图9-8（a）所示。这种连接方法存在以下几个问题。

（1）自攻螺丝暴露在外面，会出现生锈现象，影响屋面美观。

（2）施工时由于螺丝数量较多，很难发现密封胶漏涂现象，从而导致该处漏水。

（3）由于密封胶的老化问题，时间一长就会出现漏水。

（4）屋面板的侧向连接顺着流水方向，与屋面板横向连接相比，更易造成漏水。

2. 暗扣式屋面板

为解决螺丝暴露式屋面板的漏水问题，出现了暗扣式屋面板，暗扣式屋面板的侧向连接可直接用配件将金属屋面板固定于檩条上，而板与板之间及板与配件之间则通过夹具夹紧，如图9-8（b）所示。这种连接方法基本消除了金属屋面板漏水这一隐患问题，所以暗扣式屋面板很快得到了广泛采用。尤其是360°咬合式屋面板类似卷铁桶工艺，彻底解决了屋面密封隔气的问题，可用于较小坡度。

在铺设金属屋面板时，横向和侧向需要连接，金属屋面板宜采用长尺板材，这样可以减少屋面板间的横向接缝。板与板之间的连接类型直接影响屋面防水。目前，金属屋面板

常用的连接方法如图 9-9 所示。

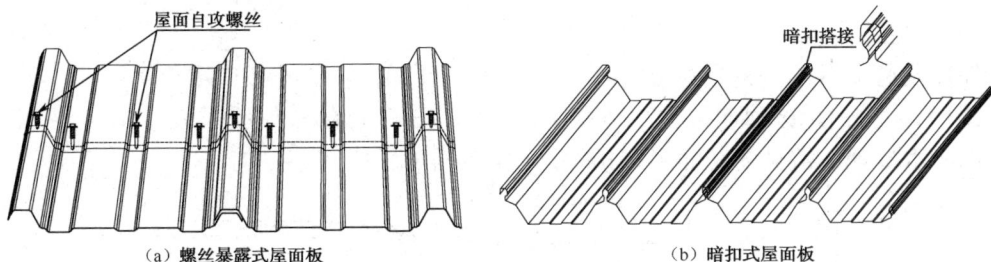

（a）螺丝暴露式屋面板　　　　　（b）暗扣式屋面板

图 9-8　两种常用金属屋面板类型的施工方法

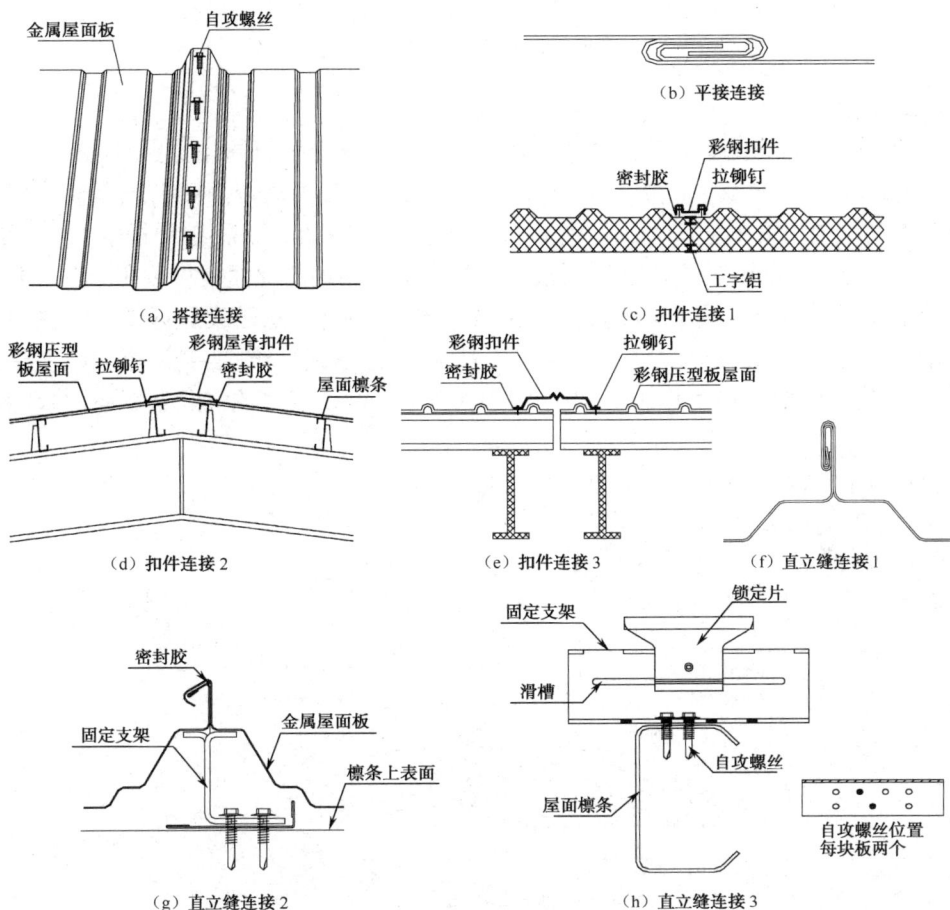

（a）搭接连接　　　（b）平接连接　　　（c）扣件连接 1

（d）扣件连接 2　　　（e）扣件连接 3　　　（f）直立缝连接 1

（g）直立缝连接 2　　　（h）直立缝连接 3

图 9-9　金属屋面板常用的连接方法

1）搭接连接

搭接连接通常用于螺栓连接的屋面［见图 9-9（a）］，上下两块屋面板叠在一起，在檩条固定时用自攻螺丝加以连接，在搭接板缝处设置滞水带。这种连接方法现场施工方便，比较经济，曾经是金属屋面板连接的主要方法，但采用这种连接方法的金属屋面漏水现象严重。

2）平接连接

平接连接是将相邻两块屋面板弯 180°，并将它们折扣起来［见图 9-9（b）］，由于加

工、安装比较麻烦，这种连接方法很少采用。

3）扣件连接

扣件连接通常用于金属屋面接缝处［见图9-9（c）］、屋脊处［见图9-9（d）］及伸缩缝处［见图9-9（e）］。这种连接方法是先用扣件将接缝两侧的金属屋面板连在一起，再涂密封胶加以防水处理。常见的屋面彩钢扣件，如图9-10所示。

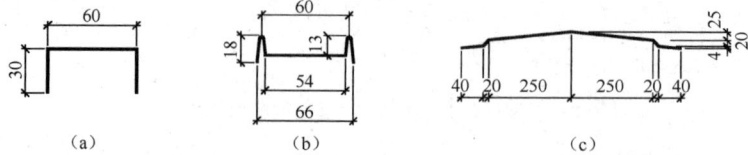

（a）　　　　　　　　（b）　　　　　　　　（c）

图9-10　屋面彩钢扣件

4）直立缝连接

直立缝连接也称暗扣式连接或隐藏式连接，是目前金属屋面板的主要连接方法。对于波高小于70mm的低波纹屋面板，可不设固定支架，直接将接缝两侧的屋面板抬高，首先采用360°滚动锁边扣接在一起，然后用自攻螺丝在波峰处直接与檩条连接［见图9-9（f）］。

对于波高大于70mm的高波纹屋面板，首先将接缝两侧的屋面板扣接在一起，并搁置在固定支架上，固定支架要与屋面板的波形相匹配；然后用自攻螺丝或射钉将固定支架连于檩条上［见图9-9（g）和（h）］。这种连接方法有利于防止接缝两侧的金属屋面板发生错动，同时控制了整块屋面板在自重作用下向下滑动的趋势，可以有效地消除金属屋面板漏水这一隐患。

图9-11、图9-12所示为直边锁缝式屋面板。

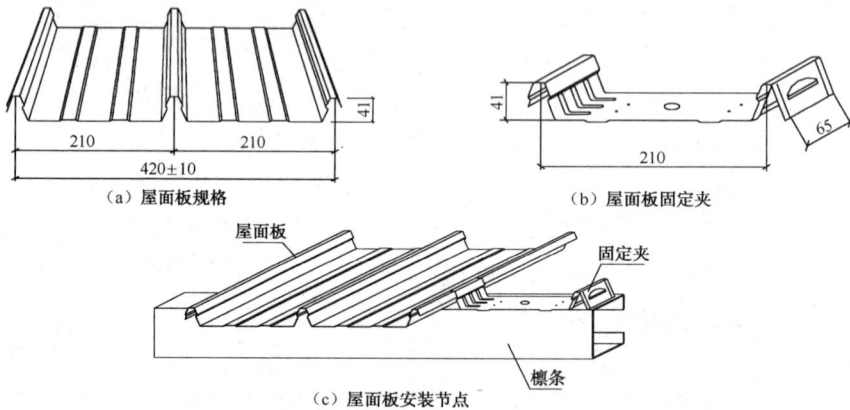

（a）屋面板规格　　　　　　　　　　（b）屋面板固定夹

（c）屋面板安装节点

图9-11　直边锁缝式屋面板1

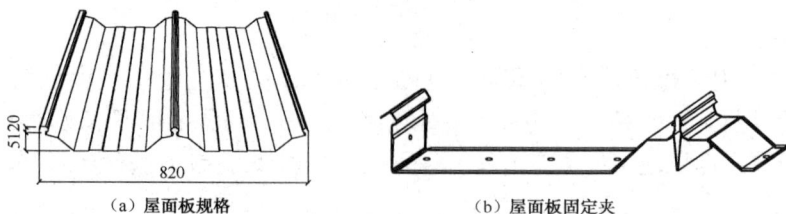

（a）屋面板规格　　　　　　　　　　（b）屋面板固定夹

图9-12　直边锁缝式屋面板2

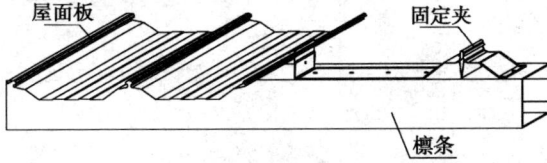

（c）屋面板安装节点

图 9-12　直边锁缝式屋面板 2（续）

9.1.4　屋面开洞的方式及防水处理

钢结构房屋由于采光、通风或工艺的要求，在屋面上需要开些孔洞或安装采光窗、通风器、工业设备。屋面开洞是造成屋面漏水的最主要原因。因此，处理好屋面开洞是屋面系统中最为重要的事情之一。

1. 屋脊开洞

屋脊开洞主要有如下 3 种情况。

（1）在屋脊处安装圆形通风器，如图 9-13（a）所示。

（2）在屋脊处安装矩形通风器，如图 9-13（b）所示。

（3）在屋脊处安装天窗，如图 9-13（c）所示。

（a）圆形通风器　　　　（b）矩形通风器　　　　（c）天窗

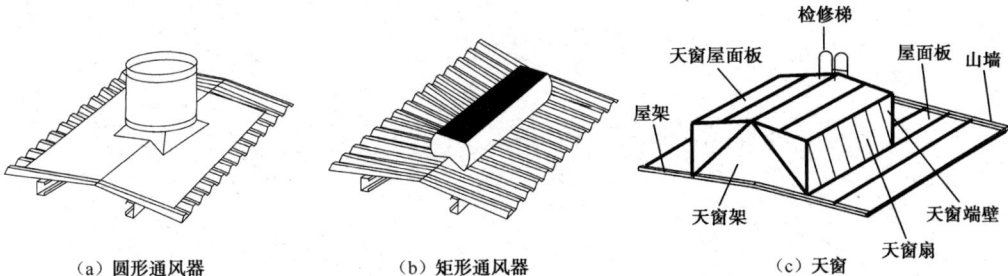

图 9-13　屋脊开洞

这 3 种情况的泛水比较容易处理，因为都属于下挡水泛水，其中天窗的情形又属于轻钢结构高低跨的情形，因而泛水处理的技术比较成熟。

2. 非屋脊处开洞

非屋脊处开洞是指由于工艺需要在非屋脊处的屋面上切开孔洞。例如，从车间里伸出的烟囱就需要开洞。如果烟囱太高，那么还需要设置三四个方向的拉索，拉索要固定在横梁上，于是要开洞让拉索从屋面上穿过。再如，由于涂装车间内的烟气排放需要在屋面安装多个轴流风机，也需要开洞。单坡屋面开洞有 3 种泛水方式，即上挡水泛水、下挡水泛水和侧挡水泛水。

非屋脊处的屋面开洞目前有以下两种情况。

1）开较小孔洞

开较小孔洞大都是在横梁上伸出一根圆钢管、拉索或直接从设备上伸出一根工艺管等。这种开洞的泛水处理一般是在开洞缝处涂覆足够的硅酮胶来进行的。有一种 DEKTITE（德泰盖）轻钢配件，较彻底地解决了小孔洞的泛水问题。图 9-14 所示为 DEKTITE 安装示意图。

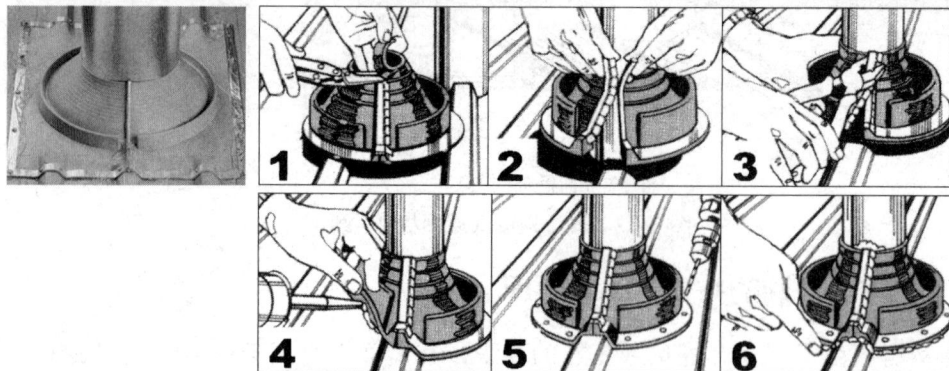

图 9-14　DEKTITE 安装示意图

2）开较大孔洞

开较大孔洞大都是因为要在屋面上安装排烟通风设备。这种开洞的泛水不容易做好，往往是屋面漏雨的直接原因。

处理这种开洞的方法：在工厂预制好通风机底座，将泛水裙板与底座做成一体，安装时将底座直接安装在屋面上。预制通风机底座安装如图 9-15 所示。裙板有压型板和平板两种。如果裙板是平板，则要在屋面上使用密封堵头。

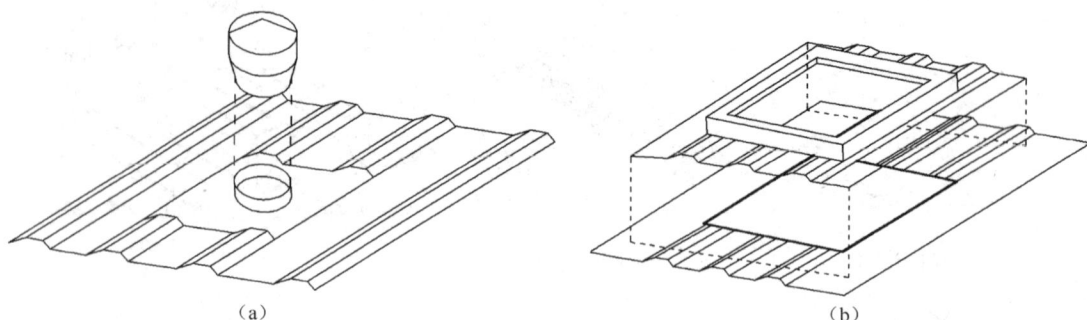

（a）　　　　　　　　　　　　　　　　（b）

图 9-15　预制通风机底座安装

此外，在屋面上开设洞口时，为避免洞口上方的波槽积水，要设置波槽盖板。波槽盖板从洞口上方做起，直至屋脊，与屋脊板连接。洞口要尽可能地靠近屋脊开设，可减少波槽盖板的用量，具体请参照《压型金属板建筑构造》（17J925—1）（以下简称 17J925—1 图集）执行。

3. 屋面防水构造

屋面板都是通过各种连接方法达到防水的，因此，它们连接的构造是防水的关键。在一般屋面板中容易引起漏水的部位是板材的纵向及横向接缝、天沟、山墙、天窗侧壁、出屋面洞口、通风屋脊及高低跨处。

屋面板及异型板的搭接长度需要根据屋面的坡度及坡长确定。屋脊及高低跨处的泛水板与屋面板的搭接长度不宜小于 200 mm，并应在搭接部位设置挡水板或堵头等防水密封材料。

对于高低跨厂房，跨度较大的高跨屋面的雨水管出水口直接将雨水集中排到低跨屋面，低跨屋面上的雨水管出水口附近的几个波槽有可能因水量过大，使波槽产生溢水而导

致侧向搭接缝处漏水。因而，应该在低跨屋面上设置引水槽将雨水引到低跨天沟，或设置水落管将雨水引至房屋的地沟里。

泛水板与泛水板、包角板与包角板之间的搭接长度以不小于 60 mm 为宜，屋面泛水板、包角板，尤其是屋脊板，搭接方向应与当地的主导风向一致，在搭接部位必须设置防水密封材料。

金属材料对温度的变化很敏感。如果建筑物的构件（檩条、墙梁等）直接与外层压型金属板接触，那么在冬季这些构件将出现结露现象。为了避免这一现象，应在构件与外层压型金属板接触面上设置非金属隔离层。

图 9-16～图 9-22 所示为常见的屋面节点构造。更多的屋面节点构造及工程做法详见 17J925—1 图集。

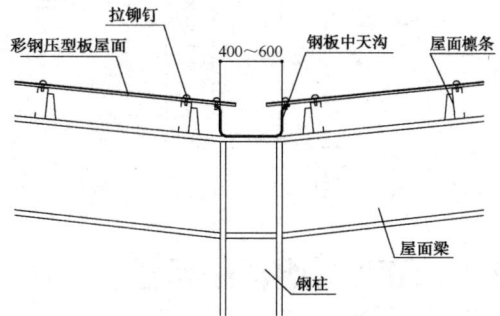

图 9-16　中天沟节点

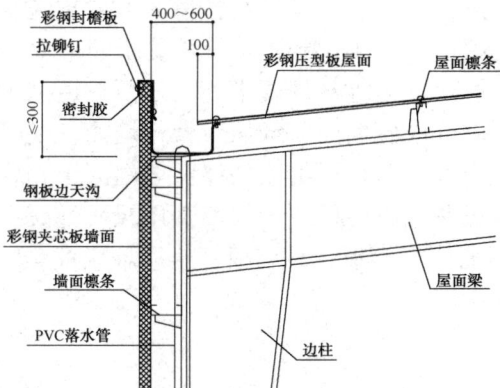

图 9-17　边天沟节点

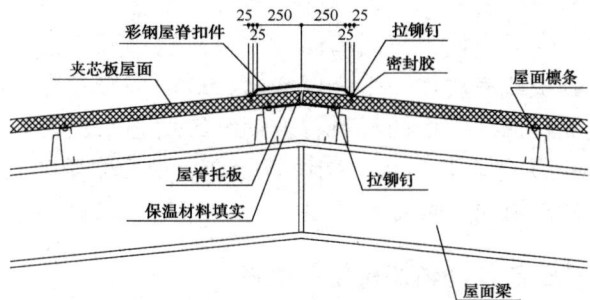

图 9-18　双坡屋脊节点

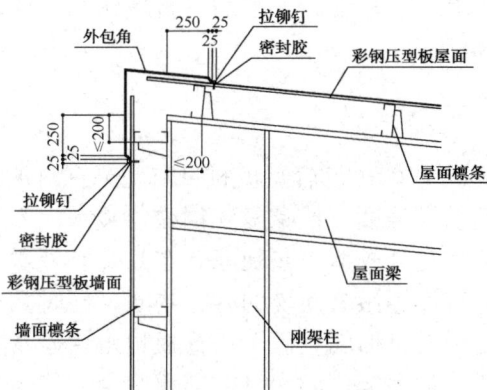

图 9-19　单坡屋脊节点

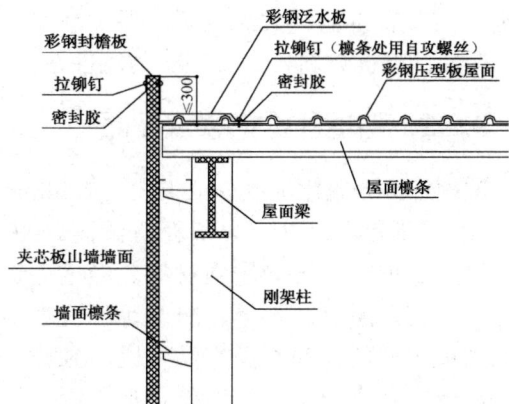

图 9-20　山墙封檐节点

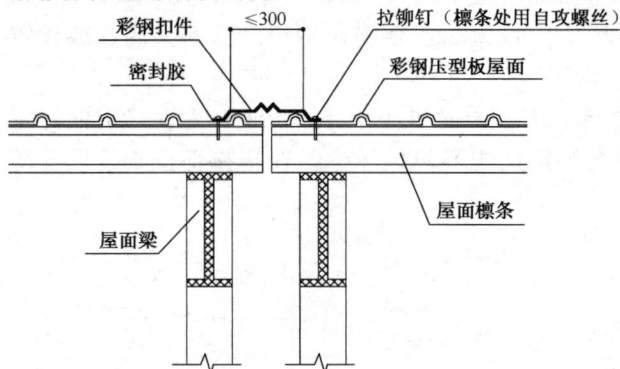

图 9-21　屋面伸缩缝节点

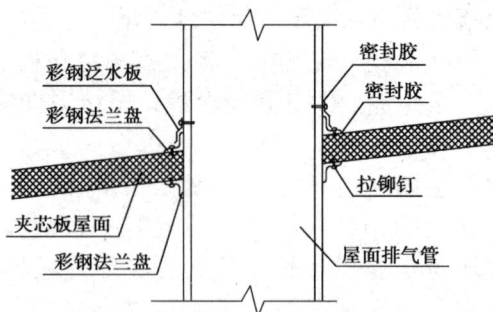

图 9-22　屋面排气管节点

9.2　门式刚架墙面系统

　　墙面作为门式刚架等轻钢结构建筑系统的组成部分，不仅起围护作用，而且对整个建筑物美观起着至关重要的作用。随着我国建筑业的发展，人们对建筑物外墙面的要求越来越高，常用的墙面材料已不能满足工程需要，这就促使人们不断研制和开发新的墙面材料，这些材料除满足高强、轻质、保温、隔热、阻燃、隔音等常规要求外，还要求造型美观、安装方便。根据墙面组成材料的不同，墙面可以分成砖墙面、纸面石膏板墙面、混凝土砌块或板材墙面、金属墙面、玻璃幕墙及由一些新型墙面材料组成的墙面。混凝土砌块或板材墙面常用的材料有玻璃纤维增强水泥板、粉煤灰轻质墙板或砌块、蒸压轻质混凝土（ALC）墙面板或墙面砌块等。金属墙面常用的材料有压型钢板、夹芯板、金属幕墙板等。几种常用的墙面板如下。

9.2.1　砖和纸面石膏板

　　砖作为一种传统的墙面材料，既可作为外墙面，也可作为内墙面，已被大量用于工程中，这种墙面材料施工方便、价格便宜。但是，我国在墙体材料革新"十五"规划中明文规定，为节省耕地、节约能源、保护环境，禁止使用实心黏土砖。纸面石膏板作为一种新型、轻质的墙面材料，主要用于内墙面，并已被大量使用。

9.2.2　玻璃纤维增强水泥板

　　玻璃纤维增强水泥（GlassFiber Reinforced Cement，GRC）轻型板材目前主要有两种产品：GRC 平板和 GRC 隔墙轻质条板。GRC 平板以高强度、低碱度硫铝酸盐类水泥为基材，以抗碱玻璃纤维为增强材料，经过先进流浆辊压复合成型工艺制成。产品具有轻质、高强、高韧、耐火、不燃、防腐等优良性能，不含石棉等污染环境的有害物质，同时具有卓越的加工性能，和同类产品相比，独树一帜。这种板材彻底克服了石膏板耐水性差及石棉水泥板容重大、抗冲击性差、加工困难、污染环境等弊端，成为目前国内综合性能优良的一类新型建筑板材。GRC 隔墙轻质条板是一种面层喷射 GRC，芯层注入膨胀珍珠岩混合料，即采用喷注复合工艺制成的新型空心隔墙板。该产品的突出特点是夹芯结构、构造合

理；抗折强度高、抗裂性强；耐水、防火、防腐；加工性好、施工方便；尺寸精度高，可以确保安装质量。GRC 板具有良好的性能指标，被广泛用于建筑物的内墙面。

9.2.3　粉煤灰轻质墙板或砌块

粉煤灰轻质墙板或砌块是以粉煤灰为主原料，以氯氧镁水泥为胶凝材料，以中碱玻璃纤维为增强材料，再配以有效的改性外加剂和发泡液，经过适当的生产工艺控制，在常温常压下固化成型的一种新型多孔轻质建筑材料。粉煤灰轻质墙板或砌块具有质量轻、力学性能好、隔热和隔声性能好、变形性小、不燃烧等优点。

粉煤灰轻质墙板或砌块可广泛应用于建筑物的外墙内保温、外墙外保温、屋面保温、非承重分户分室隔墙及有类似要求的其他建筑工程部位。粉煤灰轻质墙板可以比较方便地与母体墙体连接，并能很好地处理预埋件、预挂件、门窗口、阴阳角等位置，确保了板面平整和板缝不开裂，保证了施工速度和施工质量。

另外，粉煤灰轻质墙板或砌块还包括粉煤灰硅酸盐墙板、蒸压粉煤灰加气混凝土板、粉煤灰泡沫混凝土砌块、粉煤灰混凝土小型空心砌块、粉煤灰硅酸盐砌块、蒸压粉煤灰加气混凝土砌块等，用途比较广泛。

9.2.4　压型钢板和聚苯乙烯泡沫夹芯板

压型钢板和聚苯乙烯泡沫（EPS）夹芯板是目前轻钢建筑中常用的金属墙面板，有关这类板材的性能指标已在金属屋面板部分做了较详细的介绍，本节列出了墙面板安装节点、墙面包角节点、门窗包角节点和常见轻钢厂房建筑节点供参考，如图 9-23～图 9-26 所示。墙面（包括前面所学屋面）相关部位的折件（异形件）应重视，其连接好坏直接影响建筑物的使用性能与外观。

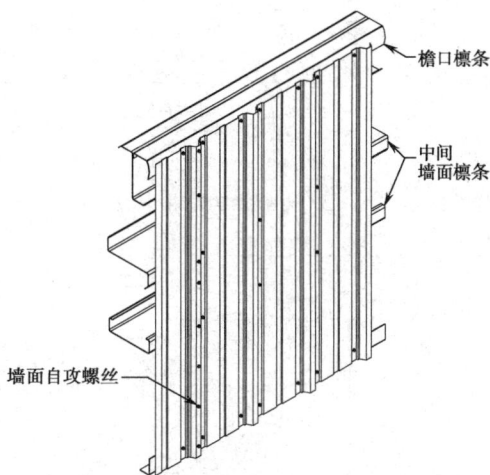

图 9-23　墙面板安装节点

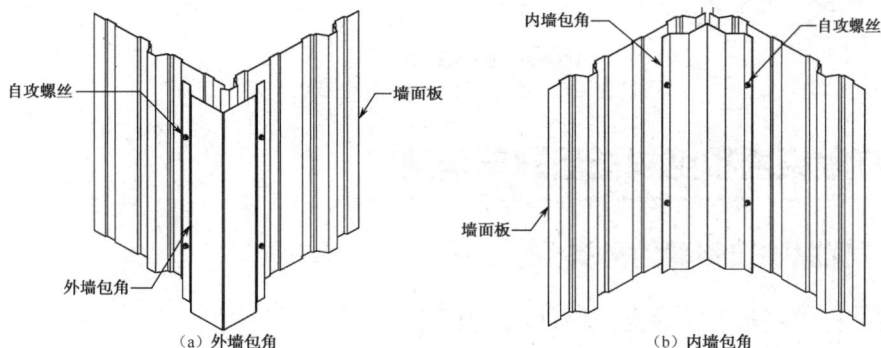

（a）外墙包角　　　　　　　　（b）内墙包角

图 9-24　墙面包角节点

（a）立柱处包角　　　　　　　　　　（b）横梁处包角

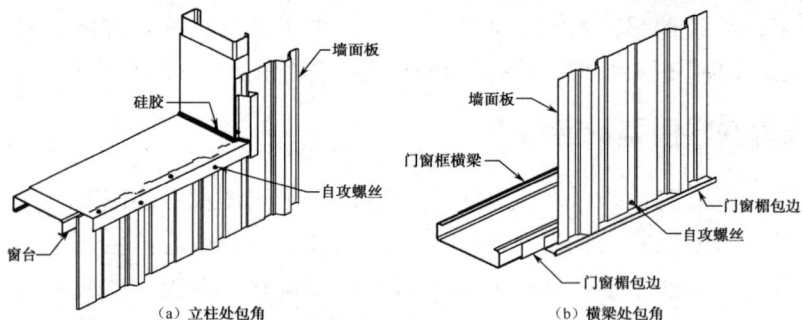

图9-25　门窗包角节点

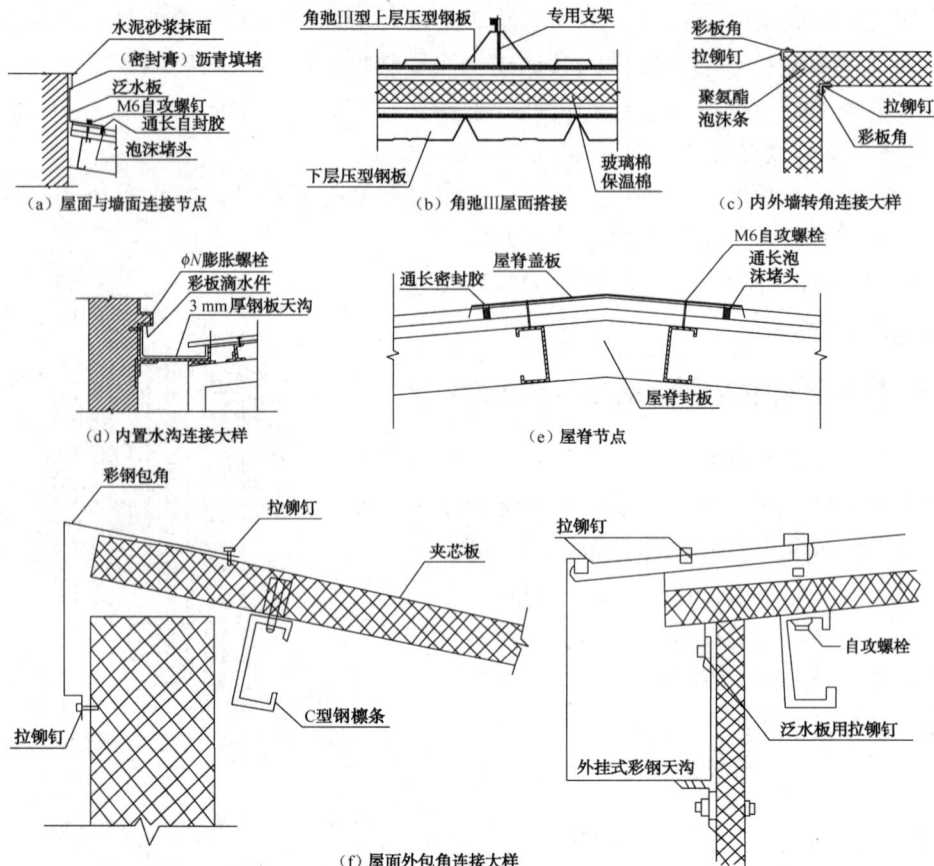

（a）屋面与墙面连接节点　　　（b）角弛Ⅲ屋面搭接　　　（c）内外墙转角连接大样

（d）内置水沟连接大样　　　　　　　　　（e）屋脊节点

（f）屋面外包角连接大样

图9-26　常见轻钢厂房建筑节点

9.3　门式刚架围护结构的保温与隔热

9.3.1　保温隔热材料的种类

在轻钢结构中，常见的保温材料有以下几种。

（1）离心玻璃纤维棉：目前屋面保温、隔热大量使用超细离心玻璃纤维棉，导热系数为 0.035～0.047 W/（m·K），容重为 12～50 kg/m³，一般容重较小的离心玻璃纤维棉，厚度常用的有 50 mm、75 mm、100 mm 等，具体选用应根据建筑物所在地的气象条件及建筑物

的要求经计算确定。防潮层材料有加筋铝箔、铝箔布、聚丙烯膜加筋网线等。当防潮层采用聚丙烯膜加筋网线时可取消下衬板，以降低造价。

（2）聚苯乙烯泡沫板。应用时应选用符合防火规定的板材。

（3）岩棉保温板：防火性突出，尤其适合在防火性要求较高的地方使用，但较其他几种材料容重大些。

（4）聚氨酯保温板：一直使用较广泛，建筑上要用硬质板。

9.3.2　保温层的有关构造

对于有保温或隔热要求的门式刚架工程，屋面和墙面都需要设置保温层。当采用单层压型钢板现场复合保温屋面时，由于受到保温材料自重的影响，为防止屋面保温层发生变形破坏，应采用构造措施对保温层的材料进行加强，在工程设计中常结合防潮层的构造要求合理设置。例如，在保温材料下部设置经过增强处理的铝箔复合玻璃纤维布防潮层（其中的玻璃纤维布作为复合增强材料），若采用未经增强的铝箔防潮层或未经增强的其他柔性防潮层时，应在下面设置张紧的钢丝网片或玻璃纤维布等具有抗拉能力的材料，以承担保温材料的自重。详细情况请参考 17J925—1 图集。

9.4　门式刚架围护结构的采光与通风

9.4.1　采光

一般在轻钢结构中，当采用的门窗不能满足采光要求时，可在屋面设置采光带或在房屋侧面设采光窗。采光带一般沿房屋跨度方向设置，宽度为 600～800 mm，可每跨设置，也可隔跨设置，具体由计算确定，但必须注意采光带和屋面板的泛水处理。如果需要大面积采光，如体育场馆、暖棚等，那么可采用阳光板。屋面采光目前采用的方法有如下两种。

1. 玻璃钢采光瓦采光

当屋面采光采用玻璃钢采光瓦 ［见图 9-27（a）］ 时，屋面构造与压型金属板屋面类似，处理简单（不用专门设置骨架），防水性能可等同于压型金属板屋面。

2. 采光窗采光及采光帽采光

这种采光方法可选用的材料品种很多，有聚碳酸酯板 ［阳光板，见图 9-27（b）］、PC 板、夹胶玻璃、中空玻璃等。这种采光方法需要为采光专门设置骨架，采光部分均高出金属压型板屋面，防水处理较复杂，但采光部分不易积灰，透光率较高。

（a）玻璃钢采光瓦　　　　　　　　（b）阳光板

图 9-27　屋面采光材料

9.4.2　通风

通风可分为自然通风和机械通风。自然通风一般是通过设置可开启的天窗和侧窗来实

现有组织的通风换气的。机械通风需要投资较大的通风设备及支付设备的运行维护费用。

采用何种通风方法（自然通风、机械通风或两种通风方法相结合），应根据建筑物的用途、工艺、使用要求、室外气象条件及能源状况等，同各有关专业配合，通过综合比较后确定。

如果房屋对通风有特殊要求，那么可设置天窗或气楼等通风器。屋面通风传统上是采用设置气楼、安装轴流风机的方法来解决的，这些方法要专门设计相应的结构作为支撑架，在屋面防雨水方面也需要较复杂的处理。目前，在轻钢结构中采用了一种无动力屋面涡轮式通风器以解决以上问题。

1. 自然通风

工业和民用建筑的自然通风主要依靠门洞、平开窗或垂直转动窗、屋面通风器等。下面主要讲述在工业建筑自然通风中广泛采用的屋面通风器。

1）常见屋面自然通风器的形式及构造特点

屋面自然通风器按形状可分为点式通风器和条式通风器。条式通风器通常又被称为通风气楼，一般由建筑设计单位自行设计，但目前各钢结构厂家均有自己的定型产品，根据要求的通风量可灵活选用。点式通风器多由专业厂家设计和生产，价格较条式通风器昂贵。

（1）图 9-28 所示为比较常见的简易通风气楼，主要特点是结构简单、制作安装简便、成本较低。简易通风气楼外围可用采光板，兼有通风和采光双重功能。

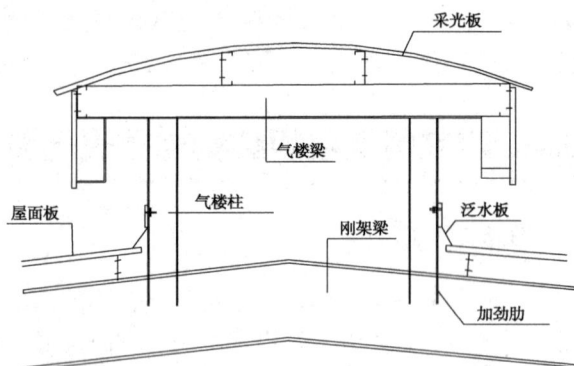

图 9-28　简易通风气楼

简易通风气楼的结构为简单的小刚架，气楼柱与刚架梁铰接，气楼柱与气楼梁刚接。对于跨度较大、高度较高的大型通风气楼与下部主体结构共同计算。对于跨度较小的小型通风气楼，可单独计算。

（2）弧形通风气楼与其他形式的气楼相比具有外形美观、抽风力强、安全、防水等优点，可设置在屋脊或屋面坡度方向，如图 9-29 所示。

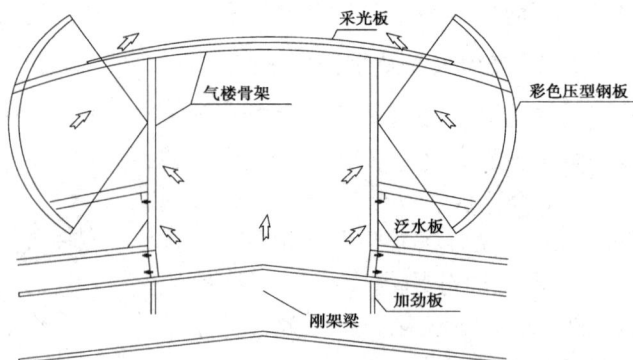

弧形通风气楼也是采用角钢或方管等小截面构件焊接成的小刚架。当弧形通风气楼沿厂房横向（屋面坡度方向）布置时，小刚架与屋面檩条通过螺栓连接，小刚架的间距同檩条的间距。沿厂房横向布置的弧形通风气楼节点构造，如图 9-30 所示。

图 9-29　弧形通风气楼

（a）总图 （b）节点 1

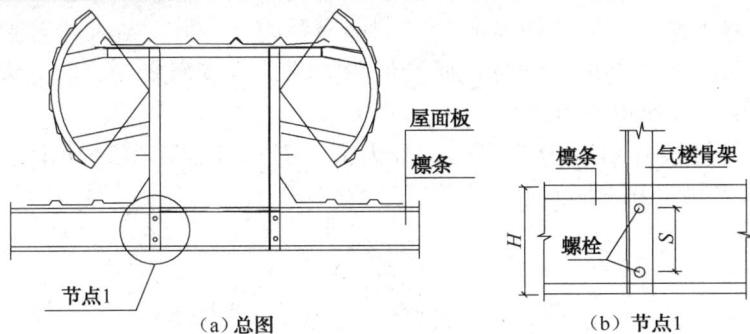

图 9-30 沿厂房横向布置的弧形通风气楼节点构造

当弧形通风气楼沿厂房纵向（屋脊上）布置时，小刚架与兼作屋面檩条的槽钢梁通过螺栓连接，小刚架的间距通常取 1 m。沿厂房纵向布置的通风气楼节点构造如图 9-31 所示。

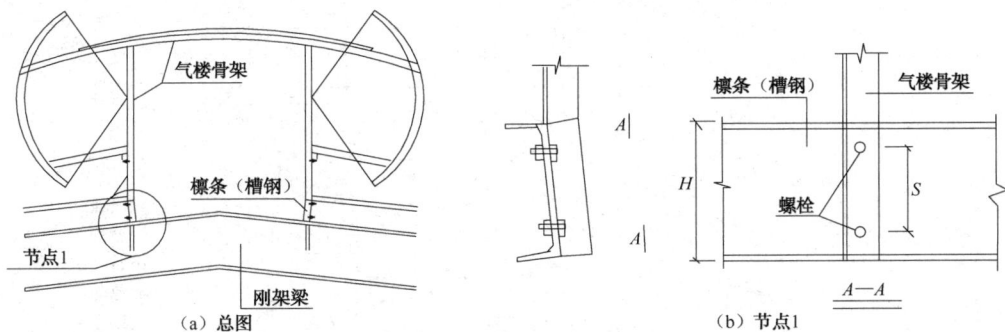

（a）总图 （b）节点 1

图 9-31 沿厂房纵向布置的通风气楼节点构造

（3）屋面自然通风除采用通风气楼外，还经常采用点式通风器，即无动力屋面涡轮式通风器，如图 9-32 所示。无动力屋面涡轮式通风器的工作原理是：利用自然风力及室内外温度差造成的空气对流，推动涡轮转动，利用离心力及负压效应实现通风和换气。无动力屋面涡轮式通风器与通风气楼相比，具有高效率的排风功能，质量轻、安装快捷等优点，但通风气楼一般可兼有采光功能，而无动力屋面涡轮式通风器一般只有单纯的通风和排烟功能。无动力屋面涡轮式通风器主要由 3 个部分组成：防水基板、变角管颈和涡轮头，如图 9-33 所示。无动力屋面涡轮式通风器的价格因材质的不同而不同，常用的材质有彩钢板、不锈钢、全不锈钢、铝材等。

图 9-32 无动力屋面涡轮式通风器

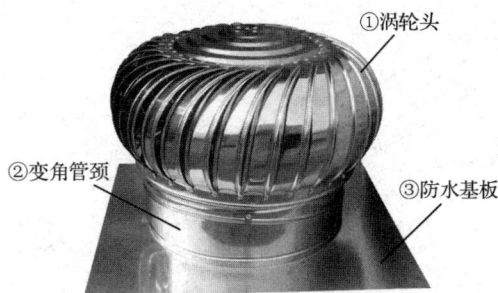

①涡轮头
②变角管颈
③防水基板

图 9-33 无动力屋面涡轮式通风器的组成

（4）室内的通风换气有时并不是时时刻刻都需要的，尤其对于北方需要冬季采暖的用房，设置一直敞开的气楼不但不经济，而且浪费能源。这就需要在屋面上设置可开启的通风气楼，按需要随时打开和关闭。

可开启通风气楼按开启动力的不同可分为人工开启式通风气楼和电动开启式通风气楼。图9-34所示为某北方工程的电动开启式通风气楼。

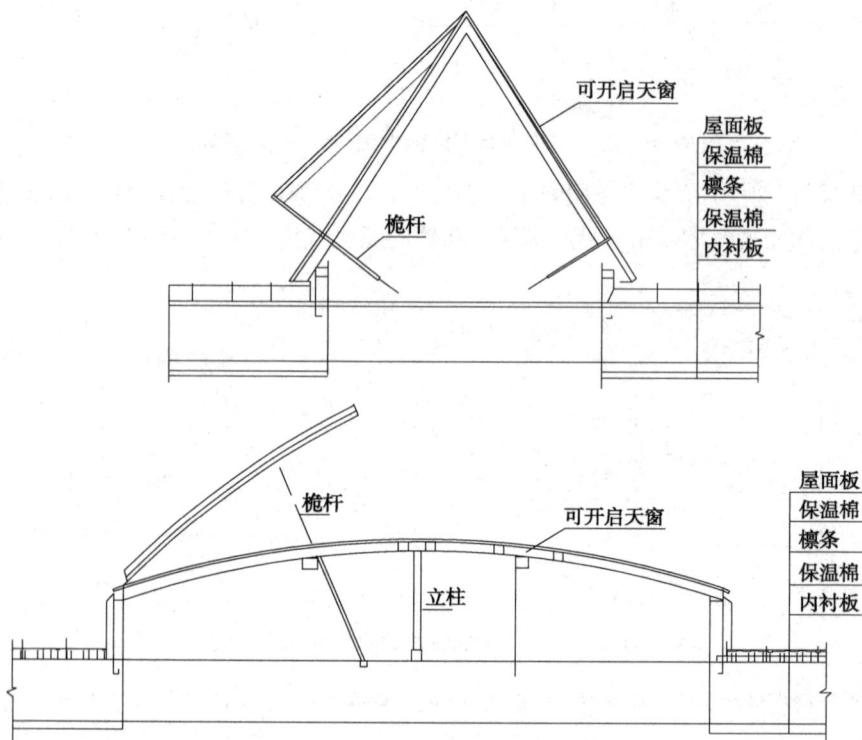

图9-34 某北方工程的电动开启式通风气楼

在工业建筑中，常用的可开启通风气楼通常设置在屋脊上，通过连杆、滑轮等装置手工开启。通常可开启通风气楼作为标准件（3 m/节），可根据建筑的不同需要灵活选择，沿屋脊通长设置或断开设置。工业厂房用可开启通风气楼如图9-35所示。

工业厂房用可开启通风气楼的组装图，如图9-36所示，主要构件由角钢和彩钢板等组成。

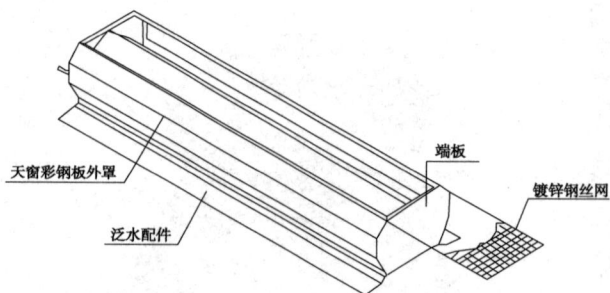

图9-35 工业厂房用可开启通风气楼

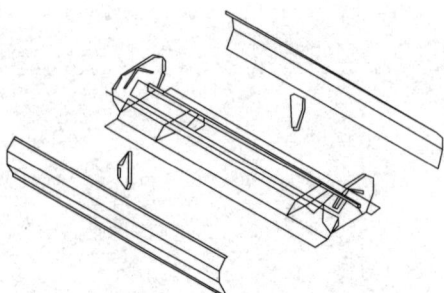

图9-36 工业厂房用可开启通风气楼的组装图

2）通风器的布置

（1）以自然通风为主的建筑物，通风气楼（条式通风器）的布置应根据主要进风面和建筑物的形式，按当地有利的风向布置。因此，通风气楼的布置通常分为沿厂房横向布置和沿厂房纵向布置两种，分别如图 9-37 和图 9-38 所示。

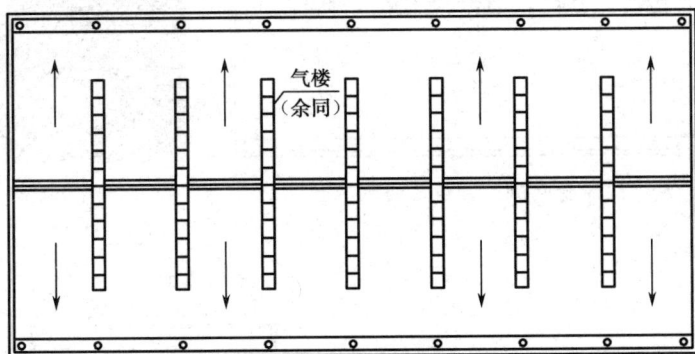

图 9-37　沿厂房横向布置通风气楼

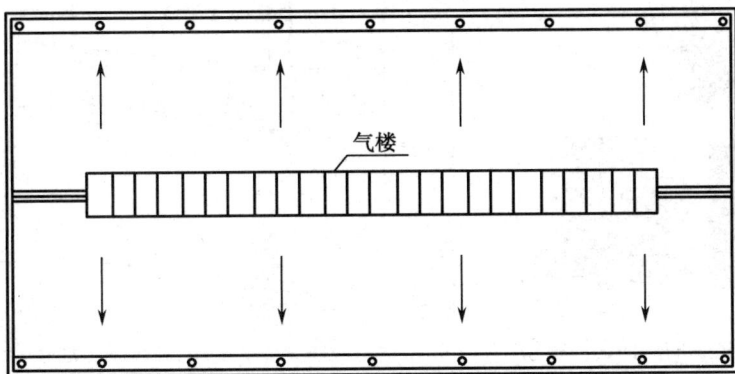

图 9-38　沿厂房纵向布置通风气楼

通风气楼的布置数量及通风气楼的规格、形式等应根据暖通专业按自然通风计算确定的通风量选定。选定通风气楼的形式及所需规格尺寸后方可进行结构计算，并确定各构件的截面。

（2）点式通风器宜沿屋脊的两侧布置，且应尽量避免将点式通风器置于有乱流的地方及和垂直墙相邻的低屋面处。沿厂房屋脊两侧布置点式通风器如图 9-39。屋面通风器如图 9-40 所示。当通风器安装时，应将防水基板嵌入屋面板与屋脊盖板之间的缝隙里，以避免漏水。

2. 机械通风

当自然通风不足以满足通风要求或采用自然通风不便时，需采用机械通风方法实现通风和换气。在工业建筑厂房中，屋面机械通风主要依靠屋面通风机。屋面通风机均为定型产品，有多种型号可供选择。图 9-41 所示为几种常见的屋面通风机。

通风机支架多由角钢制成，如图 9-42 所示的通风机与屋面连接构造中的屋面风机支架，亦可视情况用矩形管制作通风机支架。

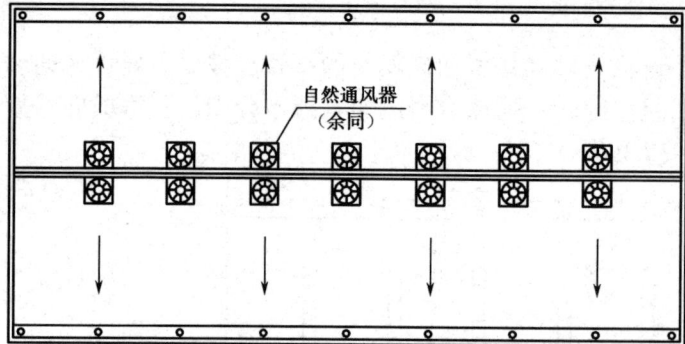

图 9-39　沿厂房屋脊两侧布置点式通风器

图 9-40　屋面通风器

图 9-41　几种常见的屋面通风机

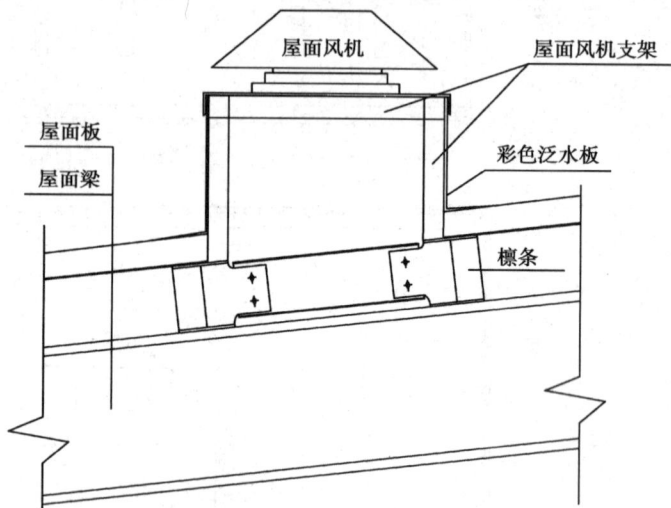

图 9-42　通风机与屋面连接构造

9.5　门式刚架屋面排水

　　门式刚架厂房屋面压型板纵横两个方向有许多搭接接缝，对第一、二代压型板如果压型板的波槽溢水，或因天沟排水不畅而引起溢水至室内，影响正常使用的情况偶有发生，直接导致房屋漏水，而且漏水点较难被直接发现，返修比较困难。为尽量减少和避免屋面发生漏水，尤其对雨水量较大的地区和屋面坡度较平缓、波高又较小的压型板，应按规范和标准规定要求进行屋面排水验算。

　　排水设计的合理性和屋面是否发生溢水而引起漏水密切相关。设计人员应严格按照《建筑给水排水设计标准》（GB 50015—2019）的规定设计，考虑根据不同重要性的建筑物屋面设定屋面雨水排水管道工程的设计重现期，对于工业厂房（门式刚架厂房等）屋面雨水排水管道工程的设计重现期应根据生产工艺、重要程度等因素确定。

　　同时，因轻钢厂房的屋面板和天沟都是预制钢构件，板缝的密封性能远不如混凝土屋面，因此在设计屋面排水时，不宜套用混凝土屋面排水的传统概念，应根据屋面板型、坡度、坡长、汇水面积、排水方式方法等进行针对性设计，必要时应进行计算机模拟排水及溢水情况分析等，以达到在设计期内满足排水通畅、不漏水的要求。

　　设计人员要根据建筑设计排水图进行对应的结构设计及详图设计，尤其要注意所做的结构设计图或施工详图既要满足建筑布置要求、又要符合构造连接简单明了、方便看图施工的要求。钢结构加工及施工安装人员要充分读懂建筑图和施工详图的要求，特别注意要严格保证板材及连接件的质量及规格等完全符合设计图纸及标准要求，并根据现场条件，做出最合理的加工和施工安装工艺、方案等，一定要配合设备施工人员做好交接检查和验收，并在最后清理好屋面后，按标准要求进行闭水压力试验及排水试验等，最终保证屋面完全无变形、无渗漏，并达到图纸设计及标准要求。

9.6　门式刚架压型钢板的规格与连接详图

　　目前，压型钢板的制作和安装已达到标准化、工厂化程度，大多数制作单位均有一套完整的板材生产线，因而不同厂家有不同的压型钢板类型。17J925—1 等系列图集（图集内自带说明、目录、页码）也给出了常用压型钢板产品的规格及详图。

　　需要注意：首先，一定要根据建筑设计图及结构图的情况，做好屋墙面板的排板图，尽量节约用板，同时要考虑施工安装余量的要求；其次，当出现同一部位根据规范及设计要求可采用多种连接构造的做法时，宜采用用料最省、质量最好、施工最快的构造连接图加工及施工安装。

9.7　门式刚架门窗的规格

　　门窗作为轻钢结构不可缺少的部分，设计不仅要满足建筑采光与通风的要求，大门还要考虑工艺、防火疏散等要求。门窗既要坚固、美观，又要考虑制作与施工安装方便、平时使用时的开关灵活、便于维修更换等。如果有天窗，那么还要注意天窗窗户的开启要方便，且防止发生乱流；如果有大量灰尘，那么还需要做好挡风措施等。

　　在围护结构施工安装时，要与门窗制作安装单位做好充分协调，使现场的门窗洞口尺寸及包边件等与门窗规格相符，保证洞口边的固定骨架坚固不变形，现场安装如有偏差时，要及时校正，保证安装好的门窗使用正常，关键部位不跑风、不漏水、不变形等。

　　门窗的材质类型众多，主要有铝合金、塑钢、钢等，在使用中，要注意严格按照图纸及设计要求选取合格的材料，把不合格的材料及时清除出场。

　　门窗作为定型产品，每个制作单位都有自己的产品，本节仅提供浙江精工钢结构有限公司的部分门窗规格（见表 9-2）。其他门窗安装节点构造详图见 17J925—1 及系列图集。

表 9-2　门窗规格

分类	名称	简图	规格（$W \times H$）	材料
门	卷帘门		3000×3000	彩钢板、铝合金
			3600×3600	
			4500×4500	

分类	名称	简　图	规格（$W \times H$）	材　料
门	推拉门		3000×3000	夹芯板（厚度有50 mm、75 mm、100 mm）、彩钢板
			3600×3600	
			4500×4500	
	平开门		900×2100	铝合金、夹芯板、钢板
			1200×2100	
			1500×2400	
窗	固定窗		1500×1000	铝合金、塑钢
			1500×1200	
			3000×1800	
	推拉窗		1500×1000	铝合金、塑钢
			1500×1200	
			3000×1800	
窗	百叶窗		1000×600	彩板
			1200×600	
			1500×900	

知识梳理与总结

　　本单元讲述了门式刚架屋面围护结构、墙面围护结构及连接节点构造等，学习时需要注意以下几点。

　　（1）门式刚架屋面围护结构与墙面围护结构之间，既有联系又有区别，应在学习时认真体会并理解。

　　（2）熟悉门式刚架屋面和墙面围护结构的具体作用、组成、连接节点构造，注意防水、防火、防爆、保温、隔热等在其中的体现。

　　（3）了解门式刚架的通风与采光对围护结构的作用，认真做好其与周边围护结构的连接处理。

　　（4）掌握门式刚架屋面、墙面的排水构造应如何做好。

　　（5）掌握门式刚架门窗构造与周边围护结构之间要如何处理。

思考题 9

（1）门式刚架屋面围护结构的组成有哪些？

（2）门式刚架墙面围护结构的组成有哪些？

（3）如何熟练掌握门式刚架围护结构的构造与识图？

实训 9

（1）认识周边的门式刚架建筑，观察其屋面、墙面围护结构的组成及连接节点构造，思考其受力特点与识图关键点。

（2）识读 17J925—1 图集中有关屋面、墙面围护结构的组成及连接节点的构造图。

单元 10　门式刚架辅助结构构造与识图

门式刚架辅助结构包括雨篷、吊车梁、牛腿、钢平台、楼梯、栏杆、挑檐和女儿墙等，它们构成了轻型钢结构完整的建筑和结构。

10.1　雨篷

钢结构雨篷同钢筋混凝土结构雨篷一样，按排水方式可分为有组织排水雨篷和自由落水雨篷两种。

钢结构雨篷的主要受力构件为雨篷梁，常用的截面形式有轧制普通工字钢截面、轧制 H 型钢截面、焊接工字形截面等，当雨篷的造型为复杂的曲线时亦可选用矩形截面或箱形截面等。

在门式刚架结构中，雨篷的宽度通常取柱距，即每根柱上挑出一根雨篷梁，雨篷梁间常通过 C 型钢连接形成平面。雨篷的挑出长度通常为 1.5 m 或更大，视建筑要求而定。雨篷梁可做成等截面或变截面梁，截面高度按承载能力计算确定。

有组织排水雨篷可将天沟设置在雨篷的根部或将天沟悬挂在雨篷的端部，雨篷四周设有凸沿，以便能有组织地将雨水排入天沟内。

图 10-1～图 10-3 所示为几种常见雨篷的做法：图 10-1 所示为自由落水雨篷的做法，图 10-2 所示为有组织排水雨篷的做法，图 10-3 所示为雨篷节点详图。

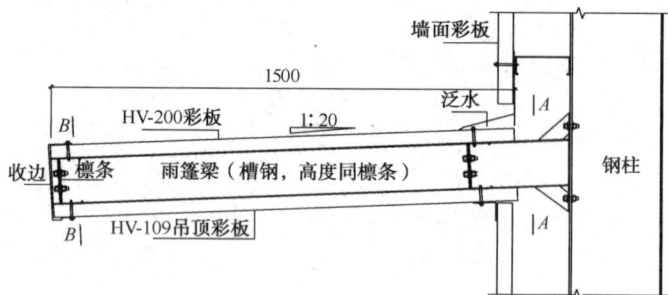

图 10-1　自由落水雨篷的做法

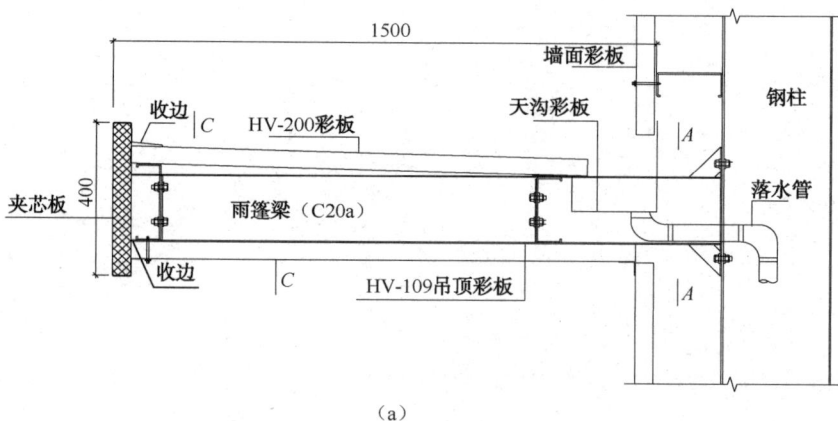

图 10-2　有组织排水雨篷的做法

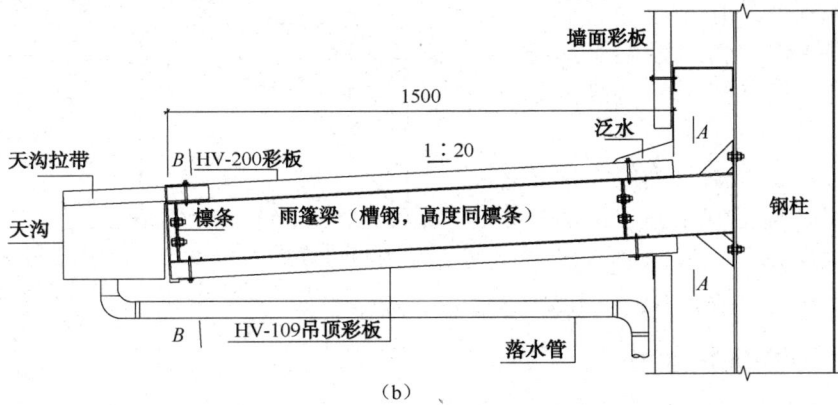

图 10-2　有组织排水雨篷的做法（续）

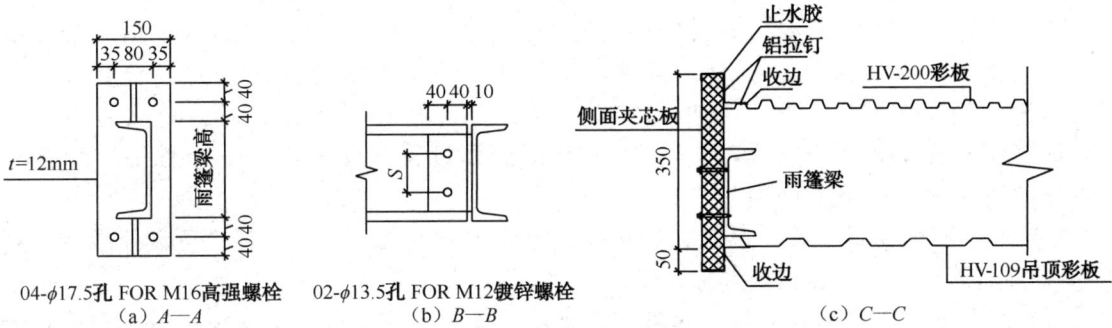

04-φ17.5孔 FOR M16高强螺栓　　02-φ13.5孔 FOR M12镀锌螺栓
（a）A—A　　　　　　　　　（b）B—B　　　　　　　　　（c）C—C

图 10-3　雨篷节点详图

10.2　吊车梁

10.2.1　吊车梁的截面形式与系统组成

直接支承吊车轮压的受弯构件有吊车梁和吊车桁架，它们一般设计成简支结构。吊车梁分为型钢梁、焊接工字形梁及焊接箱形梁等。吊车梁的截面形式如图 10-4 所示。吊车桁架分为上行式直接支承吊车桁架和上行式间接支承吊车桁架，如图 10-5 所示。

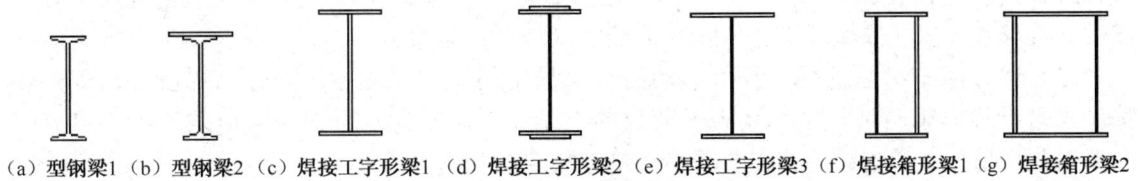

（a）型钢梁1（b）型钢梁2（c）焊接工字形梁1（d）焊接工字形梁2（e）焊接工字形梁3（f）焊接箱形梁1（g）焊接箱形梁2

图 10-4　吊车梁的截面形式

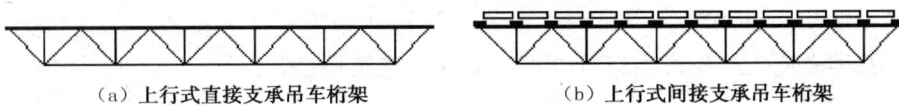

（a）上行式直接支承吊车桁架　　　　　（b）上行式间接支承吊车桁架

图 10-5　吊车桁架结构简图

吊车梁系统一般由吊车梁（吊车桁架）、制动结构、辅助桁架及支撑（水平支撑和垂直支撑）等组成，如图 10-6 所示。

一般将吊车工作制分为轻、中、重和特重四级，应根据工艺提供的资料确定相应的级别。门式刚架一般使用最大额定起重量 $Q \leq 20$ t 的吊车梁。

(a) 边列吊车梁　　(b) 中列吊车梁

1—轨道；2—吊车梁；3—制动结构；4—辅助桁架；
5—垂直支撑；6—下翼缘水平支撑

图 10-6　吊车梁系统的组成

10.2.2　常用的吊车梁

（1）型钢吊车梁用热轧型钢制成，制作简单，运输及安装方便，一般用作跨度小于等于 6 m，吊车起重量 $Q \leq 10$ t 的轻、中级工作制的吊车梁。

（2）焊接工字形吊车梁的截面一般由三块板焊接而成，当吊车梁的跨度与吊车起重量不大，并为轻、中级工作制时，可采用上翼缘加宽的不对称截面，此时一般可不设制动结构；当吊车梁的跨度与吊车起重量较大或吊车为重级工作制时，可采用对称或不对称工字形截面，如将上翼缘板加宽加厚，但要设置制动结构。不对称工字形截面能充分利用材料强度使截面更趋合理。

焊接工字形吊车梁一般会设计成等高度、等截面的形式，根据需要也可设计成变高度（支座处梁高缩小）、变截面的形式。

（3）吊车桁架有桁架式桁架、撑杆式桁架、托架—吊车桁架合一式桁架等，一般设计成上承式简支桁架，由劲性上弦、腹杆和下弦组成。常用的几何形式为带中间竖杆的三角形腹杆体系平行弦桁架，其支座设于上弦平面内，上弦为劲性连续梁，适用于吊车轨道直接铺设在上弦，吊车桁架跨度 $L \geq 18$ m 且吊车为轻、中级工作制的情况。

（4）箱形吊车梁由上下翼缘板与两侧各一块腹板组成。箱形吊车梁具有较大的整体抗弯和抗扭刚度，梁的截面高度相对较小，具有较高的安全度，但用钢量可能较多且制作和安装难度较大，一般可用作扭矩较大的中列柱、大跨度及较大起重量的吊车梁或环形吊车梁等。

箱形吊车梁可分为窄箱形梁和宽箱形梁。前者为两块腹板共同承受一条吊车轨道的荷重，后者为两块腹板各自承受一条吊车轨道的荷重（中列吊车梁），或两块腹板各自承受一条吊车轨道及屋盖（或墙架支柱）传来的荷重（边列吊车梁）。

（5）壁行吊车梁是承受一种可移动的悬挂吊车的梁，一般可分为分离式壁行吊车梁和整体式壁行吊车梁两种。由承受水平荷载的上梁及同时承受水平和竖向荷载的下梁组成的分离式壁行吊车梁较为经济，但要严格控制上下梁的相对变形。

（6）悬挂式吊车梁包括悬挂单梁和轨道梁，由轧制工字钢制成，悬挂于屋盖及楼盖承重结构下或特设的支柱、支架下。单轨吊车梁可分为直线单轨吊车梁和弧线单轨吊车梁。直线单轨吊车梁可根据材料、安装及支承等条件设计为简支、双跨或三跨连续梁，弧线单轨吊车梁在弧线段及弧线与直线交接处均应设计为连续构造。

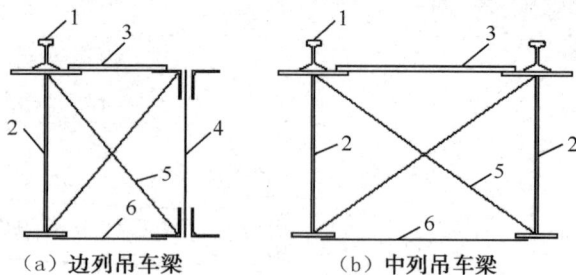

10.2.3　焊接工字形吊车梁

在门式刚架结构体系中，最常见的吊车支承结构形式为焊接工字形吊车梁，本节介绍该形式的构造要求。

在门式刚架结构中，吊车的起重量通常较小，一般采用等截面或变截面的焊接工字形简支吊车梁（或采用轧制 H 型钢吊车梁）。

焊接工字形吊车梁的横向加劲肋与上翼缘相接处应切角。当切成斜角时，宽约为 $b_s/3$（但不大于 40 mm），高约为 $b_s/2$（但不大于 60 mm），b_s 为加劲肋宽度。焊接工字形简支吊车梁中间横向加劲肋的上端应与上翼缘刨平顶紧后焊接，加劲肋的下端宜在距离受拉翼缘 50～100 mm 处断开，不应另加零件与受拉翼缘焊接。轻、中级工作制吊车梁如图 10-7（a）所示。当同时采用横向加劲肋和纵向加劲肋时，相交处应留有缺口［见图 10-7（a）的剖面图 2—2］，以免形成焊接过热区。重级工作制吊车梁中间的横向加劲肋下端与受拉翼缘的间隙，应根据疲劳计算确定，横向加劲肋下端的点焊缝宜采用连续回焊后灭弧的施焊方法，如图 10-7（b）所示。

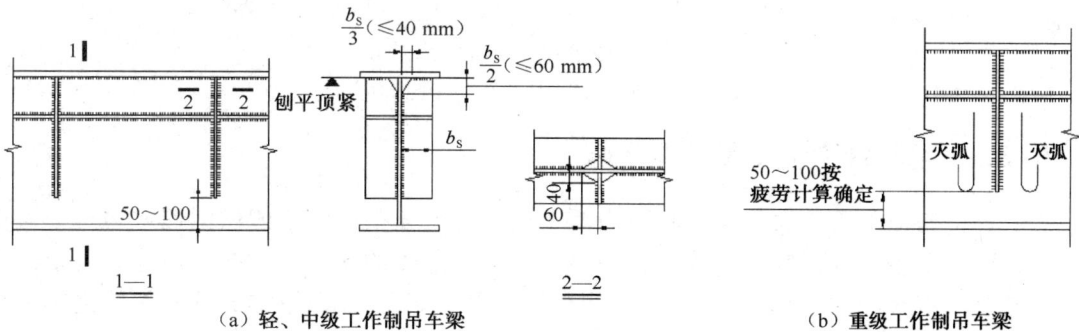

图 10-7　焊接工字形吊车梁构造

标准实腹式焊接工字形吊车梁的选用表、布置图、构件详图、安装节点图、局部修改图、走道板安装节点图等，均可参考《钢吊车梁（6 m～9 m）（2020 年合订本）》（G520—1～2），该标准中对该类型吊车梁的适用范围、设计计算方法和选用方法等有较详细的介绍。

10.3　牛腿

柱上可设置牛腿以支承吊车梁、平台梁或墙梁。牛腿一般分实腹柱上支承吊车梁牛腿和格构柱上支承吊车梁牛腿。

10.3.1　实腹柱上支承吊车梁牛腿门式刚架结构常用

门式刚架结构常用实腹柱上支承吊车梁牛腿，柱在牛腿上下盖板的相应位置上，应按要求设置横向加劲肋。上盖板与柱的连接可采用角焊缝或开坡口的 T 形对接焊缝，下盖板与柱的连接可采用开坡口的 T 形对接焊缝，腹板与柱的连接可采用角焊缝。实腹柱上支承吊车梁牛腿构造，如图 10-8 所示，图 10-8（a）所示为变截面工字形牛腿，图 10-8（b）所示为等截面工字形牛腿。

（a）变截面工字形牛腿

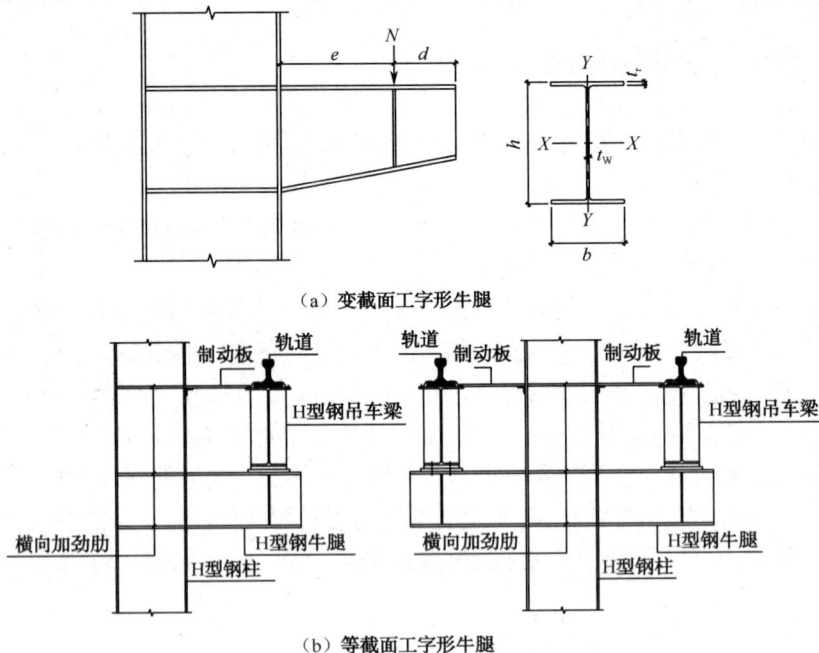

（b）等截面工字形牛腿

图 10-8　实腹柱上支承吊车梁牛腿构造

10.3.2　格构柱上支承吊车梁牛腿

第一种格构柱上支承吊车梁牛腿可由两个槽钢（或角钢对焊成的槽型钢）与一个盖板组成，将两个槽钢（或角钢对焊成的槽型钢）焊于柱分支的两侧，并在上翼缘间设置横隔板或横隔架，如图 10-9 所示。第二种格构柱上支承吊车梁牛腿可由内焊于柱分支之间的焊接工字钢组成，如图 10-10 所示。

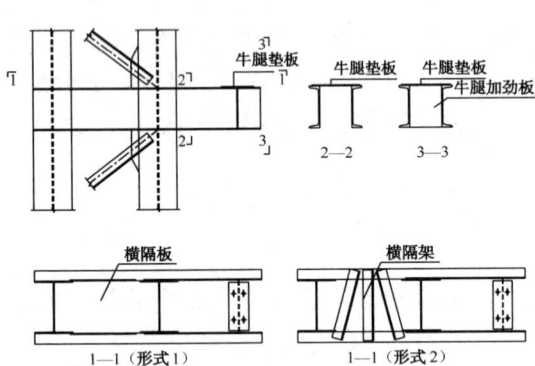

图 10-9　格构柱上支承吊车梁牛腿 1

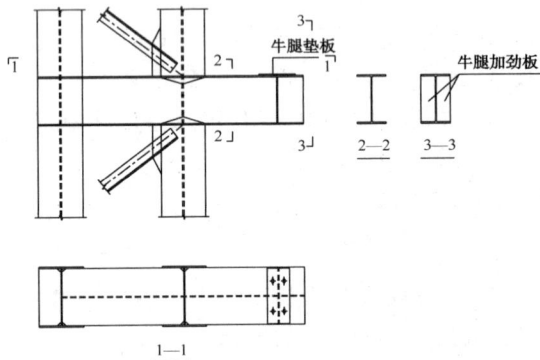

图 10-10　格构柱上支承吊车梁牛腿 2

10.4　钢平台

10.4.1　钢平台的组成与分类

钢平台通常由梁、柱、柱间支撑及平台板等组成。根据不同的分类方法，钢平台可分

为室内平台和室外平台，承受动力荷载的平台和承受静力荷载的平台，生产辅助用的通行检修平台和中、重型设备操作平台等。

对只承受静力荷载且荷载较小的平台，视具体情况可将平台支承于牛腿或三脚架上、设备上或吊架上；在需要抗震设防的地区，承受较大动力荷载或荷载较大的平台宜支承于独立柱上，与厂房结构完全分离。

10.4.2　平台梁

平台梁一般选用等截面的实腹梁（焊接 H 型钢梁、热轧型钢梁等）。当跨度和荷载较大并需要较大的抗扭刚度时，平台梁亦可选用箱形截面梁；当跨度大而荷载较小时，平台梁可采用桁架梁。

10.4.3　平台柱与柱间支撑

平台柱一般选用等截面的实腹柱（焊接 H 型钢柱或热轧型钢柱等）。当柱的内力很小时，平台柱亦可选用双角钢十字形组合柱；当柱子较长时，平台柱亦可选用格构柱。平台柱的柱脚通常设计为铰接柱脚，用地脚螺栓直接固定在基础上。

为确保独立平台结构的侧向稳定性，一般需要在柱列中部设置柱间支撑。较为常用的支撑形式为交叉式，如图 10-11（a）和（b）所示。当净空有限制时，支撑亦可设计成门形支撑或连续的隔撑，如图 10-11（c）和（d）所示，隔撑设置高度（隔撑与柱的交点至柱顶的距离）不宜大于柱高的 1/3，有时也采用横梁与柱刚接的框架形式（刚度足够，从而省去了柱间支撑），如图 10-11（e）所示。

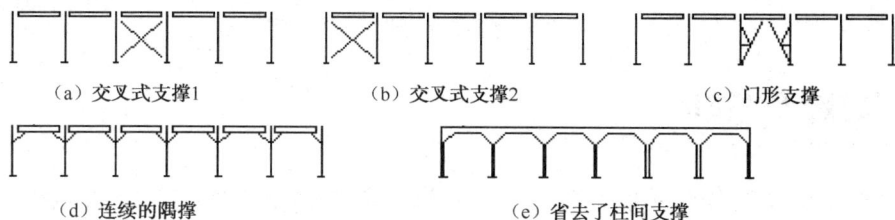

（a）交叉式支撑1　　　　　（b）交叉式支撑2　　　　　（c）门形支撑

（d）连续的隔撑　　　　　　　　　　（e）省去了柱间支撑

图 10-11　柱间支撑

10.4.4　平台板

平台板按工艺生产要求分为固定式平台板和可拆卸式平台板，按构造可分为板式平台板（花纹钢板、平钢板、平钢板加工冲泡或电焊花纹板、钢筋混凝土组合楼板等）、篦条式平台板（由圆钢或扁钢焊成或工厂制成的钢格板）和钢网格板 [《钢格栅板及配套件　第 1 部分：钢格栅板》（YB/T 4001.1—2019）] 等。

通行平台和操作平台的平台板宜采用花纹钢板。室外平台应有减少积灰和便于观察设备的平台，平台板可采用篦条式平台板或钢网格板。当室外平台采用平钢板时，应在板面上设泄水孔。

平台板下一般应按一定间距设置加劲肋，加劲肋的要求与作用如下。

（1）保证平台板有一定的刚度，间距一般为板厚的 100～150 倍。

（2）作为较小集中荷载（梯子、支架等）作用处的加强措施。

（3）作为洞口的相关板件。

（4）必要时作为平台板的边界支承小梁，起承载作用。

加劲肋的常用截面为板条或角钢，用断续焊缝与平台板相连。当加劲肋为角钢时，宜选用不等边角钢，并将长肢肢尖与平台板相焊，长肢与板面垂直设置。平台板的加劲肋如图 10-12 所示。角钢的截面一般不小于 L50×4 或 L56×36×4。

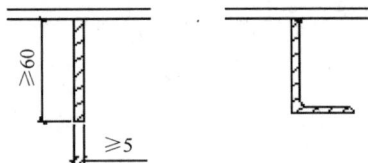

图 10-12　平台板的加劲肋

图 10-13 所示为典型轻型钢结构的平台构造图。

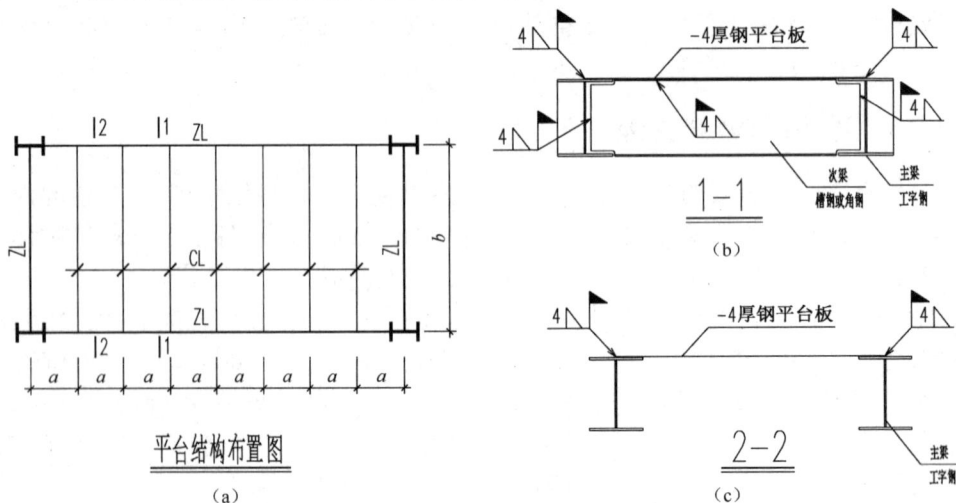

图 10-13　典型轻型钢结构的平台构造图

10.5　钢楼梯和栏杆

楼梯和栏杆是建筑物的重要组成部分，本节主要讲述门式刚架轻钢结构建筑中楼梯和栏杆的构造设计要点。

楼梯可自行设计，亦可选用《钢梯》（15J401）（以下简称 15J401 图集）中的相应内容，包含普通钢楼梯、屋面检修钢楼梯、吊车钢楼梯、中柱式钢螺旋楼梯、板式钢螺旋楼梯等。

10.5.1　钢楼梯

常用的钢楼梯有直梯和斜梯。直梯通常是在不经常上下或因场地限制不能设置斜梯时采用，多为检修楼梯，经常通行的楼梯宜采用斜梯。它们都是工业建筑厂房经常采用的钢梯形式。

1. 直梯

轻钢厂房的检修楼梯通常采用钢直梯（屋面检修钢楼梯），由踏棍、梯梁、护笼、支撑、扶手等组成固定式钢直梯，固定在建筑物或设备上，与水平面垂直安装。

（1）梯梁是直梯两侧的边梁。直梯的梯梁应采用不小于 50×50×5 的角钢或 60×10 的扁钢。

（2）踏棍是供上下梯时脚踏的构件。踏棍常用直径不小于 20 mm 的圆钢，按间距小于

等于 300 mm 等距分布制作而成。

（3）护笼是固定在梯梁上，用于保护攀登者安全的构件。护笼常用圆弧形扁钢与直扁钢焊接而成。

（4）支撑是固定连接直梯与建筑物或设备的构件。支撑用角钢、钢板或钢板组焊成 T 型钢制作而成。

（5）扶手是在直梯上端设置的安全把手，设置高度不应低于直梯上端 1050 mm。

当梯段高超过 9 m 时，宜设梯间平台，以分段交错设梯，梯间平台应设安全防护栏杆。直梯全部采用焊接连接，焊接要求应符合焊接规范。

钢直梯型号的表示方法如下。

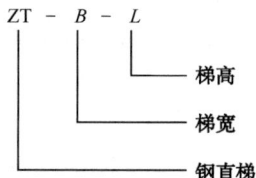

例如，ZT-500-4200 表示梯宽为 500 mm、梯高为 4200 mm 的钢直梯。

图 10-14 所示为轻钢厂房中常见的直梯。

2. 斜梯

固定式钢斜梯是指固定在建筑物或设备上，与水平面成 30°～75° 角的钢梯，如图 10-15 所示。斜梯（普通钢梯）一般由梯梁、踏板、扶手和立柱等几部分组成。

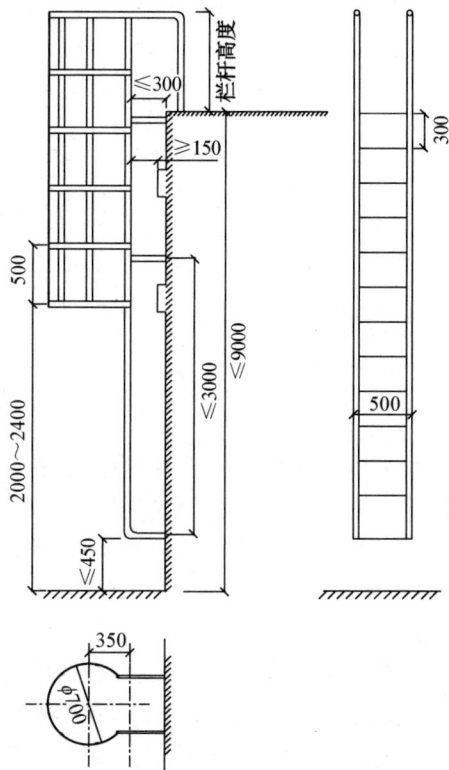

图 10-14 直梯

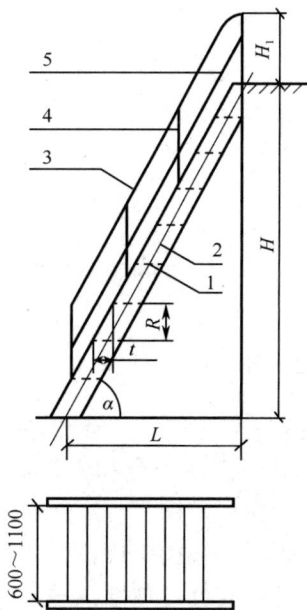

1—踏板；2—梯梁；3—扶手；4—立柱；

5—横杆；H—梯高；H_1—扶手高；R—踏步高；

t—踏步宽；L—梯跨；α—坡度

图 10-15 固定式钢斜梯

（1）梯梁是斜梯两侧的边梁，通常选用槽钢、工字钢或钢板等制作而成。

（2）踏板是供上下梯时脚踏的水平构件，由花纹钢板、玻璃、木材、混凝土和钢板组合踏步板等制作而成。

（3）平台梁是固定和支承平台、梯段的梁，一般由槽钢或工字钢制作而成。

（4）平台板是楼梯休息平台的面板，多用组合楼板、混凝土楼板、花纹钢板等制作而成。

（5）扶手是具有一定高度（900 mm 或更高）、外径为 30～50 mm、壁厚不小于 2.5 mm 的钢管。

（6）立柱是用截面不小于 40×40×4 的角钢或外径为 30～50 mm 的钢管制成的，从第一级踏板开始设置，间距不宜大于 1000 mm。

（7）横杆是采用直径不小于 16 mm 的圆钢或 30×4 的扁钢制成的，固定在立柱中部。

钢斜梯型号的表示方法如下。

$$XT - H - \alpha$$

斜梯与水平面的夹角
梯高
钢斜梯

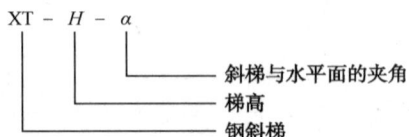

例如，XT-2.5-55 表示梯高为 2.5 m、与水平面成 55° 的钢斜梯。

踏板与梯梁之间可采用焊缝连接或螺栓连接，如图 10-16（a）所示，这是针对踏板为钢板的情况；梯梁与平台梁之间一般采用螺栓连接，如图 10-16（b）所示，连接螺栓的大小可根据梯梁传到平台梁的竖向分力确定；梯梁与地面的连接如图 10-16（c）所示。

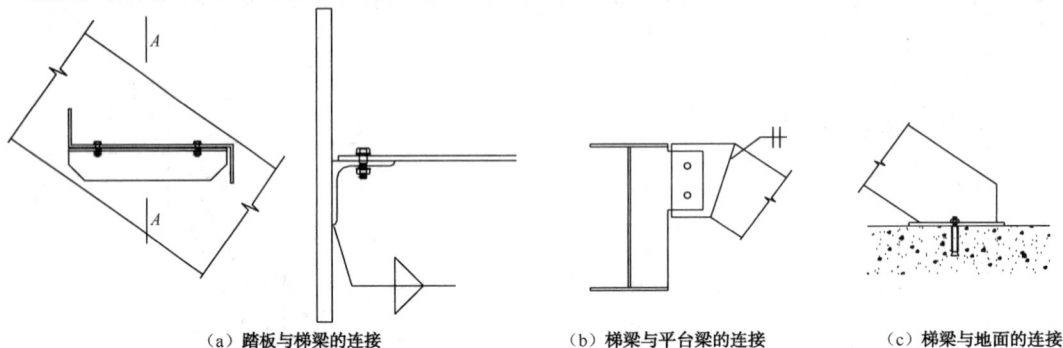

（a）踏板与梯梁的连接　（b）梯梁与平台梁的连接　（c）梯梁与地面的连接

图 10-16　典型的斜梯连接图

10.5.2　栏杆

在轻钢结构厂房中，平台的周边、斜梯的侧边及因工艺要求不得通行地区的边界均应设置防护栏杆。工业平台和人行通道的栏杆应符合《固定式钢梯及平台安全要求 第 3 部分：工业防护栏杆及钢平台》（GB 4053.3—2009）的要求。平台和斜梯的栏杆可自行设计，亦可选用 15J401 图集中的相应内容。栏杆的构造要求如下。

（1）栏杆由立杆、顶部扶手、中部纵条及挡板（踢脚板）等组成。

（2）在工业建筑中，栏杆的形式较为简单，主要构件（立杆和顶部扶手）可选用刚度较好的角钢（L50×4 mm）或圆钢管（ϕ38～45×2 mm）制作。栏杆立柱的间距不大于 1 m，应采用不低于 Q235 钢的材料制成。立杆与平台边梁的连接可采用工地焊接或螺栓连接。

（3）可选用不小于-30×4 的扁铁或 $\phi16$ 的圆钢固定在立杆内侧中点处作为中部纵条，中部纵条与上下杆件之间的间距不应大于 380 mm。

（4）为保证安全，平台栏杆均必须设置挡板，挡板一般采用-100×4 的扁铁。室外栏杆的挡板与平台面之间宜留 10 mm 的间隙，室内栏杆不宜留间隙。

（5）栏杆高度一般为 1000 mm，对于高空及安全要求较高的区域，宜用 1200 mm；工业平台栏杆的高度不应低于 1050 mm；对于不经常通行的走道平台和设备防护栏，高度宜降低至 900 mm。平台栏杆应与相连接的钢梯栏杆在截面和高度上一致。

典型栏杆构造图如图 10-17 所示。

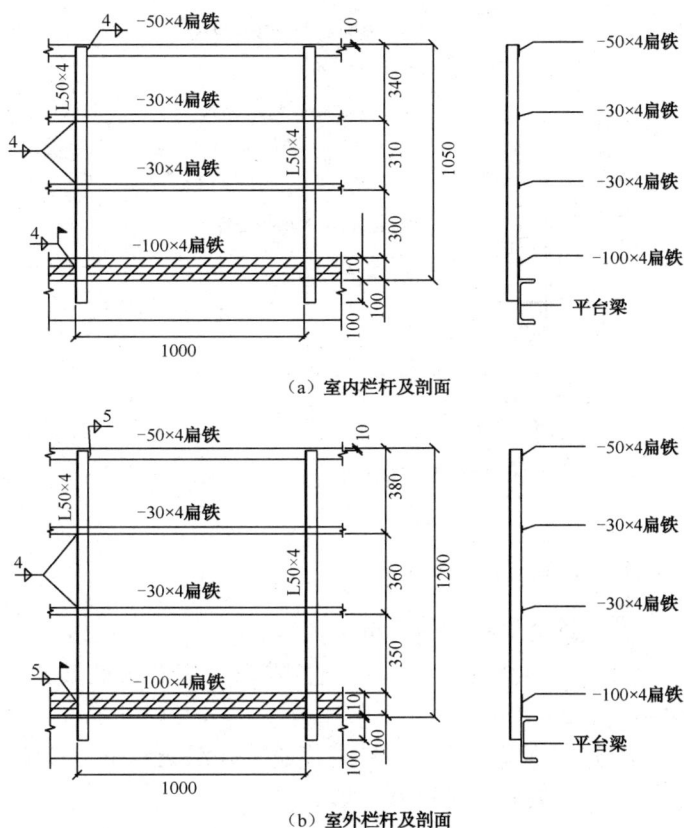

（a）室内栏杆及剖面

（b）室外栏杆及剖面

图 10-17　典型栏杆构造图

10.6　挑檐和女儿墙

10.6.1　挑檐

在门式刚架结构中，通常将天沟（材料为彩钢或不锈钢）放置在挑檐上，形成外天沟。挑檐挑出构件的间距取柱距，即挑出构件作为主刚架的一部分，挑出构件之间由 C 型钢檩条连接。图 10-18 所示为典型的挑檐构造。

挑檐柱要承受 C 型钢墙梁传递轻质墙体的竖向荷载和风荷载，挑檐梁主要承受天沟积水满布荷载或积雪荷载。挑檐各构件（挑檐柱、挑檐梁）的截面通常采用轧制工字钢或高频 H 型钢制作而成，截面大小由承载力计算确定。

挑檐结构的计算简图如图 10-19 所示，将挑檐柱和挑檐梁看作一个整体，端部与刚架柱固接，即作为悬臂构件计算。

10.6.2　女儿墙

女儿墙墙架一般由女儿柱、横梁、拉条等构件组成，作用为支撑女儿墙墙体，保证墙体稳定，并将其上的荷载传递到厂房骨架上。

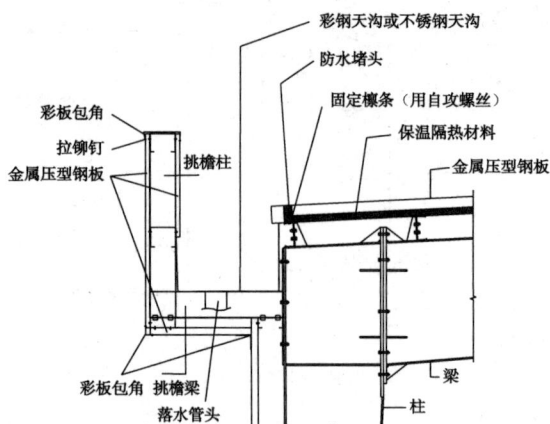

图 10-18　典型的挑檐构造

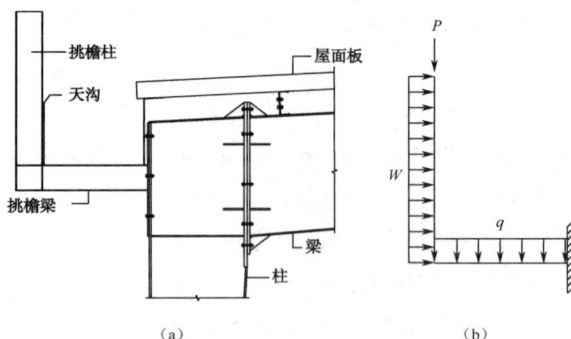

图 10-19　挑檐结构的计算简图

1. 墙体分类

女儿墙墙体按材料可分为两类。

（1）轻质女儿墙：常将压型钢板、夹芯板或其他轻质板材悬挂在横梁上，横梁支撑在女儿柱上。

（2）砌体女儿墙：材料为普通砖、混凝土空心砌块或加气混凝土砌块。

本节主要介绍轻质女儿墙。

2. 女儿墙墙架构件的形式

（1）女儿柱为女儿墙的竖向构件，承受由横梁传来的竖向荷载及水平荷载，材料通常采用轧制或焊接 H 型钢。

（2）横梁为女儿墙的水平构件，一般同时承受竖向荷载和水平荷载，是一种双向受弯构件。当横梁跨度小于或等于 4 m 时，横梁可选用角钢制作而成；当横梁跨度小于 9 m 并大于 4 m 时，横梁可选用水平放置的冷弯 C 型钢制作而成（最常用的截面形式）；当横梁跨度大于等于 9 m 时，横梁宜选用槽钢、工字钢或 H 型钢等制作而成。

3. 女儿墙结构的构造

（1）女儿柱与横梁的连接如图 10-20 所示。压型钢板与横梁的连接构造与一般墙面与墙梁的连接相同，横梁连接于女儿柱的檩托板上。

（2）女儿柱与纵墙方向的主刚架柱连接，如图 10-21 所示。

（3）女儿柱与山墙方向的主刚架梁连接，如图 10-22 所示。

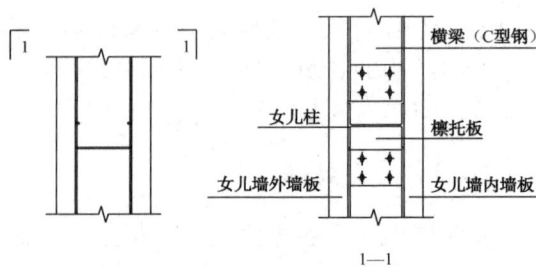

图 10-20　女儿柱与横梁的连接

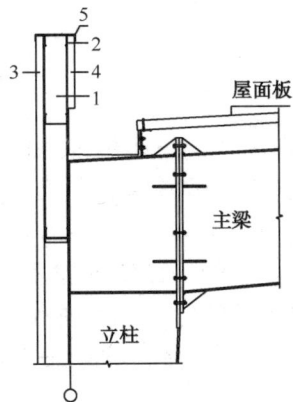

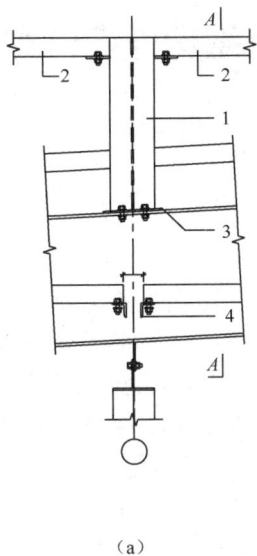

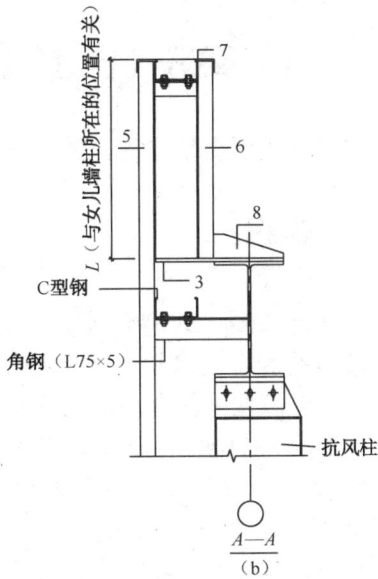

1—女儿柱；2—横梁；

3—女儿墙外墙板；

4—女儿墙内墙板；5—女儿墙包角

1—女儿柱；2—横梁（C 型钢）；3—连接板；4—角钢；

5—女儿墙外墙板；6—女儿墙内墙板；7—女儿墙包角；8—加劲板

图 10-21　女儿柱与纵墙方向的主刚架柱连接　　图 10-22　女儿柱与山墙方向的主刚架梁连接

知识梳理与总结

　　本单元讲述了门式刚架辅助结构的组成、布置及连接节点构造等，学习时需要注意以下几点。

　　（1）门式刚架辅助结构与其他结构之间存在密切联系，应在学习时认真体会并理解。

　　（2）熟悉门式刚架常用焊接工字形吊车梁的组成。

　　（3）熟悉门式刚架焊接工字形吊车梁的布置图和节点构造详图。

　　（4）熟悉门式刚架钢平台的组成、节点构造与识图。

　　（5）熟悉门式刚架女儿墙、挑檐、雨篷之间的联系与区别。

思考题 10

　　（1）门式刚架雨篷的组成有哪些？

　　（2）门式刚架女儿墙的组成有哪些？

　　（3）熟练掌握门式刚架工字形吊车梁的构造，以及如何识图？

　　（4）阐述门式刚架钢平台的组成、各部分的构造要点及识图注意事项。

实训 10

　　（1）认识周边的门式刚架建筑，观察辅助结构的组成、布置及连接节点构造，思考其受力特点与识图关键点。

　　（2）识读 G520—1～2 图集中有关的吊车梁图。

扫一扫看
本单元教
学课件

单元 11 门式刚架连接件和密封材料

本单元主要介绍螺栓、锚栓、自攻螺丝等连接件及钢结构中常用的密封材料。

11.1 螺栓

螺栓连接是门式刚架等钢结构现场连接的主要方法。与现场焊接的连接方法相比，螺栓连接具有施工速度快、不受施工条件和施工天气的限制、抗震性能好等优点，且施工质量较好，但螺栓连接会增加工厂制作和安装的成本。

螺栓是采用螺栓杆性能等级表示的，性能等级中小数点前的数字表示热处理后的抗拉强度，小数点及以后的数字表示屈强比。例如，材料性能等级为 8.8 级的螺栓，抗拉强度不小于 800 N/mm²，屈强比为 0.8（屈强比为屈服强度与抗拉强度的比值）。

螺栓根据强度不同可分为普通螺栓和高强螺栓。

1. 普通螺栓

普通螺栓一般采用符合现行国家标准《碳素结构钢》（GB/T 700—2006）的 Q235A 级钢制作。常用的螺栓直径有 12 mm、14 mm、16 mm、18 mm、20 mm。普通螺栓分为 A 级螺栓、B 级螺栓和 C 级螺栓，按材料性能等级可分为 4.6 级螺栓、4.8 级螺栓、5.6 级螺栓和 8.8 级螺栓。

C 级螺栓表面可不经特别加工，螺栓孔的直径一般比螺栓杆的直径大 1.5～2.0 mm。C 级螺栓只宜用于不直接承受动力荷载的次要连接，或安装时可临时固定和可拆卸结构的连接等。

2. 高强螺栓

高强螺栓一般采用 45 号钢或 40Cr、40B、20MnTiB 等钢制作而成，并要满足现行国家标准的相关规定。高强螺栓按外形可分为扭剪型螺栓和大六角头型螺栓两种，如图 11-1 所示。

根据受力特性，高强螺栓可分为摩擦型高强螺栓和承压型高强螺栓。

高强螺栓按材料性能等级可分为 8.8 级螺栓和 10.9 级螺栓两种。其中，10.9 级螺栓具有更

（a）扭剪型螺栓　　　　（b）大六角头型螺栓

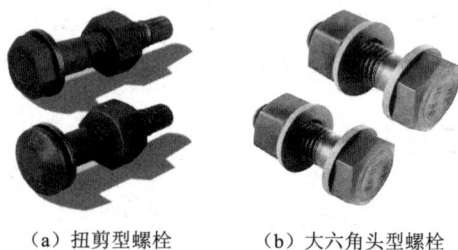

图 11-1　高强螺栓

高的受力性能，在钢结构连接中最为常用。钢结构用高强螺栓不得重复使用。

3. 螺栓构造

螺栓在构件上的布置和排列应满足受力、构造和施工要求，中心距和端距应满足表 11-1 所示的螺栓或铆钉的孔距、边距和端距容许值的要求。

高强螺栓的排列、布置、间距等要求，均与普通螺栓相同，但在具体布置时，应考虑使用拧紧工具施工的可能性和满足防护、处理的规定。

表 11-1　螺栓或铆钉的孔距、边距和端距容许值

名　称	位置和方向			最大容许间距（取两者的较小者）	最小容许间距
中心间距	外排（垂直内力方向或顺内力方向）			$8d_0$ 或 $12t$	$3d_0$
	中间排	垂直内力方向		$16d_0$ 或 $24t$	
		顺内力方向	构件受压力	$12d_0$ 或 $18t$	
			构件受拉力	$16d_0$ 或 $24t$	
	沿对角线方向				
中心至构件边缘距离	顺内力方向			$4d_0$ 或 $8t$	$2d_0$
	垂直内力方向	剪切边或手工气割边			
		轧制边、自动气割或锯割边	高强度螺栓		$1.5d_0$
			其他螺栓或铆钉		$1.2d_0$

注：d_0 为孔径，对槽孔为短向尺寸；t 为外层较薄板件的厚度。

11.2　锚栓

　　锚栓用于上部钢结构与下部基础的连接，可承受柱弯矩在柱脚底板与基础间产生的拉力。剪力由柱脚底板与基础面之间的摩擦力抵抗，若摩擦力不足以抵抗剪力，则需在柱脚底板上焊接抗剪键以增大抗剪能力。锚栓如图 11-2 所示。

　　锚栓的一头要埋入混凝土，埋入长度以混凝土对握裹力不小于自身强度为原则，所以对于不同的混凝土强度和锚栓强度，所需的最小埋入长度也不一样。为了增加握裹力，对于 ϕ39 及以下的锚栓，需要将下端弯成 L 形，弯钩的长度为 $4D$（D 为锚栓杆直径）；对于 ϕ39 以上的锚栓，因直径过大不便折弯，需要在下端焊接锚固板。锚栓的锚固及构造请先扫一扫前言下部的二维码，然后参考附录 B、附录 C。

图 11-2　锚栓

11.3　自攻螺丝

　　自攻螺丝（见图 11-3）有两种，常用的是一种带有钻头的螺丝，又称自钻型自攻螺丝，通过专用的电动工具施工，钻孔、攻丝、固定、锁紧一次完成；另一种为非自钻型自攻螺丝。自攻螺丝主要用于一些较薄板件的连接与固定，如彩钢板与彩钢板的连接，彩钢板与檩条、墙梁的连接等，其穿透能力

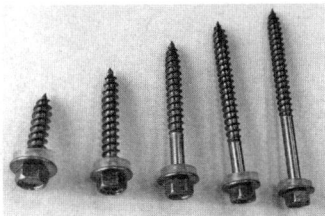

（a）非自钻型自攻螺丝　　（b）自钻型自攻螺丝

图 11-3　自攻螺丝

一般不超过 6 mm，最大不超过 12 mm。自攻螺丝常常暴露在室外，自身有很强的耐腐蚀能力，其橡胶密封圈能保证螺丝处不渗水且具有良好的耐腐蚀性。

自攻螺丝的固定方法如表 11-2 所示。

表 11-2　自攻螺丝的固定方法

固定方法	螺丝规格/mm	自钻能力/mm	固定总厚度/mm
至少露出两牙　10 mm以上 波峰固定	12～14×50 12～14×55 12～14×68 12～24×65	6.5 6.5 6.5 12.5	25～36 31～40 39～53 21～45
至少露出两牙　10 mm以上 波谷固定	12～14×20 12～14×30 12～24×32	6.5 6.5 12.5	<6 <16 <12
至少露出两牙　10 mm以上 固定座固定	12～14×20 12～14×30 12～24×32	6.5 6.5 12.5	<6 <16 <12
边缘缝合	10～16×16	4.5	<5

11.4　抽芯拉铆钉

　　抽芯拉铆钉用于较薄板件之间的连接，广泛应用于钢结构尤其是压型钢板及异形板的连接，特点是可以单面操作、方便施工。重要部位用抽芯拉铆钉铆接后，需要注意钉头外露部分的密封要做好。其中以开口型扁圆头抽芯拉铆钉应用最广，沉头抽芯拉铆钉应用于表面不允许钉头露出的场合，封闭型抽芯拉铆钉应用于要求较高强度和一定密封性能的场合。

　　抽芯拉铆钉的实物图及分类如图 11-4 所示。

开口型扁圆头
（GB 12618）

开口型沉头
（GB 12617）

开口型铆接示意图

封闭扁圆头
（GB 12615）

封闭型沉头
（GB 12616）

封闭型铆接示意图

（a）抽芯拉铆钉的实物图　　　　　　　　　　（b）抽芯拉铆钉的分类

图 11-4　抽芯拉铆钉的实物图及分类

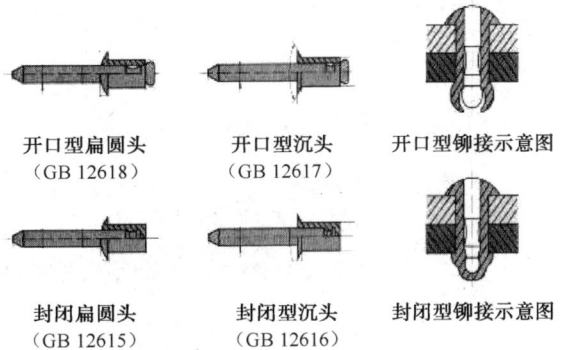

11.5　密封材料

在轻型钢结构中，檐口、门窗口、板材接缝、天沟、山墙、天窗侧壁及一些出屋面的洞口等处仍是屋面漏水的主要部位。防止屋面漏水的措施除保证压型钢板之间有足够的搭接长度外，还需要采用彩钢配件和防水密封胶等材料。下面介绍几种常用的密封材料。

11.5.1　常用的密封胶

1. 有机硅建筑密封膏

单组分有机硅建筑密封膏具有单一包装，可随时用一般的打胶枪施工，将密封膏体嵌填于缝中，简单易用、应用较多。

双组分有机硅建筑密封膏的主剂与硫化剂是分开包装的。在施工时，两组分按一定比例搅拌均匀后嵌填于作业缝中。与单组分有机硅建筑密封膏相比，双组分有机硅建筑密封膏施工时固化时间较长。

有机硅建筑密封膏的应用如图 11-5 所示。

2. 聚硫密封材料

聚硫密封材料是以液态聚硫橡胶为主体原料的一种弹性密封材料。

图 11-5　有机硅建筑密封膏的应用

3. 聚氨酯弹性密封膏

聚氨酯弹性密封膏的耐油性优良、黏结性好、耐候性好，但耐水性较差。

4. 氯化丁基定型密封胶

氯化丁基定型密封胶（俗称胶泥）是经改性的丁基橡胶，主要用于钢板间的侧向搭接及斜面、檐口、天沟等处的黏结和密封。胶泥的应用如图 11-6 所示。

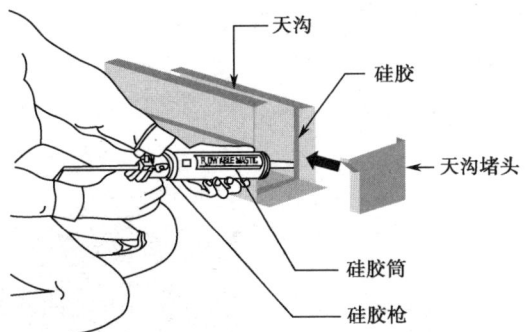

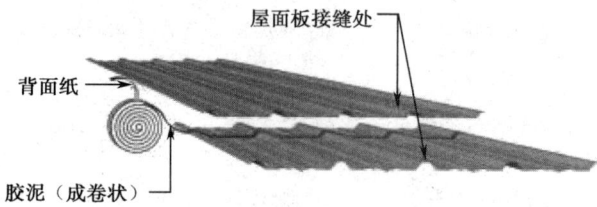

（a）胶泥的应用方法

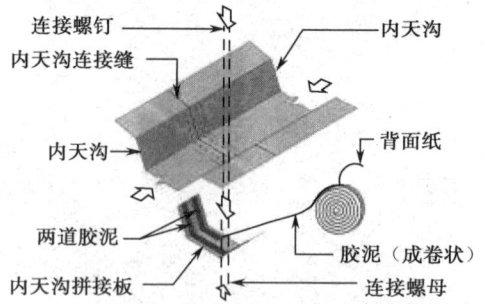

（b）胶泥应用于天沟搭接

图 11-6　胶泥的应用

11.5.2　防水盖片

防水盖片用于屋面开洞的密封。图 11-7 所示为圆形管道盖片。防水盖片的具体情况详见图 9-14。

11.5.3　泡沫堵头

泡沫堵头如图 11-8 所示，用于屋墙面板的密封，特别用于密封缝两侧一面为平板，另一面为非平板（常为压型板时）的密封连接。因此，泡沫

图 11-7　圆形管道盖片

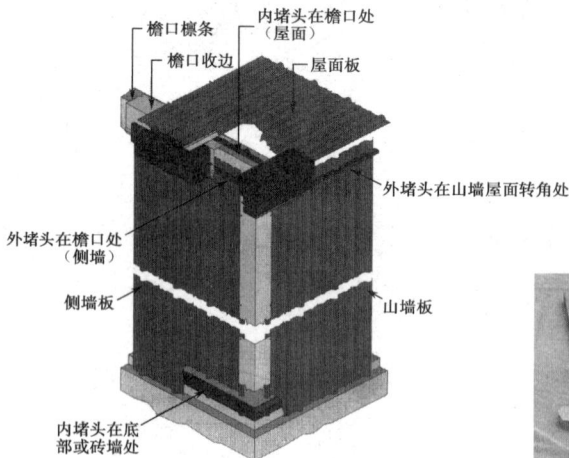

堵头多数为一面平、一面有波形，且尺寸必须与所连接压型板的波形完全吻合方可连接到位，杜绝水、风、虫、鸟、灰尘等的进入。

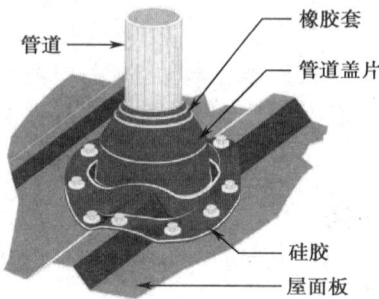

（a）泡沫堵头在一个角部的典型用法

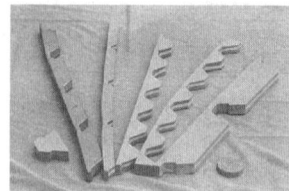

（b）泡沫堵头的实物图

图 11-8　泡沫堵头

知识梳理与总结

本单元讲述了门式刚架连接件和密封材料，学习时需要注意以下几点。

（1）门式刚架高强螺栓与普通螺栓的区别，应在学习时认真体会并理解。

（2）熟悉门式刚架锚栓的外形及应用。

（3）熟悉门式刚架自攻螺丝的外形及应用。

（4）熟悉门式刚架抽芯拉铆钉的外形及应用。

（5）熟悉门式刚架密封材料的分类及应用。

思考题 11

（1）阐述门式刚架高强螺栓的分类。

（2）阐述门式刚架密封材料的分类及应用。

实训 11

（1）认识周边的门式刚架建筑，观察其连接件及密封材料的类型、组成、外形，并思考其应用。

（2）扫一扫前言下面的二维码下载门式刚架工程案例图纸，认真阅读并弄懂其建筑、结构组成和节点构造特点。

模块 3

多、高层钢结构构造与识图

　　我国多、高层钢结构建筑的发展比较迅速。目前，世界上高度排名前十位的建筑均为钢结构或钢-钢筋混凝土组合结构，其中，我国占了五成以上，但是从总体数量与比例上看，我国多、高层钢结构建筑的应用主要在特大和大型城市，在中小城镇的应用很少，所以发展空间很大，并符合抗震、高强、绿色环保及可持续发展的要求。

　　本模块依据多、高层钢结构的施工顺序，从基础、柱、梁、支撑和楼盖、墙板、楼梯等构造与识图讲起，系统而又详细地介绍主要构造及识图要点。请读者在学习本模块的同时，结合现行图集及工程图纸，有条件可到施工现场结合实际进行学习与实践，争取掌握识图技巧，看懂施工图纸。

单元 12 钢结构房屋的分类及应用

扫一扫看
本单元教
学课件

12.1 钢结构房屋的分类及特点

当今的房屋建筑是一个复杂而庞大的组合体系，不但与美学、材料、力学、施工、经济等多门学科和知识相关，而且还受到政治、经济、文化、宗教的深刻影响。它既是一种物质产品，也是一种精神享受。

1. 钢结构房屋的分类

钢结构房屋是从承重骨架的材料角度定义的，即指在结构体系中，主要受力构件由钢材做成的房屋建筑。根据使用性质的不同，钢结构建筑可分为生产性建筑和非生产性建筑两大类，前者包括工业建筑和农业建筑，后者主要指民用建筑。民用建筑根据房屋使用功能的不同又可分为居住建筑和公共建筑两类。

根据房屋层数和高度的不同，钢结构建筑大致可分为单层建筑、多层建筑、高层建筑及超高层建筑，但它们之间并没有严格的界限和统一的划分标准，不同的规范从不同的角度做了规定。通常人们把 1 层或两层的建筑称为低层建筑，把 3～9 层的建筑称为多层建筑，把 10～12 层的建筑称为小高层建筑、把 12 层以上的建筑称为高层建筑，把总高度 100 m 以上的建筑称为超高层建筑。

本模块所讲的"多、高层"建筑之"多层"建筑指不超过 19 层的钢结构房屋。目前，我国多、高层钢结构房屋的主要设计依据是《钢结构设计标准》（GB 50017—2017）、《建筑抗震设计规范》（GB 50011—2010）、《高层民用建筑钢结构技术规程》（JGJ 99—2015）和《全国民用建筑工程设计技术措施：结构（结构体系）》（2009）等。

2. 钢结构房屋的特点

钢结构房屋主要是由钢板、热轧型钢或冷弯薄壁型钢通过制造、组装、连接而成的，和其他材料的房屋结构相比，钢结构房屋具有以下几个方面的优点。

1）强度高、质量轻

钢材与其他建筑材料（混凝土、砖石和木材等）相比，强度要高得多，弹性模量也高，因此，结构构件质量轻且截面小，特别适用于跨度大、荷载大的结构。结构自重的降低，可以减小地震作用，进而减小结构内力，还可以使基础的造价降低。此外，构件轻巧也便于运输和安装。

2）构件截面小、有效空间大

由于钢材的强度高，构件截面小，所占空间也小。以相同受力条件的简支梁为例，混凝土梁的高度通常是跨度的 1/10～1/8，而钢梁的高度约是跨度的 1/16～1/12，甚至可以达到 1/20，有效增加了房屋的层间净高。在梁高相同的条件下，钢结构的开间可以比混凝土结构的开间大 50%，能更好地满足建筑上大开间、灵活分割的要求。

另外，多层民用建筑中的管道很多，如果采用钢结构，那么可在梁腹板上开洞以穿越管道，并可节约室内空调所需的能源，减少房屋的维护和使用费用。

柱的截面尺寸也类似，在多、高层建筑中，钢柱的截面面积占建筑面积的 3%～5%，混凝土柱的截面面积占建筑面积的 6%～9%。两者相比，钢结构可以增加 2%～6% 的室内有效使用面积。由于梁、柱的截面较小，避免了"粗柱笨梁"现象，室内视觉开阔，美观大方。

3）材料均匀，塑性、韧性好，抗震性能优越

由于钢材组织均匀，接近各向同性，所以钢结构的实际工作性能比较符合目前采用的理论计算模型，可靠性高。同时，钢材塑性、韧性好，一般不会因超载而发生突然断裂，适于承受动力荷载和冲击荷载，抗震性能非常优越，因此，建议高抗震设防烈度地区优先使用钢结构房屋。

4）制造简单、施工周期短

钢结构所用的材料单纯，且多是成品或半成品材料，加工比较简单，并能够使用机械操作，易于定型化、标准化，工业化生产程度高。钢构件一般在专业化的金属结构加工厂制作而成，精度高、质量稳定，且劳动强度低。

当构件在工地拼装时，多采用简单方便的焊接或螺栓连接，钢构件与其他构件的连接也比较方便。有时钢构件还可以先在地面拼装成较大的单元，再进行吊装，以减少高空作业量，缩短工期。

5）节能、环保

与传统的砌体结构和混凝土结构相比，钢结构属于绿色建筑结构体系。钢结构房屋的墙体材料多采用新型轻质复合墙板或轻质砌块，符合建筑节能和环保的要求，可以达到节能 75% 的目标，极大地节约了我国相对人均短缺的能源。

钢结构的施工方式为干式施工，可避免混凝土湿式施工所造成的环境污染。钢结构材料还可利用夜间交通顺畅期间运送，不影响城市闹市区建筑物周围的日间交通，噪声也小。

另外，对于已建成的钢结构也比较容易改建和加固，用螺栓连接的钢结构还可以根据需要拆迁，有利于保护环境。

12.2 多、高层民用钢结构房屋的应用和发展

12.2.1 多、高层民用钢结构房屋的工程实例

尽管我国多、高层民用钢结构房屋仍处在初期阶段，但是各地陆续建造了数百万平方米的多、高层民用钢结构房屋，取得了显著成绩，如中国工商银行总行营业办公楼、北京市亦庄青年公寓、北京金宸公寓（12 层，2.5 万平方米）、上海现代集团在新疆库尔勒建造的 8 层钢结构住宅、天津市丽苑小区 11 层钢结构住宅楼、杭州天成 6 层钢结构综合楼、山东莱钢钢结构住宅小区、山东建筑工程学院土木馆、长沙远大集成住宅楼、河北唐山的几幢 3～5 层钢结构住宅、福建师大学生公寓、武汉国际会展中心、四川攀枝花市迎宾苑小区钢结构住宅等。这些工程为我国多、高层民用钢结构房屋的发展积累了宝贵经验，具有重要的参考价值。

位于北京市复兴门内大街的中国工商银行总行营业办公楼（见图 12-1），总建筑面积为 96 000 万平方米，中美合作设计，中建一局总承包，1997 年建成。该工程由主楼、配楼和

中庭组成，主楼地下 3 层，地上部分由 1 座 12 层的矩形楼和 1 座 14 层的弧形楼组成（高 54.70 m），配楼是 1 座 4 层高弧形楼（高 15.06 m）。地面以上主体结构为偏心支撑框架和抗弯框架组成的纯钢结构体系，柱网尺寸为 9 m×13.7 m、13.7 m×13.7 m，结构总用钢量为 8500 t，以美国产 A572 宽翼缘 H 型钢和国产 16Mn 钢为主，钢板最厚达 100 mm。该工程有 32 根 H 型钢柱和箱形钢柱，将其插入地下室一层，形成劲性混凝土结构。结构梁有 H 型钢梁、桁架梁、方管梁 3 种，斜撑截面为 T 形截面，楼板采用压型钢板组合楼板，钢结构防火材料采用 LG 厚型防火涂料。

北京市亦庄青年公寓（见图 12-2）位于北京市经济技术开发区，为中华人民共和国住房和城乡建设部（以下简称建设部）的钢结构住宅示范工程，总建筑面积为 120 000 m²，由 6 栋单身公寓（建筑面积为 100 000 m²）和锅炉房、食堂等公共建筑（建筑面积为 20 000 m²）组成，由北京市塞博思公司开发承建。主体结构形式为钢框架、钢框架-混凝土核心筒体系，梁、柱材料为热轧 H 型钢，楼盖采用压型钢板混凝土组合楼板，外墙采用粉煤灰砌块+加气混凝土板，内墙

图 12-1 中国工商银行总行营业办公楼

为轻钢龙骨+防火石膏板，防火措施为加气混凝土板+防火石膏板+薄型防火涂料。工程总造价（达到粗装修）为 1150 元/m²，和砖混结构的造价基本持平，但施工工期仅是砖混结构的 1/2，现场用工是砖混结构的 1/3，结构用钢量仅为 37 kg/m²，不到总造价的 18%。

天津市丽苑小区钢结构住宅楼（见图 12-3）由天津建筑设计院设计，天津建工集团开发承建。1 号楼建筑面积为 8180 m²，2 号楼建筑面积为 11 000 m²，均为 11 层钢管混凝土框架、钢骨混凝土核心筒体系，核心筒四角埋入工字钢。住宅楼层高为 2.8 m，开间方向柱距为 7.5 m，进深方向以 5.7 m 和 5.1 m 为柱距，构成了每户 1 个开间，真正实现了大开间模式，室内无柱，为住户提供了最大限度的改造可能性，体现了钢结构住宅优越的空间灵活特色。楼板采用预应力混凝土叠合板。阳台、楼梯为现浇混凝土结构。外墙采用大型预制希爱斯（CS）墙板（两片钢丝网中间夹聚苯乙烯板，在两侧面浇筑细石混凝土），内隔墙采用玻璃纤维增强水泥（GRC）抽空墙板。钢结构防火采用防火涂料和外包防火石膏板两种做法。建筑立面设计充分发挥了钢结构特色，采用圆窗与方窗、平窗与凸窗有机排列组合，并在阳台与房屋四周角部设计了彩色线条，充分体现钢结构轻质高强、挺拔秀美的特色，充满了现代气息。该工程的土建总造价约为 1200 元/m²。

图 12-2 北京市亦庄青年公寓框架结构施工现场

图 12-3 天津市丽苑小区钢结构住宅楼

北汽福田诸城汽车厂 4 层营销楼的平面图，如图 12-4 所示。主体结构采用钢框架体系，高为 19.4 m，外墙为 240 mm 厚的加气混凝土砌块墙，内隔墙有 240 mm 厚的加气混凝土砌块墙、120 mm 厚的加气混凝土砌块墙两种。梁、柱材料为焊接 H 型钢，混凝土楼板、楼梯、钢构件外表面挂蒸压轻质加气混凝土（NALC）板，框架总用钢量约为 66 kg/m²。

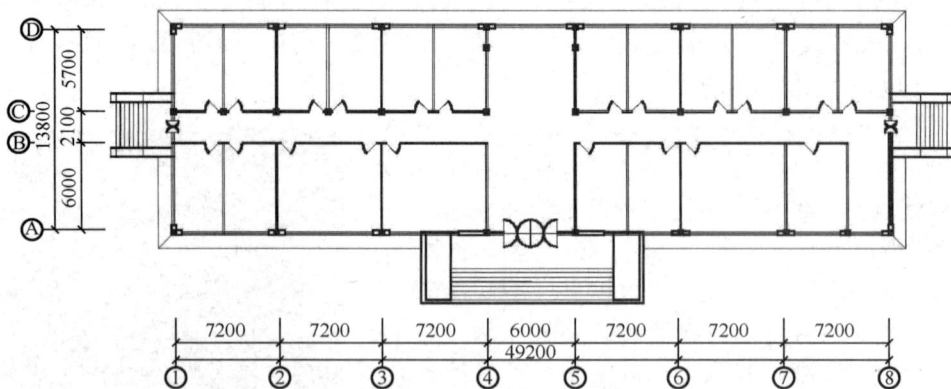

图 12-4　北汽福田诸城汽车厂 4 层营销楼的平面图

巨型框架结构形式在超高层建筑结构中占有很大的优势。外露式巨型框架支撑体系更是其中最为优秀的支撑体系之一，它丰富了建筑的立面，成为建筑中一种时尚处理手段。以香港中国银行大厦为例，其结构设计和建筑设计非常成功。上海证券大厦共 28 层总高为 128 m，由国内外设计师共同设计，从建筑创新和美观考虑，将大厦设计成了巨型框架外露支撑的结构形式，该建筑包含两座相距 63 m 的塔楼，塔楼的 19～26 层通过横向框架支撑结构连接，9 层以下的裙楼作为连接结构，构成了一个整体的四框架巨型框架支撑结构，框架支撑结构与梁、板和柱之间采用玻璃幕墙分隔，塔内有钢筋混凝土核心筒，外部的一些垂直承载构件使用了巨型框架柱，有些是独立的钢柱，整个结构长边为 105 m，刚度大，自振周期为 1.55 s；短边为 36 m，侧向力主要由 14 m 宽的核心筒抵抗，水平刚度小，自振周期为 2.95 s。钢结构部分用钢量约为 9300 t，地上面积约为 81 000 m²，平均用钢量约为 115 kg/m²。

就装配式建筑产业而言，我国起步较晚，但从近十年来看，中央及地方政府相继出台了推动装配式建筑发展的政策和法规文件等，到 2016 年，各种装配式建筑政策如雨后春笋般发布，使装配式建筑进入了发展的快车道，其中，装配式高层钢结构住宅完全符合我国化解钢铁产能过剩、实现建筑工业化、发展绿色建筑的战略要求。建设部近年来发布了一系列相关政策，大力推动装配式建筑的发展。在中央大力推动装配式建筑产业发展的同时，各级地方政府也积极制定装配式建筑的发展目标，其中，北京、河北和江西等地比较有代表性。北京要求到 2018 年实现装配式建筑占新建建筑面积的比例达 20% 以上，到 2020 年实现装配式建筑占新建建筑面积的比例达 30% 以上；河北省要求到 2020 年全省装配式建筑占新建建筑面积的比例达 20% 以上，其中钢结构建筑占新建建筑面积的比例不低于 10%，到 2025 年装配式建筑占新建建筑面积的比例达 30% 以上；江西省要求到 2018 年，全省采用装配式施工的建筑占新建建筑的比例达 10%，其中政府投资项目达 30%，2020 年装配式施工的建筑占新建建筑的比例达 30%（其中政府投资项目达 50%），2025 年装配式施工的建筑占新建建筑的比例力争达到 50%，符合条件的政府投资项目全部采用装配式施工。

北京首钢国际工程公司近年来先后完成了铸造村 4 号、7 号钢结构住宅工程、二通厂南区棚改安置房工程等装配式高层钢结构住宅项目，积累了一定的经验，也对钢结构发展的瓶颈有了较为深刻的理解，并初步探寻了突破之路。铸造村 4 号、7 号钢结构住宅工程项目位于北京市石景山区铸造村，4 号、7 号钢结构住宅总建筑面积为 35 164 m²，其中地上建筑面积为 30 711 m²（4 号楼为 14 272 m²，7 号楼为 16 439 m²），地下建筑面积为 4453 m²。4 号楼地上 13 层，地下 2 层；7 号楼地上 15 层，地下 2 层。地上部分为住宅，住宅层高为 2.9 m；地下 1 层为自行车库；地下 2 层战时为人防掩蔽所，平时为办公用房。该项目主体结构采用钢框架—支撑结构体系，楼板采用叠合楼板，阳台、楼梯和空调板采用预制构件，外墙采用 200 mm 厚新型加气条板，室内采用装饰装修一体化技术，包括同层排水、架空地板、整体卫生间和整体厨房等，屋顶采用太阳能集热器。铸造村钢结构住宅现场如图 12-5 所示。

二通厂南区棚改安置房工程项目总建设用地规模为 20 770.75 m²，总建筑面积为 73 772.31 m²，其中包含 4 栋一类高层住宅、配套公建、幼儿园和垃圾站，地下为大型车库，其中高层钢结构住宅地下为 2 层，地上分别为 24、24、21、22 层，层高为 2.9 m；地下车库为 3 层，含人防。小区全部建筑均采用钢结构，为全国首例。二通厂钢结构住宅现场如图 12-6 所示。高层住宅的墙板采用装饰装修一体化板，并在高层钢住宅中首次应用钢框架—防屈曲钢板剪力墙结构体系，还应用了装饰装修一体化、BIM 等技术。本项目的建设具有建筑工业化里程碑式的意义。

图 12-5 铸造村钢结构住宅现场

图 12-6 二通厂钢结构住宅现场

12.2.2 发展多、高层民用钢结构房屋符合我国产业政策的要求

我国是世界上拥有砌体建筑和混凝土建筑最多的国家之一。每年生产 7000 多亿块砖，约占世界总产量的 1/2，代价是每年毁掉农田约 15 万亩，消耗标准煤约 7000 万吨。每年生产约 5 亿吨水泥，占世界总产量的 1/3，代价是每年排放温室气体 CO_2 约 3 亿吨，破坏的矿山和排放的废水则难以统计。

国家禁止在大、中城市使用实心黏土砖之后，钢结构建筑业成为解决上述问题的突破口，并带动了一系列配套材料的发展，为我国产业结构调整、产业升级创造条件。因此，积极研究、开发、推广应用多、高层民用钢结构房屋技术已迫在眉睫。

如果说改革开放前，我国的钢结构发展受国外投资和技术影响，那么改革开放后至今

的钢结构发展则是我国自身经济、技术发展的必然产物。

（1）市场有需求。钢结构房屋自重轻、建造快、空间利用率高、抗震性能好、室内布置灵活，属于绿色建筑结构体系，优点十分突出，很受开发商和使用者的青睐，尤其是工程上遇有上述 1 项或多项特定要求时，采用钢结构便成了必然选择。

（2）钢材供应充足。我国钢铁产业发展迅猛，1949 年中华人民共和国成立时年钢产量仅有十几万吨，1996 年钢产量突破了 1 亿吨大关，居世界第 1 位，2021 年钢产量约 10 亿吨。随着冶金业产业结构的调整，新产品的开发力度加大，钢材的品种、规格不断增加，厚板、中厚板、耐候钢、H 型钢、钢管、冷弯型钢、镀锌涂层钢板等建筑配套钢材日益齐全，价格也比较合理，为钢结构建筑的发展奠定了物质基础。

（3）计算理论和设计方法不断完善，新技术、新工艺、新结构不断涌现，行业规范呈百花齐放的繁荣景象。20 世纪 80 年代后期和 90 年代，钢结构设计、施工、验收、评定规范、规程已有 20 多个种类，21 世纪初又做了 1 次修订，还有数本规范正在编制中。规范的更新换代时间明显缩短，说明钢结构技术的进步突飞猛进。

（4）我国政府高度重视钢结构建筑的发展。在建设部发布的《中国建筑技术政策》（1996—2010）中明确提出"发展建筑钢材""积极发展各种新型建筑结构体系""加速推广定型化的轻型房屋钢结构体系"等指导性政策，把钢结构技术列为十大重点推广技术，在 1998 年还成立了国家建筑用钢领导小组。在建设部发布的《中国建筑技术政策》（2013 版）中延续了前一版的政策，同时提出"大力发展钢结构，实现节材、保护环境的目的"。在超高层公共建筑中，倡导采用钢-混凝土混合结构或钢结构；在大型公共建筑屋盖中，采用空间钢结构；在工业建筑中，采用钢排架加钢屋架或轻型门式刚架等结构；在住宅结构中，研发并推广钢结构。

党中央、国务院高度重视以科技创新推动建筑业转型升级。第十三届全国人民代表大会第四次会议审核批准的《中华人民共和国国民经济和社会发展第十四个五年规划和 2035 年远景目标纲要（草案）》明确提出"发展智能建造，推广绿色建材、装配式建筑和钢结构住宅，建设低碳城市"。建设部联合相关部委 2020 年 7 月出台了《关于推动智能建造与建筑工业化协同发展的指导意见》、2020 年 8 月出台了《关于加快新型建筑工业化发展的若干意见》，提出了发展智能建造和新型建筑工业化的目标、任务和保障措施，以推动智能建造与新型建筑工业化协同发展为抓手，切实提升工程建造的创新能力。

中国钢结构协会发布的《钢结构行业"十四五"规划及 2035 年远景目标》明确规定："到 2025 年底，全国钢结构用量达到 1.4 亿吨左右，占全国粗钢产量比例 15%以上，钢结构建筑占新建建筑面积比例达到 15%以上。到 2035 年，我国钢结构建筑应用达到中等发达国家水平，钢结构用量达到每年 2.0 亿吨以上，占粗钢产量 25%以上，钢结构建筑占新建建筑面积比例逐步达到 40%，基本实现钢结构智能建造"。上述一系列政策足以说明国家和行业对发展钢结构建筑的重视，必将对我国钢结构建筑业的持续、健康发展起到积极的推动作用。

12.2.3　发展多、高层民用钢结构房屋需要解决的问题

虽然钢结构房屋具有很多优点，我国钢材产量及国家政策都已到位，但毕竟还处于发展的初期阶段，目前需要解决的问题还很多，主要有以下几个方面。

1. 多层钢结构技术及配套体系有待于进一步开发、研究和完善

当钢结构应用于大跨度、重型工业厂房或大跨度、高层民用建筑时，能够充分发挥钢材的力学性能，我国在这方面的技术也比较成熟。但是，当钢结构应用于普通多层民用钢结构房屋时，由于构件截面小、刚度弱，纯钢结构的侧移较大，对抗侧力体系、楼板、墙体等的要求较高，因此结构体系、抗震技术、连接节点技术、楼盖技术等仍需要进一步完善理论研究。如何充分发挥钢结构的优势，为用户创造安全、经济、舒适的建筑环境，还有很长的路要走，相关规范和标准也需要健全。

钢结构房屋不是简单地将混凝土梁、柱替换为钢梁、钢柱的房屋体系，还需要解决其他配套体系问题，如墙板（体）、楼板、建筑设备等。虽然，墙体材料目前用轻质砌体最多，既有技术标准，也容易满足建筑要求，但施工速度慢，用工量大。所以，采用整体安装式墙板是发展方向，但是，保温、隔热、隔声和耐久性较好的墙板比较昂贵，而价格低廉的墙板在解决上述问题时又达不到要求。因此，目前研究、开发新型墙体材料迫在眉睫，还要考虑因地制宜、工业化生产及运输、安装等方面。

2. 需要解决防腐、防火问题

钢材的耐腐蚀性较差，必须采取适当措施予以保护，尤其是暴露在大气中的钢结构，更应特别注意，这使钢结构的维护费用比混凝土结构高。不过，多、高层民用钢结构房屋室内属于一类环境，构件要经过彻底除锈并涂上各种合格的防锈蚀涂料，当锈蚀问题并不严重时，构件涂层外加上防火材料的包裹可以减小涂层。一幢普通多、高层钢框架结构的防腐处理费用约占工程总造价的 0.1%～1.2%。近些年出现的耐候钢具有较好的抗锈蚀性能，已经逐步推广及应用。

"9·11"事件使人们目睹了钢结构建筑垮塌的惨景，使人们更加关注钢结构的防火问题。由于多、高层民用建筑物内的火源多，火灾荷载密度大，很容易失火，且失火后容易成灾，因此，钢结构的防火设计非常重要。现在比较流行的做法是在钢构件表面用蛭石板、蛭石喷涂层、石膏板或其他化学涂料予以保护。如何在防腐、防火的基础上做到成本低而效果好，足以让建筑师和结构师动一番脑筋。

3. 进一步降低工程造价

目前，多、高层钢结构房屋的造价比混凝土结构房屋略高，因此，人们对钢结构的一般概念是钢结构工程造价很高，有些人甚至有钢材紧缺的概念，这也是影响我国钢结构推广及应用的一个主要因素。钢结构造价偏高的主要原因有两个：第一，钢材比混凝土贵得多，尽管每平方米用钢量不大，但上部钢结构的造价比混凝土结构的造价高 20%～50%；第二，在工程实践中，由于经验不足，专业技术人才缺乏，配套体系不完善，使工程造价进一步升高。统计资料表明，建筑高度为 6～12 层时用钢结构比较经济，在中、低层民用建筑中，钢结构还缺乏竞争力。

对待造价问题，不宜孤立地看待，应予以全面分析。一幢建筑的总投资除用于建筑本身的造价（工程造价）外，还有用于征地和动迁的费用。随着城市化的发展，征地和动迁费用越来越大，一般情况下，工程造价约占项目总投资的 60%，征地、动迁费用约占项目总投资的 40%。房屋建设投资比例分配如图 12-7 所示。随着生活水平的不断提高，建筑装修和室内设备的标准也越来越高，在工程造价中所占比例增大，即结构造价的比例越来越低。目前，

在办公楼、宾馆和高档住宅工程中，结构造价在工程造价中的比例不超过 30%。结构造价包括上部结构造价和基础造价两个部分，假设不同结构形式的基础造价相同，则上部结构造价在结构造价中的比例低于 70%。由此可见，上部结构造价在整个项目总投资中的比例很低，一般不超过 20%，而采用混凝土结构与采用钢结构的结构费用差价不是很大，一般不超过项目总投资的 5%。

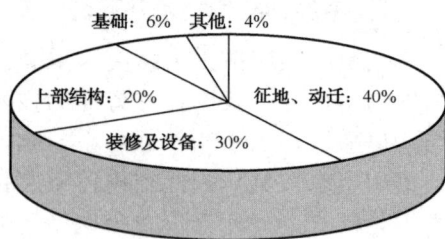

图 12-7　房屋建设投资比例分配

我国地域广阔，气候和地理条件差别很大，房屋建筑应该多元化，不能搞一刀切，提倡使用钢结构并不是否定其他材料，而是应该将钢结构应用到最合理的地方。例如，高烈度地震地区的项目、现场施工条件差而工期要求很短的项目、地质条件较差地区的项目等，用混凝土结构或砌体结构就不如用钢结构经济。

因此，结构造价的单一因素不应作为决定采用结构材料的主要依据，如果考虑钢结构建筑有效空间大、施工速度快、抗震性能好、绿色环保、低碳节能等有利因素，那么综合效益仍然很显著。在市场经济条件下，依据现有的材料和技术，因地制宜、优化组合，走与混凝土相结合的道路，钢结构完全能够做到与现有其他结构体系造价持平甚至还低，前面介绍的北京市亦庄青年公寓即是典型案例。

4. 专业技术人才匮乏，观念有待更新

我国钢结构行业已持续高速发展数十年，出现了许多专门从事钢结构设计、制作、施工的企业，并积累了一些宝贵经验。但是，我们应当清醒地认识到，钢结构行业从业人员的技术水平和管理参差不齐，技术创新和突破方面还有较大的拓展空间，甚至出现了一些工程事故，在一定程度上给正在发展中的钢结构行业带来了负面效应，应当及时总结经验和教训，并予以疏导和纠正。

由于我国钢结构技术的应用还不够广泛，人们还没有注意到钢结构房屋安全和抗震性能的优势，部分建设单位和大中型设计院的设计人员仍然习惯对本该更适用钢结构设计方案时却采用传统的混凝土结构和砌体结构方案，这些因素都在一定程度上抑制了多、高层民用钢结构房屋的发展。

发展民用钢结构房屋建筑是大势所趋，当然解决上述问题和实现高质量发展还需要一定的时间，既要引进国外先进的钢结构技术和配套产品，又要注重加强培养国内设计、生产、施工企业的工程技术人员，并配套和完善相应的技术标准体系。

知识梳理与总结

本单元讲述了钢结构房屋的分类及特点，还讲述了多、高层钢结构房屋的应用和发展等，学习时需要注意以下两点。

（1）钢结构房屋的分类及特点，应在学习时认真体会并理解。

（2）理解多、高层钢结构房屋的发展和应用与钢结构房屋的特点。

思考题 12

（1）什么是钢结构房屋？

（2）钢结构房屋有何特点？

实训 12

认识周边的多、高层钢结构房屋，观察其应用情况，思考其特点及发展。

单元 13 多、高层钢结构的结构体系及结构布置

13.1 多、高层钢结构的结构体系

在实际工程中具体采用何种体系，应综合考虑房屋荷载、房屋的尺寸和外形、房屋材料、工程造价、施工条件 5 个方面的因素，多、高层钢结构房屋也不例外，它由基础、钢梁和钢柱（或钢与混凝土的组合梁、柱）、抗侧力体系（支撑、剪力墙、筒体等）、楼盖、墙体、楼梯等组成。

随着层数及高度的增加，除承受较大的竖向荷载外，抗侧力（风荷载、地震作用等）要求也成为多、高层钢结构的主要承载特点，多、高层钢结构的结构体系一般可分为柱-支撑、纯框架体系、框架-支撑体系、框架-墙板体系、框架-剪力墙体系、框架-核心筒体系、筒中筒体系、筒束体系等，如图 13-1 所示，其中，图 13-1（a）～图 13-1（e）为多层建筑常用，图 13-1（f）为小高层建筑常用，图 13-1（g）和（h）为高层、超高层建筑常用。

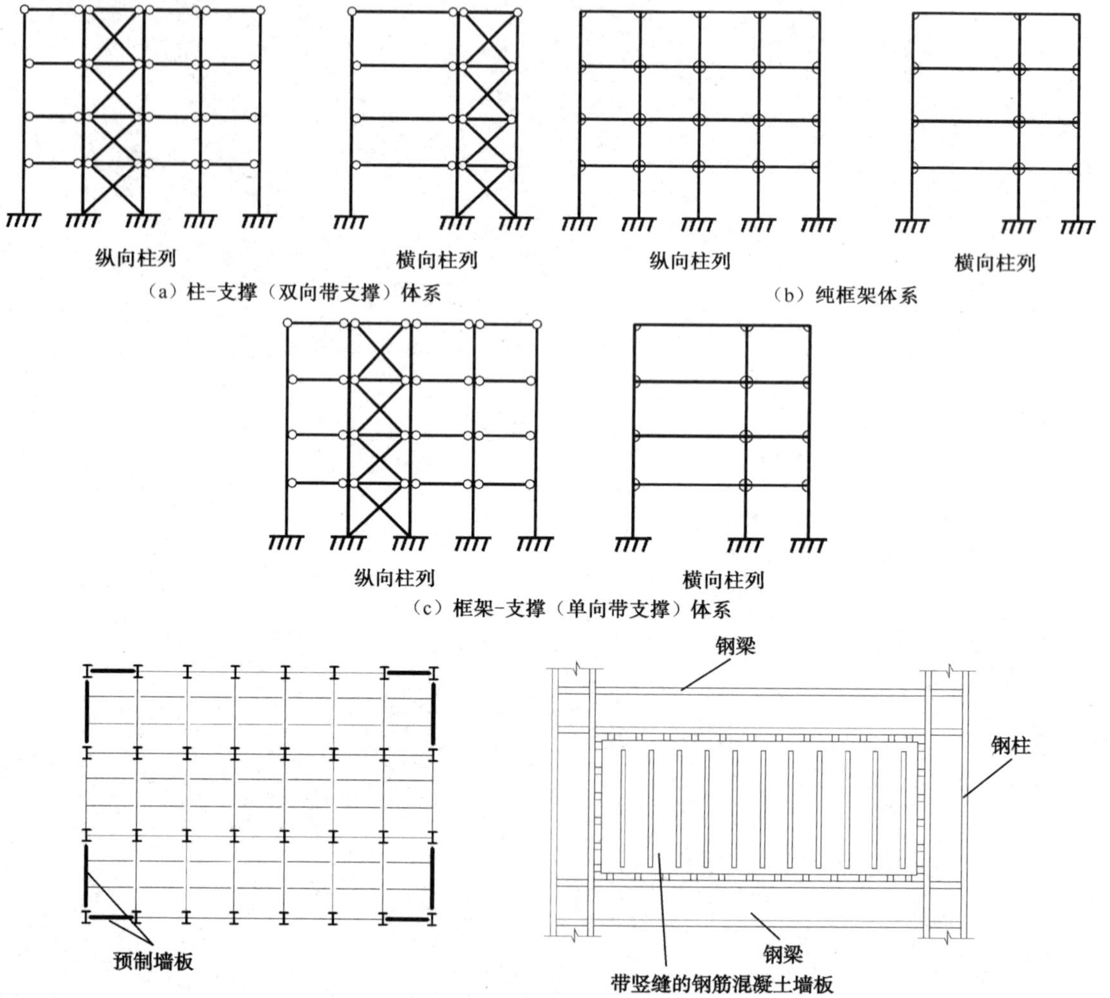

纵向柱列　　　　　　　　　横向柱列
（a）柱-支撑（双向带支撑）体系

纵向柱列　　　　　　　　　横向柱列
（b）纯框架体系

纵向柱列　　　　　　　　　横向柱列
（c）框架-支撑（单向带支撑）体系

预制墙板

钢梁

钢柱

钢梁

带竖缝的钢筋混凝土墙板

（d）框架-墙板体系

图 13-1 多、高层钢结构的结构体系简图

（e）框架-剪力墙体系

（f）框架-核心筒体系

（g）筒中筒体系

（h）筒束体系

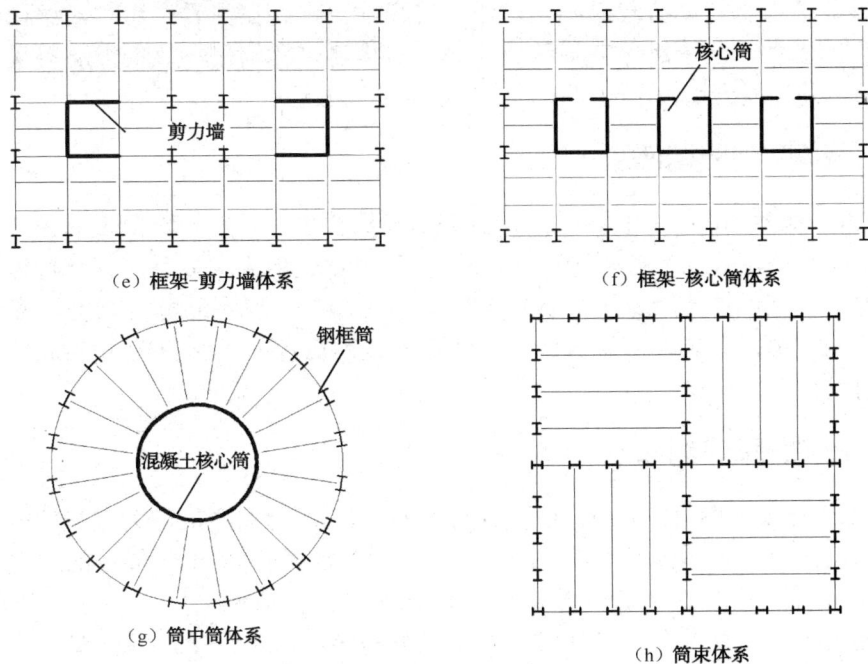

图 13-1 多、高层钢结构的结构体系简图（续）

13.1.1 柱-支撑体系

柱-支撑（双向带支撑）体系如图 13-1（a）所示。框架梁与柱的连接节点均为铰接，在纵向与横向沿柱高设置竖向柱间支撑，空间刚度及抗侧力承载力均由支撑提供，适于柱距不大而又允许双向设置支撑的建筑物。特点为设计、制作及安装简单，承载功能明确，侧向刚度较大，用于抗侧力的钢耗量较少。

13.1.2 纯框架体系

纯框架体系如图 13-1（b）所示。框架在纵、横两个方向均为多层刚接框架，承载能力及空间刚度均由刚接框架提供，适用于柱距较大而又无法设置支撑的建筑物。特点为节点构造较复杂，结构用钢量较多，但使用空间较大。

13.1.3 框架-支撑体系

框架-支撑（单向带支撑）体系如图 13-1（c）所示，是框架一个方向（多为纵向）的支撑为柱-支撑体系、另一个方向（多为横向）的支撑为纯框架体系的混合体系，特别适于平面纵向较长、横向较短的建筑物。特点为一个方向无支撑便于生产或人流、物流等建筑功能的安排，适当考虑了简化设计、施工及用钢量等要求，为实际工程中采用较多的体系。

13.1.4 框架-墙板体系

框架-墙板体系如图 13-1（d）所示，是以框架结构为基础，沿房屋的纵向、横向或其他主轴方向，布置一定数量的预制墙板而组成的结构体系。一般采用带竖缝的预制钢筋混

凝土墙板，保证结构受到风荷载或小地震作用时弹性工作。在强震作用时，结构体系进入塑性阶段，吸能量大，但依然保持了承载能力，防止建筑物倒塌。该墙板还可采用内藏钢板支撑的预制钢筋混凝土墙板，也可以是带纵横加劲肋的钢板墙。

13.1.5 框架-剪力墙体系

框架-剪力墙体系如图 13-1（e）所示。在框架结构中，布置一定数量的剪力墙，使框架和剪力墙结合起来，共同抵抗水平荷载，就组成了框架-剪力墙体系。该结构体系既有框架结构平面布置灵活的特点，又有较大的刚度。剪力墙按材料不同分为钢筋混凝土剪力墙和钢板剪力墙两大类，前者在刚度大、地震时易开裂，后者一般由 8～10 mm 厚的钢板做成，与钢框架组合，共同作用。

13.1.6 框架-核心筒体系

框架-核心筒体系如图 13-1（f）所示，将框架-剪力墙体系中的剪力墙封闭成核心筒，外侧周边仍为钢框架，即形成了框架-核心筒体系。在该结构体系中，筒体的承载力、抗侧力均比剪力墙提高了很多，因此为多、高层建筑典型结构体系之一。筒体一般用在电梯间、楼梯间或卫生间，高效节材且较实用。钢框架与核心筒常铰接，钢框架与核心筒的距离一般为 5～9 m。核心筒材料可用钢筋混凝土、钢结构，形式有实腹筒和桁架筒。

13.1.7 筒中筒体系

钢框筒-核心筒体系也称筒中筒体系，如图 13-1（g）所示，即先加密外部钢框架柱的间距，形成外筒，再与内部核心筒相连接组成筒中筒体系。

13.1.8 筒束体系

筒束体系如图 13-1（h）所示，是由多个筒体组合形成的密集筒体结构体系。

当风荷载较大时，尤其在强震区，筒中筒体系和筒束体系具有很强的抗侧力，结构可靠，故常用于高层、超高层结构，多层结构少见。

除上述几种多、高层钢结构基本体系外，还可在框架-核心筒体系的基础上加设帽桁架、腰桁架等，成为混合结构体系，如框架-支撑-剪力墙体系、框架-支撑-核心筒体系、框架-剪力墙-核心筒体系等。

对层数不多、抗震设防等级不高的房屋，应优选纯框架体系；当抗震设防等级较高时，宜用带支撑的体系；当层数较多、抗震设防等级较高时，宜用框架-墙板体系、框架-剪力墙体系、框架-核心筒体系；对高层、超高层建筑，宜用框架-核心筒体系、筒中筒体系、筒束体系。

13.2 多、高层钢结构的结构布置

13.2.1 平面布置

多、高层钢结构的结构平面布置应考虑柱网及梁系的合理布置，并宜结合简单、规

则、对称的建筑平面布置，做到结构纵向及横向的刚度可靠、均匀，构件传力明确，类型统一。抗侧力构件要沿房屋纵、横轴方向布置，尽量做到"分散、均匀、对称"，避免或减少扭转振动。

现代多、高层民用钢结构多数用于办公、娱乐、商业、住宅等，当建筑平面形状不规则时，应在抗震计算及构造方面采取相应措施。

柱网形状根据建筑功能确定，常见的形状有矩形、方形、圆形、梯形、三角形等。柱网尺寸根据建筑要求、荷载大小、钢梁经济跨度、结构受力特点等确定。工字钢主梁的经济跨度为6～12 m，次梁的经济跨度为3～4 m。一般柱网尺寸随房屋高度的降低会适当减小。

多、高层钢结构的最大伸缩缝区段长度一般为150 m左右，若为连续砖外墙结构，则长度取60～90 m。

13.2.2 立面布置

建筑立面与竖剖面宜规则，侧向刚度宜均匀变化，竖向抗侧力构件的截面尺寸与材料强度宜自下而上逐渐减小，避免突变，以防止出现悬空柱及错层的高度不一。多、高层钢结构沿竖向的布置可以采用分段变截面（柱及支撑）的做法，但应防止楼层间侧向刚度的突变。

高度相差较多或质量相差较大的同一建筑应采用上下贯通的沉降缝分隔。当纵向高差过大或刚度差较大时，宜设置防震缝分隔；当横向高差较大时，宜设置传递水平力体系。

小高层建筑的风荷载随着高度的增加而增大，强风地区宜采用有利的立面造型，以减小风的作用力。对于阶梯形或倒阶梯形立面，台阶的收进尺寸较小，上段外挑尺寸不超过4 m。

13.2.3 抗侧力体系布置

对于侧向刚度不规则、竖向抗侧力构件不连续、楼层承载力突变的不利于抗震的竖向不规则建筑，当出现其中的某一种情况时，应采取符合实际抗震要求的构造措施。

支撑结构体系的特点是用钢量少而刚度大，抗侧力效果明显且构造简单，在条件允许时宜优先选用。在布置支撑时应注意合理及均匀，以避免及减少结构刚度中心的偏移。

当房屋有地下室时，带支撑的框架结构中的支撑应延伸至基础，框架柱至少延伸至地下一层。

当支撑采用中心支撑时，应优选十字交叉支撑，宜设在荷载较大的柱间，也可用其他合理形式。

13.2.4 楼盖布置

多、高层钢结构体系相应的各层楼（屋）盖均应采用平面刚性楼（屋）盖，常用做法有钢梁与现浇混凝土组合楼板、压型钢板与现浇混凝土组合楼板、叠合式楼板、装配整体式楼板等，以保证整体空间刚度及空间的协调工作。多、高层钢结构楼盖的做法很多，确定方案时应考虑以下因素。

（1）应保证楼盖有足够的平面整体刚度。对设备、管道孔口较多的楼层，应采用现浇板或设置水平刚性支撑。8度及以上抗震设防地区宜用现浇混凝土楼板，不宜错层。

（2）减轻结构自重。减轻结构自重以降低地震的破坏作用，可采用轻型楼板、压型钢板组合楼板等。

（3）楼板与钢梁应有可靠连接。钢梁上要设置抗剪连接件与混凝土板可靠连接来保证钢梁的稳定，传递水平剪力、承受竖向拉力。

（4）应有利于安装方便及快速施工，注意防火、隔声，便于铺设管道。

结构布置的总原则：在符合建筑功能要求的同时应受力明确、传力简单、构造简单、便于施工。

知识梳理与总结

本单元讲述了多、高层钢结构的结构体系及布置，学习时需要注意以下两点。

（1）多、高层钢结构的结构体系与受力特点、构造密切相关。

（2）多、高层钢结构的结构布置应注意受力明确、传力简单、构造简单、便于施工。

思考题 13

（1）多、高层钢结构的结构体系有哪几种？分别有何特点？

（2）多、高层钢结构的结构布置的关键点有哪些？

实训 13

（1）认识周边的多、高层钢结构建筑，观察其结构体系、结构布置，思考其受力特点及传力路径。

（2）识读 03G102 图集中高层钢结构工程设计图的结构形式及布置。

单元 14 多、高层钢结构的组成及连接节点构造与识图

扫一扫看
本单元教
学课件

14.1 多、高层钢结构的柱脚及基础

14.1.1 柱脚作用与分类

柱脚的作用是将柱子的内力可靠地传递给基础，并和基础牢固地连接。柱脚的构造应尽可能地符合结构计算模型，并力求简明。

柱脚的具体构造取决于柱的截面形式及柱与基础的连接方法。柱与基础的连接方法有铰接连接、刚接连接两大类，多、高层钢结构大多采用刚接柱脚。柱脚与混凝土基础的连接方法包括外露式连接、外包式连接和埋入式连接 3 种，铰接柱脚宜采用外露式柱脚。柱脚连接如图 14-1 所示。多、高层钢结构的刚接柱脚优先采用外露式柱脚，其构造简单、施工方便、费用低。当荷载较大或层数较多时，也可以采用外包式柱脚或埋入式柱脚，高层、超高层宜用埋入式柱脚。

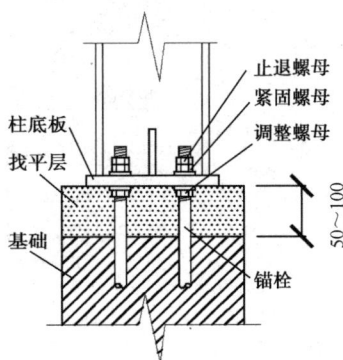

图 14-1 柱脚连接

14.1.2 柱脚构造要求

柱脚在地面以下的部分，应采用强度等级较低的混凝土包裹，混凝土保护层的厚度不应小于 50 mm，并使包裹的混凝土高出地面，不小于 150 mm，所埋入部分钢柱的表面应做除锈处理，但不做涂料涂装。当地下有侵蚀作用时，柱脚不应埋入地下。当柱脚在地面以上时，柱脚底面应高出地面不小于 100 mm。

柱脚锚栓可用 Q235 钢或 Q345 钢制作而成，底板上设双螺母，如图 14-1 所示。锚栓直径 d 不宜小于 24 mm，锚固长度不应小于 $25d$，当锚栓固定在锚板或锚梁上时，长度不受此限制。锚栓不宜用来承担柱脚的水平反力，水平反力由底板和混凝土基础间的摩擦力传递，摩擦系数取 0.4。当柱脚剪力大于 $0.4N$（N 为轴力）时，必须设置抗剪键。抗剪键的材料有槽钢、角钢等，当水平力较大时，可用十字板、H 型钢等。

柱脚底板的厚度不应小于柱翼缘的厚度，且不应小于 20 mm（铰接）或 30 mm（刚接）。柱身翼缘、腹板等底面应刨平，先与底板顶紧，再与底板焊牢。

14.1.3 柱脚基础形式与柱脚构造详图

1. 柱脚基础形式

多层钢框架自重相对较轻，基础常用柱下独立基础。当荷载较大时，可采用条形基础、十字形基础，有时也可采用片筏基础。对高层、超高层钢结构，宜用箱形基础、桩基础。用柱下独立基础时，应注意各基础相对不均匀沉降对上部结构的影响。

2. 柱脚构造详图

柱脚构造如图 14-2～图 14-6 所示，具体可参考《多、高层民用建筑钢结构节点构造详图》（16G519）标准中的内容。

图 14-2 所示为外露式铰接柱脚构造。图 14-2（a）所示为一对锚栓工字形截面钢柱脚，图 14-2（b）所示为两对锚栓工字形截面钢柱脚，两图均为平板外露式普通柱脚，配有柱脚底板、加劲肋、锚栓、垫板、螺母、二次浇灌层等。由于是铰接柱脚，故侧移控制一般，可用于层数、高度及受力较小时。

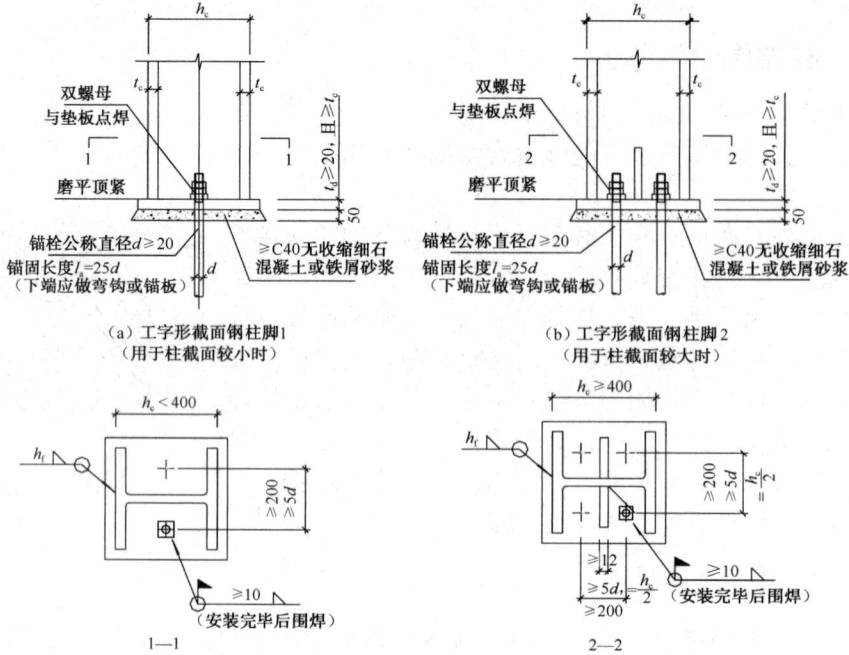

图 14-2　外露式铰接柱脚构造

图 14-3 所示为外露式刚接柱脚构造。图 14-3（a）所示为箱形柱带平板柱脚，图 14-3（b）所示为带靴梁的高锚栓固定的箱形柱脚，两图均配有柱脚底板、加劲肋、锚栓、垫板、螺母、二次浇灌层等。由于是刚接柱脚，故侧移控制较严，比铰接柱脚适用的层数和高度要大。

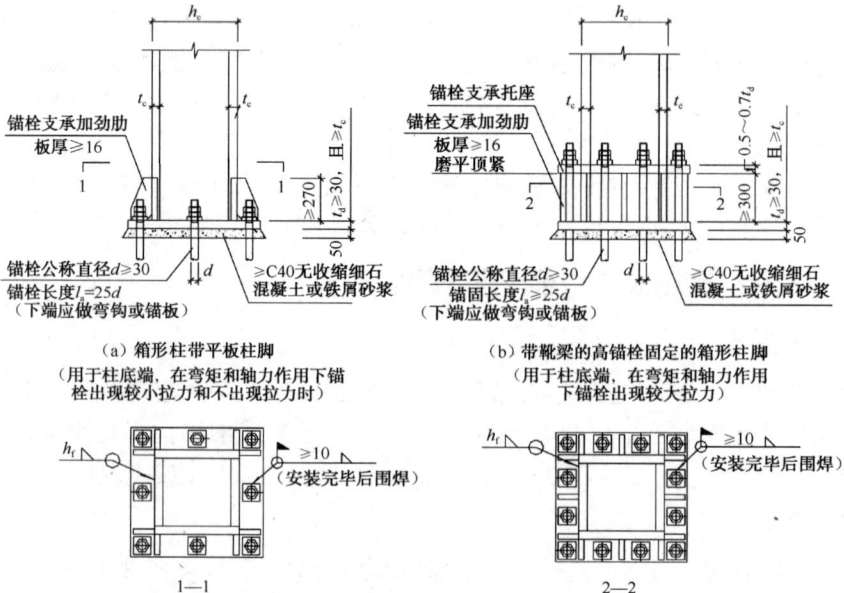

图 14-3　外露式刚接柱脚构造 1

图 14-4 所示为外露式刚接柱脚构造。图 14-4（a）所示为 H 型钢柱带平板柱脚，图 14-4（b）所示为十字形钢柱脚，两图均配有柱脚底板、加劲肋、锚栓、垫板、螺母、二次浇灌层等。由于是刚接柱脚，故侧移控制较严，比铰接柱脚适用的层数和高度要大。

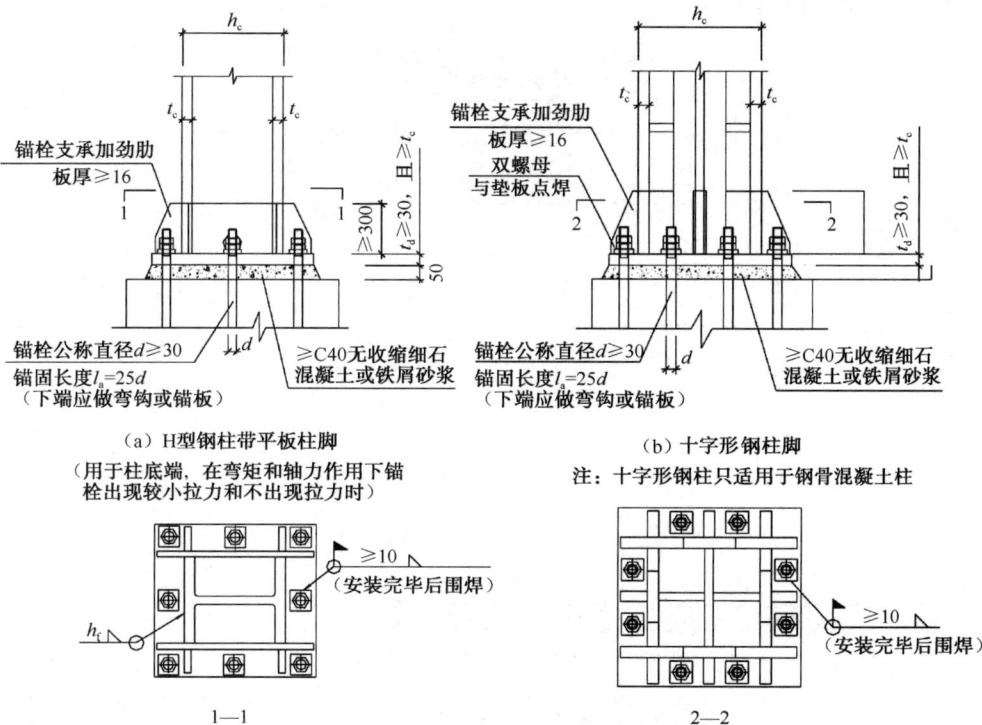

（a）H型钢柱带平板柱脚

（用于柱底端，在弯矩和轴力作用下锚栓出现较小拉力和不出现拉力时）

（b）十字形钢柱脚

注：十字形钢柱只适用于钢骨混凝土柱

1—1　　　　　　　2—2

图 14-4　外露式刚接柱脚构造 2

图 14-5 所示为外包式刚接柱脚构造，为 H 型钢柱脚。除配有柱脚底板、加劲肋、锚栓、垫板、螺母外，钢柱脚底板常位于基础梁顶面，柱脚有一部分带栓钉，且外包钢筋混凝土，形成了外包式刚接柱脚，对侧移控制较严，比外露式刚接柱脚适用的层数和高度更大。

图 14-6 所示为埋入式刚接柱脚构造，为 H 型钢柱脚。除配有柱脚底板、加劲肋、锚栓、垫板、螺母、二次浇灌层外，钢柱脚底板常位于基础梁底面，柱脚的一部分带栓钉埋入，外包钢筋混凝土，形成了埋入式刚接柱脚，对侧移控制比外包式柱脚更严，适用于高层和抗震设防烈度较高的建筑。

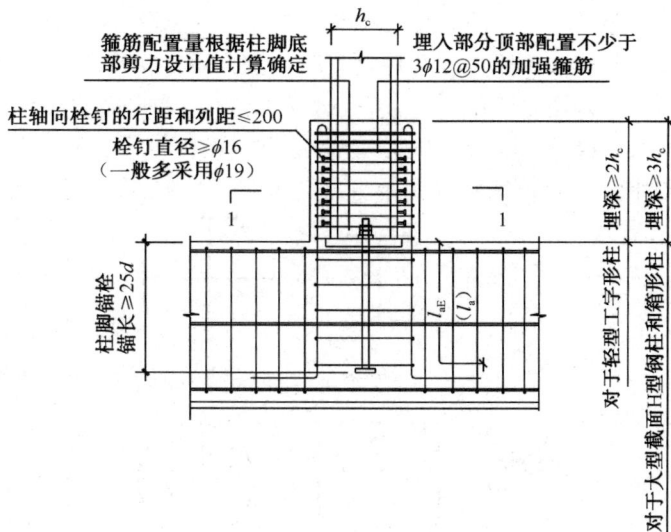

图 14-5　外包式刚接柱脚构造

埋入部分顶部需
设置水平加劲肋

埋入部分顶部配置不少于
$3\phi12@50$的加强箍筋

柱轴向栓钉的间距和列距≤200
栓钉直径≥$\phi16$

$10d$

柱脚锚栓
锚长≥$25d$

锚长≥$35d$

箍筋$\phi10@100$

埋深≥$2h_c$

埋深≥$3h_c$

对于轻型工字形柱

对于大型截面H型钢柱和箱形柱

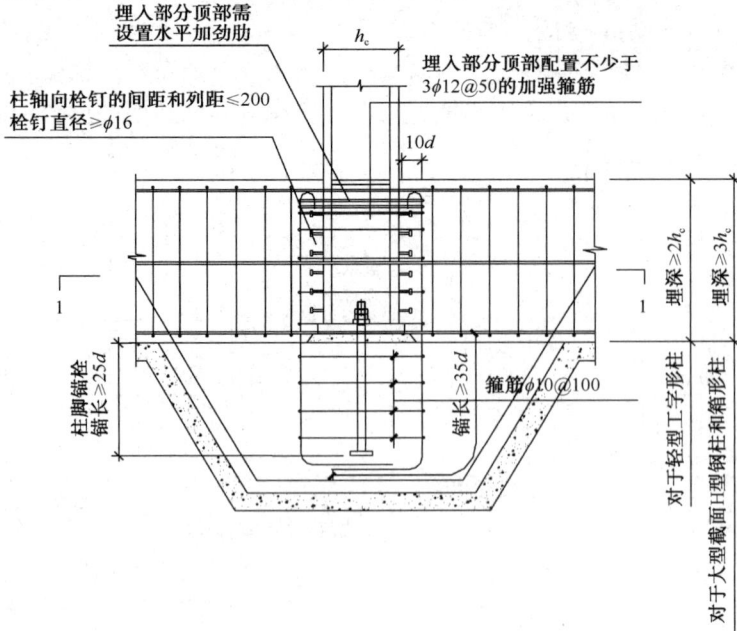

图 14-6　埋入式刚接柱脚构造

14.2　多、高层钢结构梁、柱的截面形式

多、高层钢结构梁、柱的截面形式多样，有热轧或焊接 H 型钢截面、焊接箱形截面及方管内灌混凝土截面、圆管内灌混凝土截面、钢骨混凝土组合截面等。

14.2.1　柱的截面形式

最常用的柱的截面为轧制或焊接 H 型钢截面［见图 14-7（a）］；当柱很高或纵向、横向均要求有较大的刚度（角柱等）时，宜采用十字形截面［见图 14-7（b）］；当荷载及柱高均较大时，可采用方管截面［见图 14-7（c）］或箱形截面；当有外观等特别要求时，可采用圆管截面［见图 14-7（d）］。高层、超高层钢结构柱常用内灌混凝土外钢管组合柱［见图 14-7（e）］或内钢骨外包钢筋混凝土组合柱［见图 14-7（f）］，根据实际情况灵活选用。

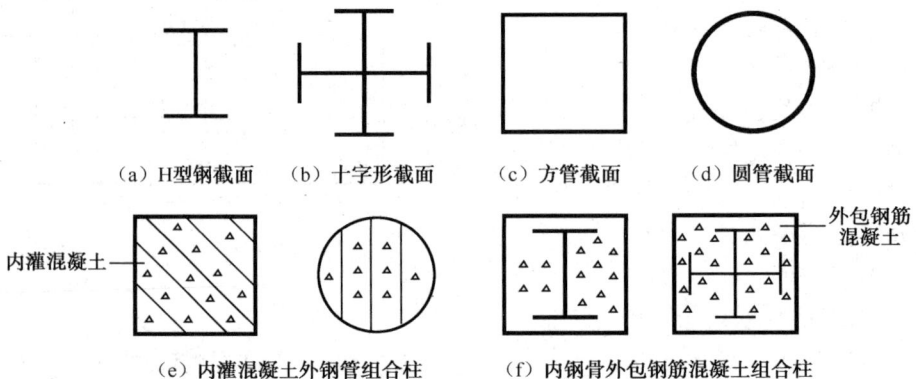

（a）H型钢截面　　（b）十字形截面　　（c）方管截面　　（d）圆管截面

内灌混凝土

外包钢筋
混凝土

（e）内灌混凝土外钢管组合柱　　　　（f）内钢骨外包钢筋混凝土组合柱

图 14-7　多、高层钢结构柱的截面形式

14.2.2　梁的截面形式

最常用的梁的截面为轧制或焊接 H 型钢截面［见图 14-8（a）］。当为组合楼盖时，有时为优化截面，减少钢耗，可采用上下翼缘不对称的焊接工字形截面［见图 14-8（b）］，也可采用蜂窝梁截面［见图 14-8（c）］。当荷载和跨度较大时，可采用箱形截面。

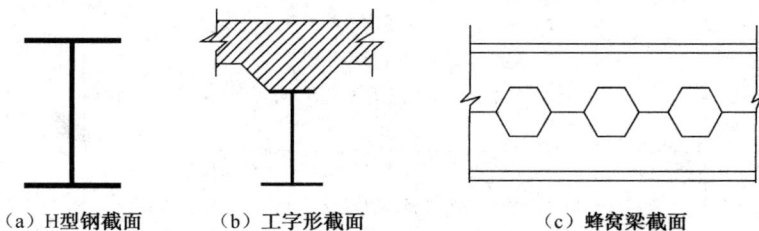

（a）H型钢截面　　　（b）工字形截面　　　（c）蜂窝梁截面

图 14-8　多、高层钢结构梁截面形式

14.3　多、高层钢结构的连接规定

多、高层钢结构是由钢板、型钢通过必要的连接组成的，连接方法及其质量直接影响钢结构的性能。钢结构的连接必须符合安全可靠、传力明确、构造简单、制造方便和节约钢材的原则。

（1）设计时选型、选材应合理。选型、选材不仅应与构件的强度、材质性能相匹配，而且应满足特殊工作条件下连接接头的抗震性能、抗疲劳性能、抗低温冷脆性能等应用要求。

（2）连接设计应考虑承载可靠、构造合理、施工方便等因素。对焊接连接，应充分考虑合理位置、操作空间等条件，避免采用仰焊、高空大量焊接等。

（3）工厂连接一般采用焊接，现场宜优先选用螺栓连接。对重要的连接，可选用高强螺栓摩擦型连接或栓-焊混合连接。在工程设计时，可参照表 14-1 所示的多、高层钢结构连接的种类、特点与适用范围选择连接类型。

（4）焊接及螺栓连接时，应尽量使焊缝、螺栓的对称布置于构件的重心。

表 14-1　多、高层钢结构连接的种类、特点与适用范围

连接种类		特　点	适　用　范　围
焊接连接	对接焊缝连接	（1）构造及加工简单，可自动化操作，费用低； （2）一般不会造成母材截面削弱； （3）连接刚度大、强度高，并且密闭性好； （4）由于可焊性要求，对母材材性要求较高； （5）焊接区对疲劳及低温冷脆较敏感； （6）存在残余应力及变形，对构件的施工、加工有不利影响，重要焊接应作焊接工艺评定	（1）各种板件的对接连接和T形连接； （2）要求熔透的焊接； （3）等强度拼接（抗震设计除外）
	角焊缝连接		（1）各种型材（板材）与板材的搭接连接和非熔透的T形连接； （2）板件之间或与型材之间的构造连接
普通螺栓连接	C级粗制螺栓	（1）施工简便，加工及安装精度要求低； （2）强度级别较低，所需螺栓数量多； （3）开孔部位造成母材截面削弱	（1）承受静载的受拉连接及次要的抗剪连接； （2）需拆装的结构连接或现场安装连接
	A、B级精制螺栓	（1）加工、安装精度要求高； （2）强度级别及承载能力高，价格高； （3）开孔部位造成母材截面削弱	建筑钢结构已较少采用

连 接 种 类		特　　点	适 用 范 围
高强螺栓连接	摩擦型连接	（1）承载力高，要求高强度钢材，价格高； （2）连接紧密，需要用特殊工具施加预拉力； （3）连接面需要做摩擦面处理； （4）轴心受力时因孔前传力作用，对母材的削弱影响较小	（1）直接承受动力荷载或需要进行疲劳验算的连接； （2）重要构件、高烈度地区承重构件的连接或大型拼接
	承压型连接	（1）同摩擦型连接（1）、（2）条，在同样条件下，承载力比摩擦型连接高，但耐疲劳性比摩擦型连接低； （2）连接面不需要做摩擦面处理，但需要做除锈处理，并且干净无杂物、油污等； （3）在抗剪计算时，需要考虑母材削弱	（1）要求承载力很高并承受静载的现场连接； （2）对变形控制不严格的大型拆装结构的连接； （3）实际钢结构工程中已比较少用
栓-焊混合连接		（1）在同一截面上，翼缘采用熔透对接焊缝连接，腹板采用高强螺栓连接的混合连接； （2）兼有焊接、栓接的优点，承载性能较好	较普遍用于多、高层钢结构的梁柱拼接、梁柱刚性连接

（5）对接焊缝的主要构造如下。

① 焊缝熔敷金属应与母材强度相匹配。对不同强度的钢材进行焊接时，焊接材料的强度应与低强度钢材相适应。

② 在板件厚度大于 20 mm 的角接、T 形连接、十字形接头中，应采用不易引起层状撕裂的构造。减轻层状撕裂的构造如图 14-9 所示。

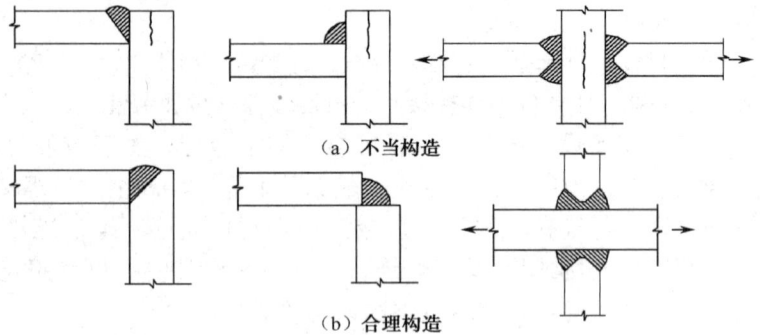

（a）不当构造

（b）合理构造

图 14-9　减轻层状撕裂的构造

③ 在板件宽度［见图 14-10（a）］或厚度［见图 14-10（b）］有变化的连接中，为减小应力集中，应做成斜坡，形成平缓过渡。括号内的坡度限值用于直接承受动力荷载的构件的连接。

④ 对于要求等强度连接的全熔透对接焊缝，为了消除焊接起弧坑、落弧坑的影响，应在焊缝两端分别设置引弧板、灭弧板，如图 14-11 所示。焊接后要切除引弧板、灭弧板，并用砂轮将焊缝端部打磨平。

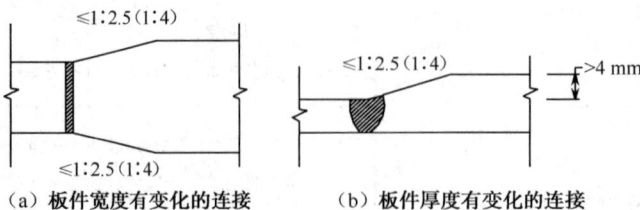

（a）板件宽度有变化的连接　　（b）板件厚度有变化的连接

图 14-10　变截面钢板的对接连接

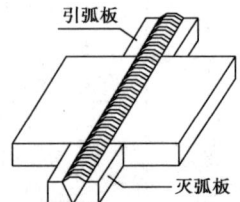

图 14-11　引弧板、灭弧板

⑤ 全熔透、部分熔透对接焊缝的坡口形式和尺寸应根据焊件厚度、施焊条件，按国家标准规定采用。

（6）所有框架承重构件的现场连接均应为等强度连接。多、高层钢结构的梁柱连接节点可采用全熔透或部分熔透焊缝梁柱连接节点。当要求与母材等强连接或焊接连接位于框架节点塑性区段内时，应采用全熔透焊缝，且焊缝质量应符合一级或二级焊缝质量要求。焊缝的坡口形式和尺寸应按国家现行相关规范的规定采用，焊缝熔敷金属应与母材强度相匹配。

14.4 多、高层钢结构主结构的连接

14.4.1 梁柱的连接

1. 梁柱的连接类型

多、高层钢结构梁柱的连接包括柱贯通型连接和梁贯通型连接两类，如图 14-12 所示。为了简化构造和方便施工，多、高层钢结构梁柱连接宜采用柱贯通型连接。

2. 构造与受力的关系

目前，多、高层钢结构梁柱连接多采用刚接连接和铰接连接。多、高层钢结构柱多采用焊接 H 形截面或箱形截面，由于 H 形截面腹板比较薄，所以弱轴方向与梁的连接多采用铰接连接，而强轴方向与梁的连接常采用刚接连接。在构造上以焊接连接和高强螺栓连接为主。

常见的梁柱刚性连接节点是梁翼缘与柱翼缘采用对接焊缝连接，梁腹板与柱翼缘采用高强螺栓摩擦型连接。

梁柱连接节点的刚度与连接节点的构造方式有直接关系。根据梁柱连接处弯矩-转角（M-θ）关系的不同，梁柱连接可分为刚性连接、柔性连接和半刚性连接三类，梁柱连接节点的弯矩-转角曲线如图 14-13 所示。全焊接连接节点的刚度最大，腹板角钢连接节点的刚度最小。从严格意义上来说，既不存在刚度无穷大的理想刚接，也不存在刚度为零的理想铰接。为了简化计算，目前的连接计算模型要么简化成刚接计算模型，要么简化成铰接计算模型。通常将上下翼缘焊接连接［见图 14-14（a）和（b）］、T 型钢连接［见图 14-14（c）］、带悬臂梁段的拼接［见图 14-14（d）］、有加劲肋或厚度较大的端板连接［见图 14-14（e）］归为刚接连接，梁端弯矩为完全刚接的 90%～95%；图 14-14（f）、（g）、（h）和（i）所示为铰接连接，但梁端也传递了一定的弯矩，是完全刚接的 5%～20%。还有一些连接，如图 14-14（j）、（k）和（m）所示，这类连接所提供的约束是完全刚接的 20%～90%，既不能简单按刚接处理，也不能按铰接看待，否则会给计算结果带来一定的偏差，使用时必须事先确定弯矩-转角的关系。工字形截面柱在弱轴方向与框架梁的连接方法，如图 14-15 所示。

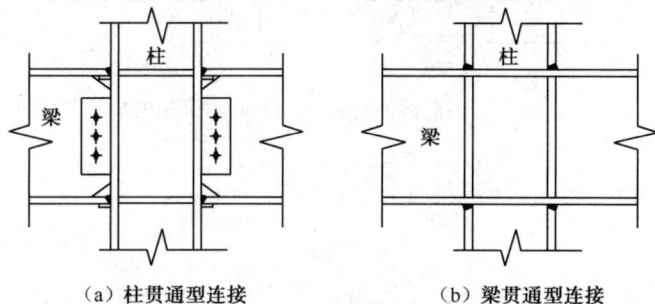

图 14-12 多、高层钢结构梁柱连接类型

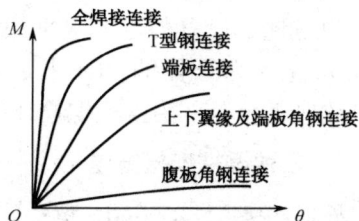

图 14-13 梁柱连接节点的弯矩-转角曲线

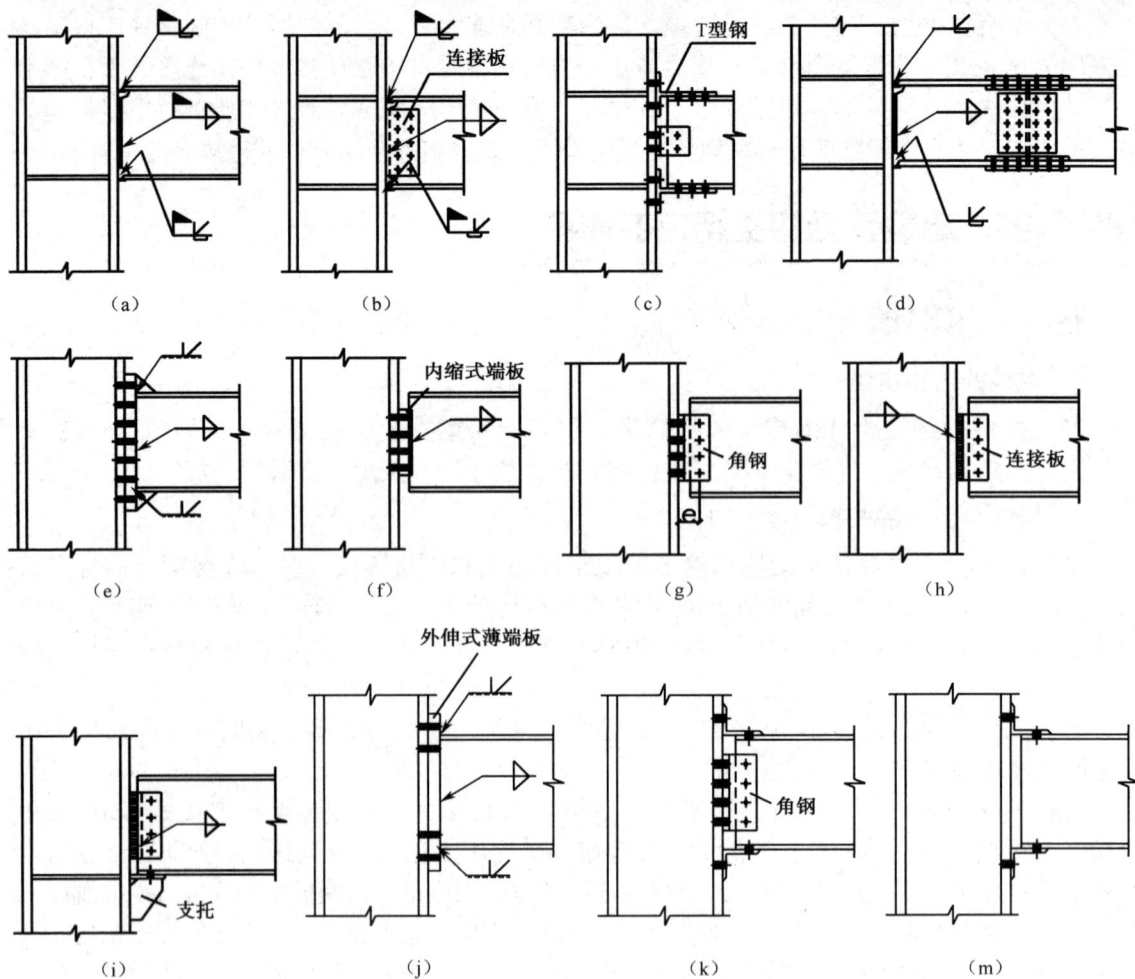

图 14-14　多、高层钢结构梁柱连接常见类型

　　箱形截面柱与工字形截面梁的刚性连接，如图 14-16 所示。当设有外连式水平加劲肋时，加劲肋采用熔透坡口焊缝与柱壁隔板连接［见图 14-16（a）］；当设有水平加劲内隔板时，梁翼缘采用熔透坡口焊缝与壁板连接［见图 14-16（b）］。圆管柱与工字形截面梁的刚性连接，如图 14-17 所示，也是通过设置外连式水平加劲肋将梁和柱连为一体的。在上述连接中，梁腹板可以采用盖板螺栓连接，也可以采用盖板焊缝连接。

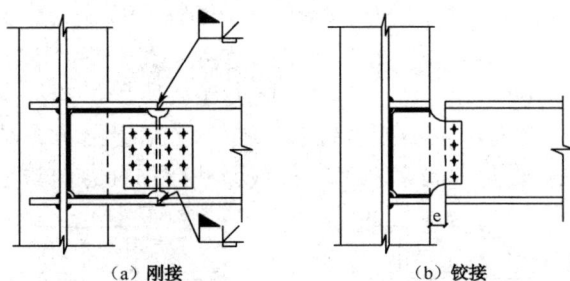

图 14-15　工字形截面柱在弱轴方向与框架梁的连接方法

3．3 种梁柱连接方法

　　根据连接方法的不同，梁柱连接可以分为全焊接连接、全螺栓连接和栓-焊混合连接 3 种。

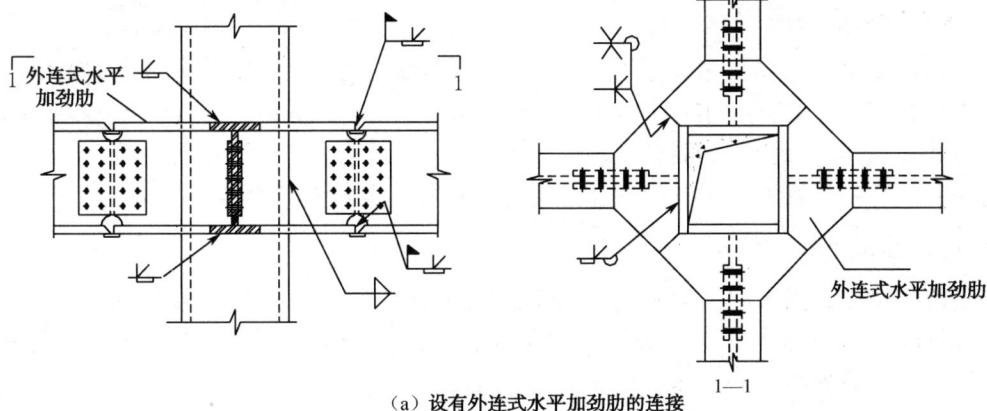

（a）设有外连式水平加劲肋的连接

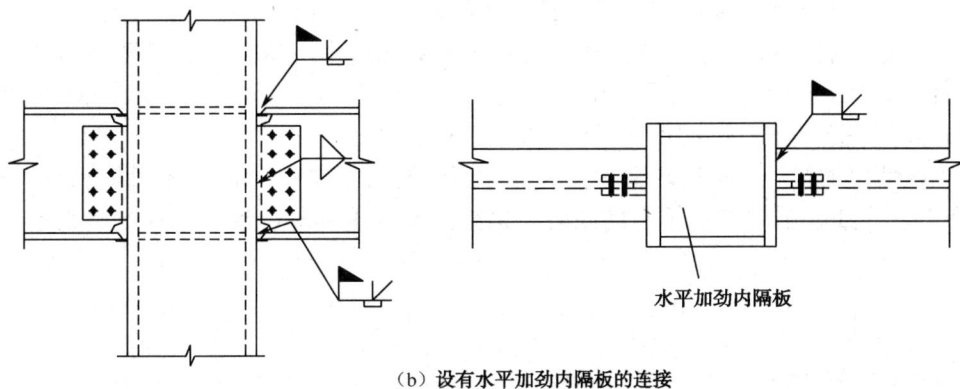

（b）设有水平加劲内隔板的连接

图 14-16 箱形截面柱与工字形截面梁的刚性连接

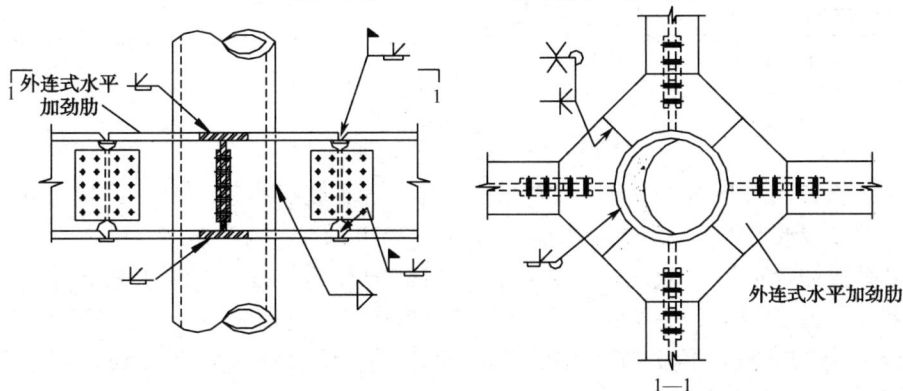

图 14-17 圆管柱与工字形截面梁的刚性连接

全焊接连接［见图 14-14（a）］费用低，但不便于工地拼装，也不能保证焊接质量，在强烈地震作用下连接容易发生脆性破坏。

全螺栓连接宜采用高强螺栓摩擦型连接［见图 14-14（c）］，节点费用稍高，对钢构件的制作精度要求高，但施工方便，有利于提高节点的延性。

栓-焊混合连接是指翼缘采用全熔透焊接、腹板采用高强螺栓摩擦型连接［见图 14-14（b）］，施工方便。施工时先用腹板螺栓安装定位，再对翼缘施焊。实践表明，翼缘焊接将使腹板螺栓预拉力降低 10% 左右。在我国钢结构工程中，大多采用该种连接方法。

在承重构件的螺栓连接处，宜采用摩擦型高强螺栓连接。

4. 梁柱的连接构造

多、高层钢结构梁柱的连接构造必须与节点计算模型一致。当梁柱刚接时，应保证受力过程中梁柱的夹角不变；当梁柱铰接时，梁柱节点应具有充分的转动能力，且能有效地传递荷载；当有充分依据时，也可以采用半刚性连接。

当在两个互相垂直方向都有梁与柱连接时，柱宜采用箱形截面，如图 14-16 所示。

5. 刚性连接

在刚性连接中，当工字形梁翼缘采用焊透的 T 形对接焊缝与 H 型钢柱翼缘连接时，若满足宽厚比等公式要求，则可不设置水平加劲肋；若不满足宽厚比等公式要求，则应在梁上下翼缘对应处设置柱水平加劲肋或隔板。

（1）水平加劲肋与柱腹板的连接可采用角焊缝，与柱翼缘的连接宜采用坡口全焊透焊缝。当梁端垂直于柱腹板时，加劲肋与柱腹板的连接应采用坡口全焊透焊缝，箱形柱内隔板与柱的焊接也应采用坡口全熔透焊缝，对无法手工施焊的焊缝，可采用熔化嘴电渣焊，或者改用有外连式水平加劲肋的连接方法［见图 14-16（a）］。

（2）当柱两侧的梁高不同时，每个梁翼缘对应位置均应设置柱水平加劲肋［见图 14-18（a）和（b）］。当在柱强轴和弱轴方向同时有钢梁且梁高不同时，也应分别设置水平加劲肋［见图 14-18（c）］。

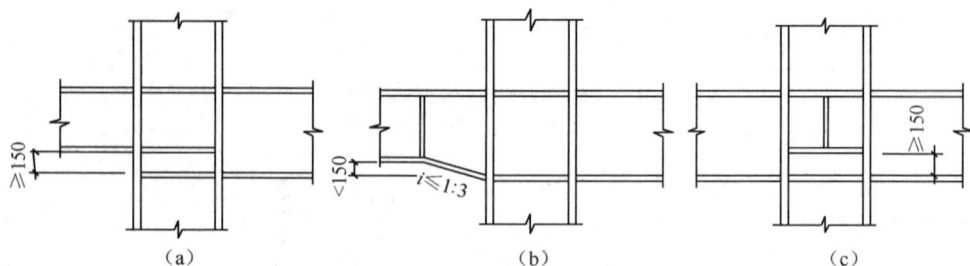

图 14-18　设置水平加劲肋

（3）当梁翼缘与柱翼缘焊接时，应全部采用全熔透坡口对接焊缝，并按规定设置衬板和引弧板，在梁腹板的上下端做扇形切角，如图 14-19 所示。

为避免衬板边缘的缺口效应，下翼缘焊接衬板的反面与柱翼缘或壁板相连处，应采用角焊缝连接（见图 14-19），并沿衬板全长焊接，焊脚尺寸宜取 6 mm，也可以采用先割除衬板，再清根补焊的方法，但此法费用较高。考虑到上翼缘的施焊条件较好，且有楼板加强，震害较少，可不做处理。

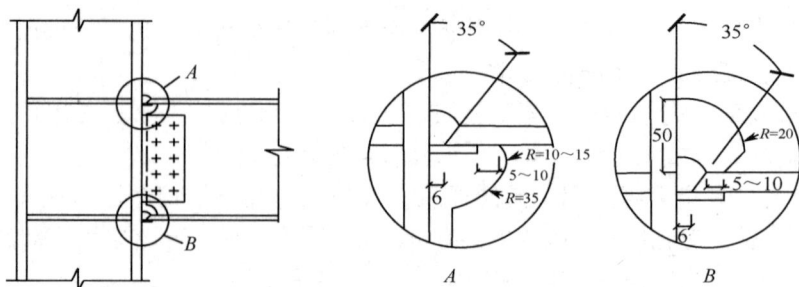

图 14-19　梁、柱翼缘全熔透坡口焊接图

（4）梁腹板宜采用摩擦型高强螺栓与柱连接。当梁翼缘的塑性截面模量小于梁全截面模量的 70%时，腹板承担的弯矩较大，连接螺栓不得少于两列，若计算出仅需一列，则仍需按两列布置。当必须设置一列螺栓时，需要通过设置盖板或加腋将梁翼缘加强，使梁翼缘的塑性截面模量大于梁全截面模量的 70%。

（5）在抗震设防结构中，当梁与柱刚性连接时，柱应在梁翼缘上下各 500 mm 的节点范围内，柱腹板与柱翼缘或箱形柱壁板间的连接焊缝，应采用全熔透坡口焊缝。

6. 梁柱连接节点的抗震改进措施

在 1994 年的美国 Northridge 地震和 1995 年日本阪神地震中，有大量梁柱焊接刚性节点发生了不同程度的脆性破坏，主要表现为梁翼缘坡口焊缝处出现了各种裂纹，并非像结构抗震设计所预期的那样，在梁端会产生塑性铰，节点的塑性转角仅为 0.005 rad，远小于公认的具有良好延性的 0.03 rad。震后美日两国都对节点构造进行了改进，主要致力于采取措施将塑性铰外移。我国规范也推荐了几种改进方法。

（1）采用带悬臂梁段的连接构造，如图 14-20 所示，悬臂梁段的长度不小于 $2h$（h 为梁高）和 $L/10$（L 为梁的跨度），使连接避开了最大内力截面。悬臂梁段与柱的连接可全部在工厂内完成，焊接缺陷少，质量有保证。悬臂梁段与跨中梁的连接可以采用螺栓连接 [见图 14-20（a）]，也可以采用栓-焊混合连接 [见图 14-20（b）]。

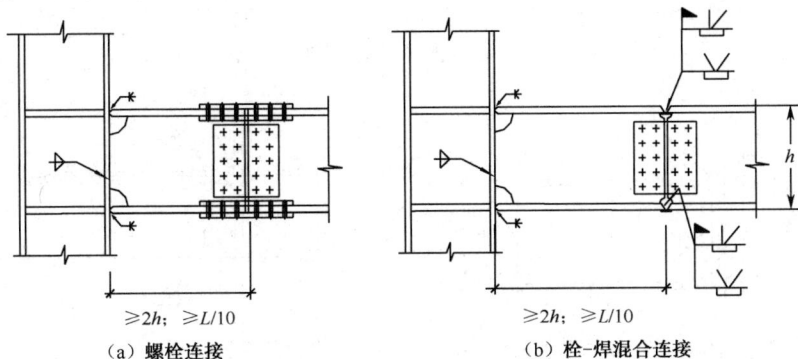

$\geqslant 2h$；$\geqslant L/10$　　　　$\geqslant 2h$；$\geqslant L/10$

（a）螺栓连接　　　　　　　（b）栓-焊混合连接

图 14-20　带悬臂梁段的连接构造

（2）当抗震设防烈度为 8 度或 8 度以上时，为了保证连接具有足够的承载能力，使节点处因梁端最大弯矩形成的塑性铰向梁跨中部转移，可以将节点及连接予以适当加强。

图 14-21（a）所示为采用增加楔形盖板的方法将梁翼缘连接加强，盖板的直边长度不小于 100 mm，斜边的切割坡为 1/5～1/3，厚度不小于 6 mm。图 14-21（b）所示为采用加腋的方法将梁的下翼缘及连接加强，加腋宜配合悬臂梁段使用，焊接工作可在工厂内完成。

（3）当抗震设防烈度为 8 度（Ⅲ、Ⅳ类场地）和 9 度时，在距梁端一定位置处，将梁截面予以适当削弱，也可以在保证承载力的前提下使塑性铰自柱面向梁跨中部转移，避免脆性破坏。

目前，采用比较多的削弱方法为狗骨式，如图 14-22（a）所示，将梁翼缘两侧以月牙形切削，切削面应刨光，且上下翼缘应相同。切削深度 $c<b_f/4$（b_f 为梁翼缘宽度），切削后的梁翼缘截面面积不宜大于原截面面积的 90%，且应能承受按弹性设计的、多遇地震的组合内力。

研究资料表明，在腹板一定位置开洞（圆形、椭圆形或矩形），如图 14-22（b）所示，

也可以达到较好的效果，塑性铰一般发生在削弱截面时，具有良好的延性。

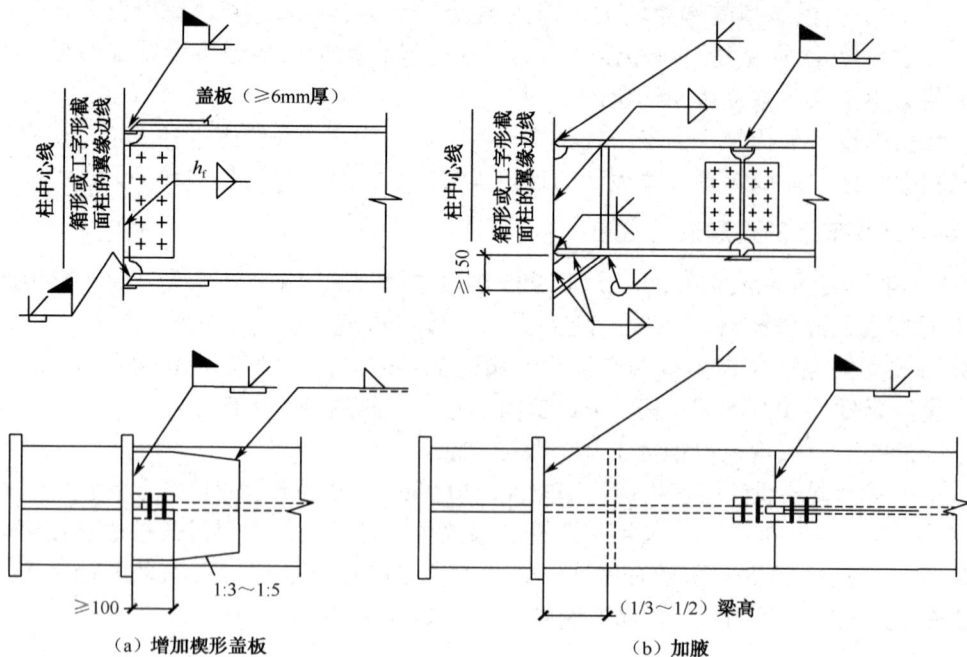

（a）增加楔形盖板　　　　　　　　　（b）加腋

图 14-21　梁端加强式梁柱刚性连接

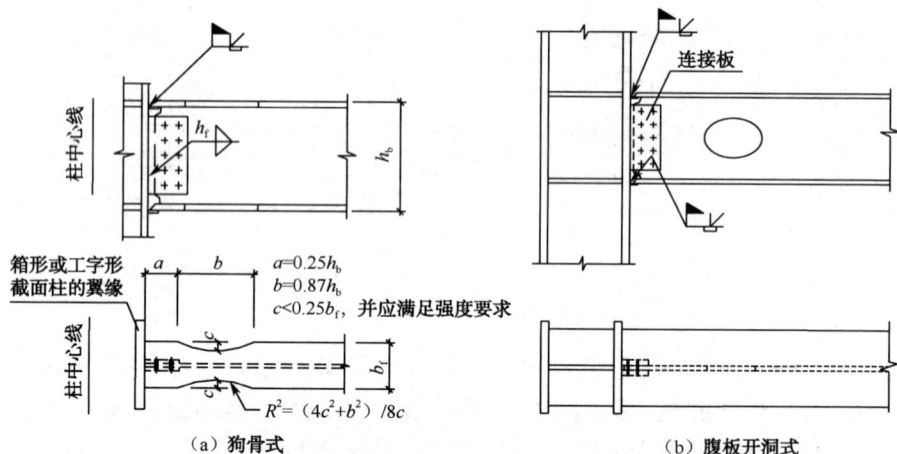

（a）狗骨式　　　　　　　　　　　　（b）腹板开洞式

图 14-22　梁端削弱式梁柱刚性连接

14.4.2　钢柱的连接

　　钢柱的连接（拼接）可以采用全螺栓拼接、栓-焊混合拼接和全焊接拼接，如图 14-23 所示。在非抗震设防结构中，当柱的弯矩较小且不产生拉力时，柱接头可以采用部分熔透焊缝的构造，否则，必须采用熔透对接焊缝或高强螺栓摩擦型连接，并按等强度设计。

　　柱的连接分工厂连接和工地连接两种。当采用工厂连接时，连接接头宜采用全焊接连接，且翼缘与腹板的接头应相互错开 500 mm 以上，以避免在同一截面有过多的焊缝；当采用工地连接时，柱长一般取 3 或 4 层为一根，接头宜位于框架梁顶面以上 1.0～1.3 m。如果

柱的板件较厚，则多采用全焊接连接，否则需要的螺栓太多。腹板可用高强螺栓连接，在接头处应安装耳板，耳板的厚度根据阵风和其他施工荷载确定，并且不得小于 10 mm，连接板的厚度是耳板厚度的 1.2～1.4 倍。

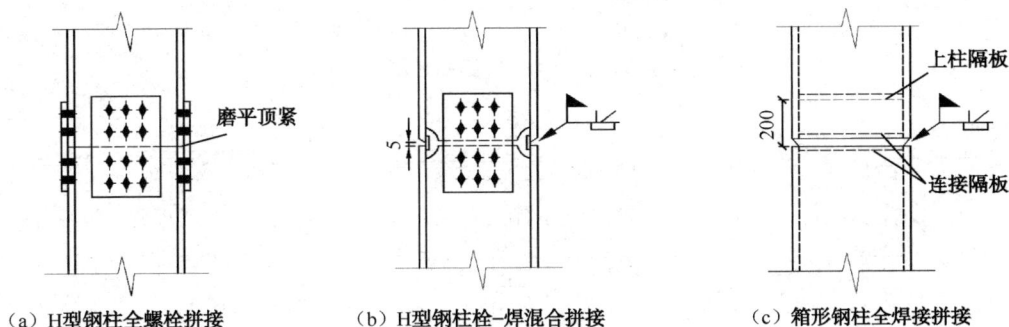

（a）H型钢柱全螺栓拼接　　　　　（b）H型钢柱栓–焊混合拼接　　　　　（c）箱形钢柱全焊接拼接

图 14-23　钢柱连接构造

当柱需要改变截面时，宜改变翼缘和腹板厚度或壁板厚度而保持截面的高度和宽度不变，变换位置可在梁柱连接节点附近［见图 14-24（a）和（b）］，采用全熔透焊缝；当柱需要改变截面高度时，边柱宜采用如图 14-24（c）所示的做法，中柱宜采用图 14-24（d）所示的做法。改变截面宜在工厂内完成。

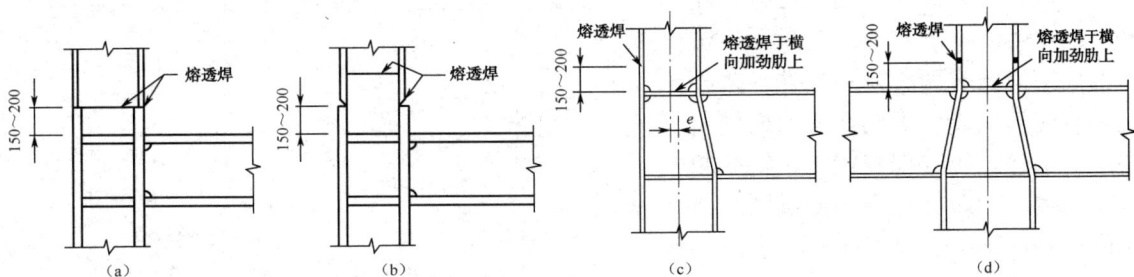

图 14-24　柱的变截面连接

14.4.3　钢梁的连接

钢梁的连接宜在工厂内完成，采用全焊接连接。梁在工地的连接主要用于柱带悬臂梁段的连接（见图 14-20），常采用以下两种连接方法：翼缘采用全熔透焊缝连接，腹板采用高强螺栓摩擦型连接；翼缘和腹板均采用高强螺栓摩擦型连接。

14.4.4　主、次梁的连接

为方便铺设楼板，多、高层钢结构的主、次梁连接宜采用平接连接，即主、次梁的上翼缘平齐或基本平齐。考虑到计算方便和施工快捷方面，主、次梁的连接一般采用铰接连接，如图 14-25 所示，次梁从侧面与主梁的加劲肋或在腹板上设置的角钢、支托相连接。当采用角钢连接时，角钢的截面规格不应小于 L100×80×6；当采用连接板连接时，连接板宜双面设置。

必要时，若结构中需要井式梁、带有悬挑的次梁，以及梁的跨度较大时，为了减小梁的挠度，主、次梁的连接也可采用刚性连接，如图 14-26 所示。

（a） （b） （c） （d）

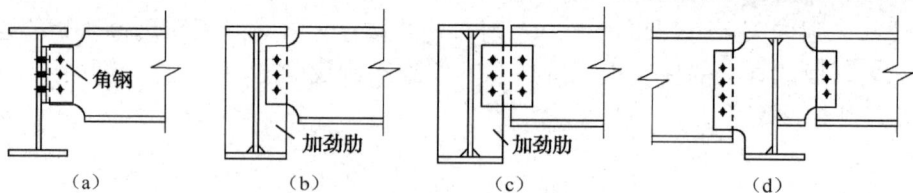

图 14-25 主、次梁的铰接

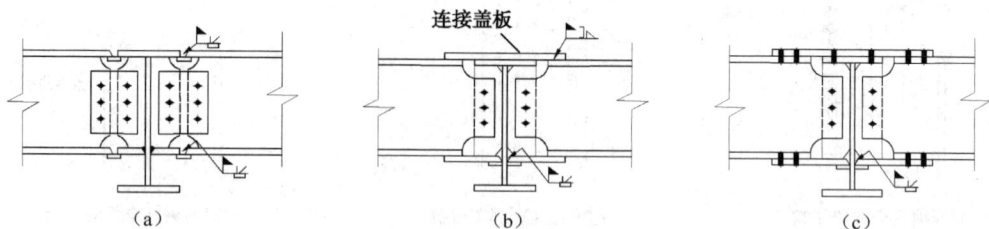

（a） （b） （c）

图 14-26 主、次梁的刚性连接

14.4.5 钢梁与混凝土构件的连接

在多、高层钢结构中，钢梁经常与混凝土构件（剪力墙、核心筒及混凝土梁、柱等）连接，这些连接一般采用铰接连接，如图 14-27 所示。常用的连接方法有两种：预埋件连接和型钢暗柱连接。考虑到混凝土构件需要现场制作，尺寸偏差较大，钢梁腹板及连接件的螺栓孔宜采用椭圆孔，椭圆孔中心到混凝土构件表面的距离 e 可取 90～100 mm。

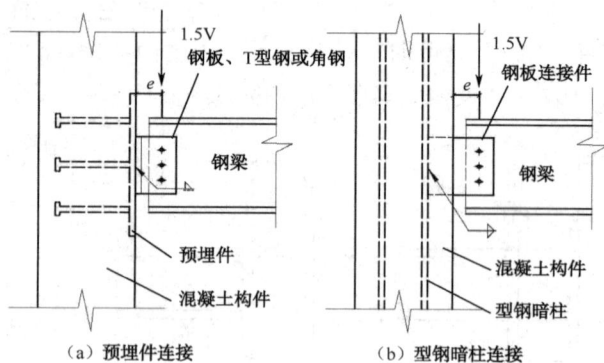

（a）预埋件连接 （b）型钢暗柱连接

图 14-27 钢梁与混凝土构件的连接

14.4.6 梁腹板开洞构造补强

当有管道穿过时，应对腹板开洞，根据管径形状与大小的不同构造补强措施，如图 14-28 所示。开洞时应避开最大受力部位，并合理设置。

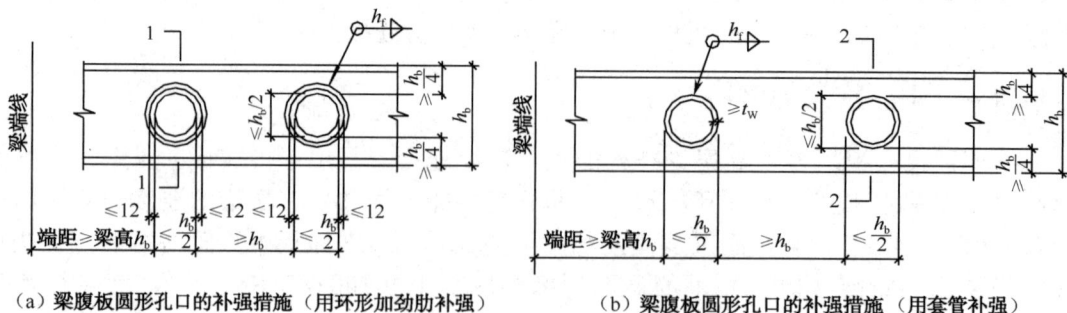

（a）梁腹板圆形孔口的补强措施（用环形加劲肋补强） （b）梁腹板圆形孔口的补强措施（用套管补强）

图 14-28 梁腹板开洞构造补强图

（c）梁腹板圆形孔口的补强措施（用环形板补强）

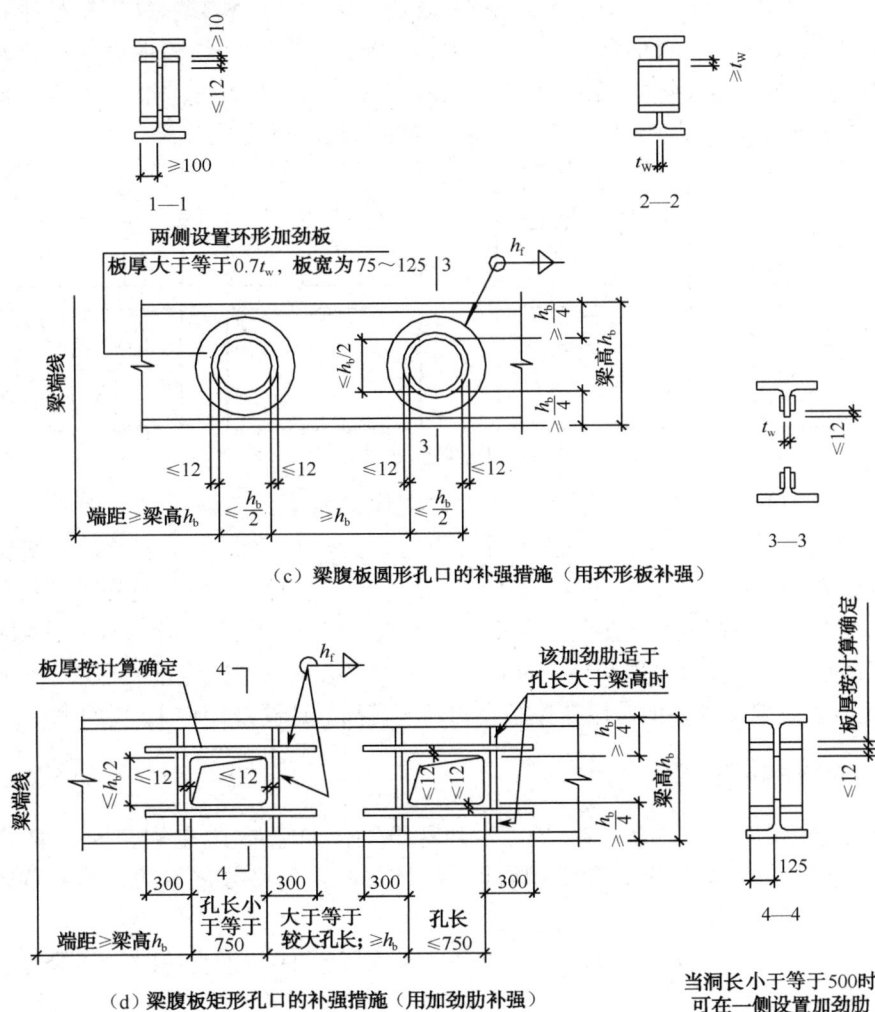

（d）梁腹板矩形孔口的补强措施（用加劲肋补强）

图 14-28　梁腹板开洞构造补强图（续）

14.5　多、高层钢结构支撑系统的连接

以框架为基本结构，在房屋纵、横向或其他主轴方向，根据侧力大小，布置一定数量的垂直支撑，框架和垂直支撑所组成的结构体系称为框架-支撑体系。由于框架-支撑体系平面布置灵活，设计、安装、制作方便，侧向刚度较大，因此适用的层数比纯框架体系要多。

14.5.1　支撑分类

支撑可分为中心支撑和偏心支撑，对不超过 12 层的钢结构一般采用中心支撑。当支撑斜杆的设计轴线通过框架梁与柱重心线交点时为中心支撑；否则，为偏心支撑。

14.5.2　支撑布置方式

考虑到门窗的布置，垂直支撑可采用 X 形、单斜杆形、人字形、V 字形、W 形、倒 W

形、门式等形式，如图 14-29 所示，还可采用偏心支撑。多层和高层纯钢框架结构的侧向刚度较小，为了增大多、高层钢框架的侧向刚度，抵抗水平风荷载和地震作用，减小层间错移，通常用 H 型钢、槽钢或角钢在墙体平面内布置垂直支撑体系。根据要求可沿纵、横向单向布置或双向布置，注意与建筑立面、门窗等的布置尽量避免冲突。

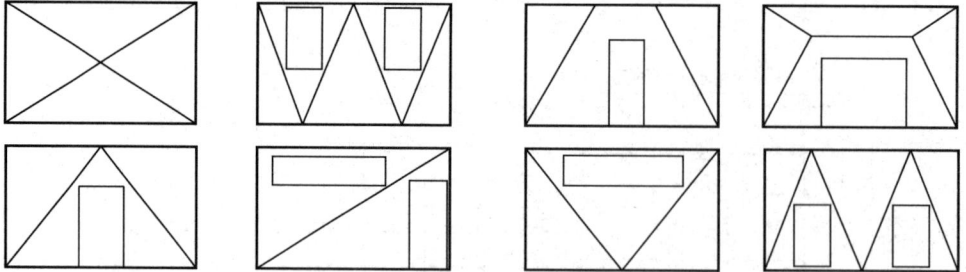

图 14-29　常用的垂直支撑形式

在不影响建筑功能的前提下，平面上的支撑应均匀布置。垂直支撑一般沿同一竖向柱距连续布置，以保证刚度的连续性。当考虑抗震时，为满足立面布置需要，可交错布置支撑。如果支撑桁架高宽比过大，为增大支撑桁架的宽度，也可将支撑布置在几个柱间。

偏心支撑的优点是：在较小或中等水平荷载的作用下有足够的刚度，而在严重超载（大地震等）时具有良好的延性和良好的吸能耗能性能（因为偏心支撑与梁连接处形成了偏心耗能梁段），是一种较好的抗剪支撑，但常用在抗震设防烈度较高的地区及超过 12 层的钢结构中。

14.5.3　支撑构造要求

支撑的截面宜选用抗拉、抗压均好的双轴对称型钢，如轧制 H 型钢、焊接 H 型钢等，也可采用单轴对称型钢，如槽钢、角钢组合的 T 型钢等，但必须采取防止绕对称轴屈曲的构造措施。

当优选轧制 H 型钢，在 8、9 度抗震设防烈度采用焊接 H 型钢支撑时，翼缘与腹板的连接宜采用全熔透连续焊缝。

中心支撑宜优选十字交叉（X 形）支撑，并布置在荷载较大的柱间，也可以选用单斜杆形或人字形支撑。当采用单斜杆形支撑时，应在相对应的柱间成对反向布置，并应控制截面面积相差不得超过 10%。

在柱-支撑体系中，支撑构件、梁与柱之间可均为铰接，构造简单，但侧向刚度基本由支撑体系来承担，故支撑杆件截面大。当设置支撑时，应充分考虑经济性及安全性。

在抗震及非抗震设防地区，中心支撑及偏心支撑杆件的长细比和宽厚比应符合规范规定。

14.5.4　支撑连接

垂直支撑一般以梁、柱重心线的交点来确定几何图形，如图 14-30（a）所示。当梁为组合梁且截面高度较大时，这种方法会在节点构造上引起很大的不便，可采用图 14-30（b）所示的方法，使支撑交会于梁上下翼缘的延长线，并与柱重心线的相交点来确定几何图形。后者在计算节点域的抗剪能力时，应计入支撑水平分力引起弯矩的影响，在计算梁、柱端部强度时，也应将此弯矩按相交于节点构件的线刚度进行分配后计入。

为有效传递荷载和避免偏心，垂直支撑应设置在柱截面有较大刚度的平面内，并使合力

位于柱截面的重心线内。

当 H 形截面柱在强轴方向设置支撑时，支撑应设置在腹板平面内［见图 14-31（a）］；在弱轴方向设置支撑时，当柱的截面高度小于或等于 600 mm 时，可将支撑设置在截面中心线上，但节点处必须设加劲肋［见图 14-31（b）］；当柱的截面高度大于 600 mm 时，宜将支撑分成两片设置在翼缘平面内［见图 14-31（c）］。对箱形截

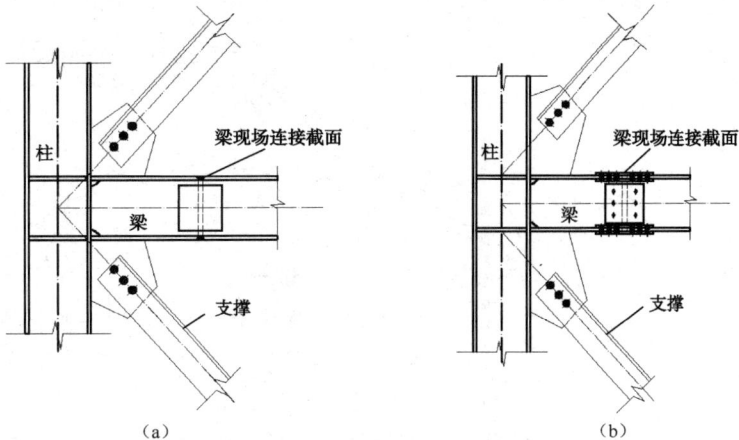

图 14-30　垂直支撑的节点构造

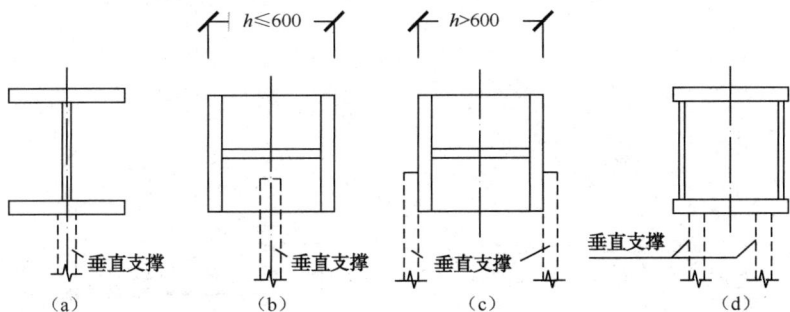

面柱，垂直支撑宜分成两片设置在两侧［见图 14-31（d）］。

图 14-31　垂直支撑在柱截面上的位置

单肢支撑节点板的自由边长度与板厚的比值不得超过规范限值，否则，自由边应设置加劲肋。

当采用工字钢作为支撑杆件，且强轴位于连接平面时，不得采用仅连接工字形截面腹板的构造，应同时连接翼缘和腹板，支撑仍按铰接计算。在支撑翼缘的对应处，被支撑构件应设置加劲肋。图 14-32 和图 14-33 所示为垂直支撑与梁柱的连接节点，支撑构件（槽钢、H 型钢及转换形式）与 H 型钢框架梁和柱弱轴、强轴的连接。图 14-34 所示为垂直支撑与箱形框架梁、柱的连接节点构造。图 14-35 所示为十字交叉垂直支撑的连接节点。图 14-36 所示为人字形垂直支撑与框架梁的连接节点。图 14-37 所示为 V 形支撑与横梁的连接构造。

图 14-32（a）所示为斜杆为双槽钢或双角钢组合截面与节点板的连接。H 型钢柱与工字形钢梁绕弱轴刚接后，在梁柱交界处用连接钢板连接斜向支撑杆的情况，适用于支撑受力较小时，故支撑杆可采用较小的截面组合形式，如双槽钢组合截面、双角钢组合截面等，后者只用于非抗震设防结构的受拉杆。图 14-32（b）所示为斜杆为 H 型钢与相同截面悬臂杆的连接。H 型钢柱与工字形钢梁绕弱轴刚接后，在梁柱交界处用连接牛腿连接斜向支撑杆的情况，适用于支撑受力较大时，支撑杆采用受力较好的双轴对称截面组合形式：H 型钢截面。连接牛腿截面与 H 型钢支撑杆截面相同，在与梁柱连接时做成刚接，并宜做圆弧过渡，且需要在连接牛腿翼缘板的对应位置设置梁柱内侧的横向加劲肋。在此连接中，支撑杆与连接牛腿的腹板均在梁柱平面内。图 14-32（c）所示为斜杆为 H 型钢与工字形悬臂

将组合角钢的第一列螺栓规线
置于斜杆的工作线上

斜杆工作线

1—1

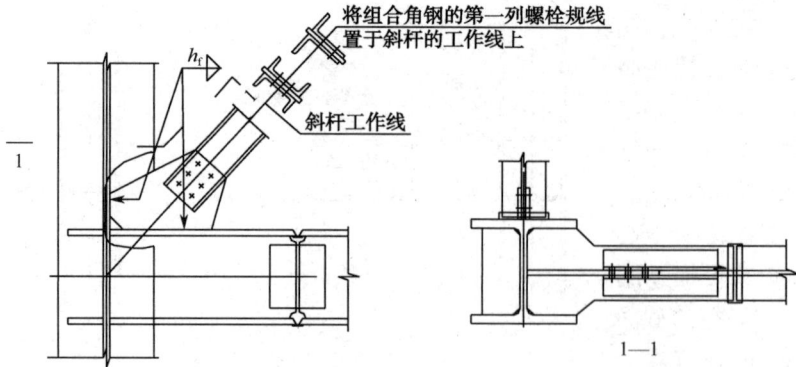

（a）斜杆为双槽钢或双角钢组合截面与节点板的连接（绕H型钢柱弱轴方向）
（组合角钢只宜用于非抗震设防结构中按受拉设计的斜杆）

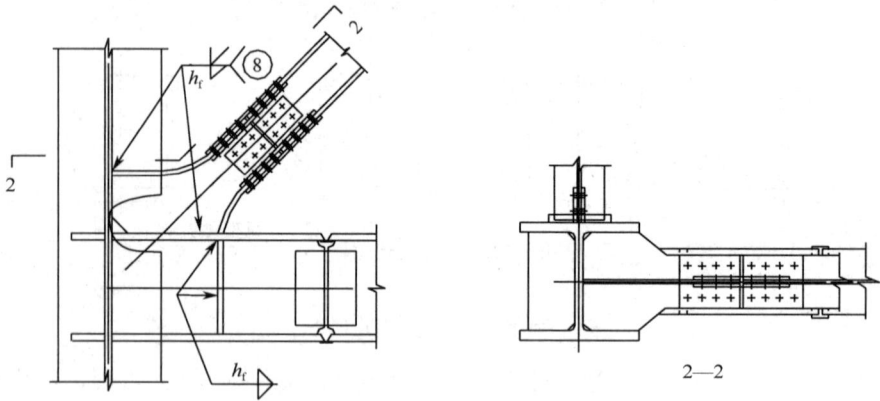

2—2

（b）斜杆为H型钢与相同截面悬臂杆的连接

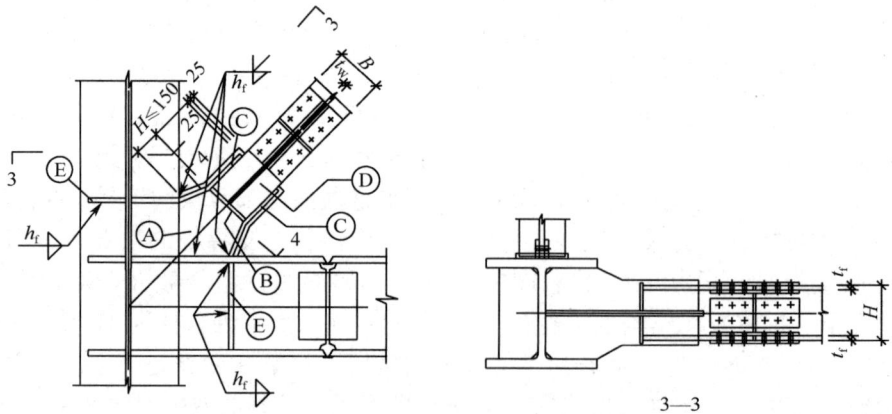

3—3

（c）斜杆为H型钢与工字形悬臂杆的转换连接
（板号 Ⓐ～Ⓒ 及 Ⓔ 板厚大于等于 t_f；零件号 Ⓓ 为H型钢，同斜杆截面）

图 14-32　垂直支撑与梁、柱的连接节点 1

杆的转换连接。H 型钢柱与工字形钢梁绕弱轴刚接后，在梁柱交界处用连接牛腿连接斜向支撑杆的情况，适用于当支撑受力较大时，支撑杆采用受力较好的双轴对称截面组合形式：H 型钢截面。在此连接中，支撑杆的腹板与梁柱平面成 90°角，为方便连接，连接牛腿与斜杆连接时采用了转换连接，转换后的牛腿截面与斜杆完全一致。

图 14-33（a）所示为斜杆为双槽钢或双角钢组合截面与节点板的连接。H 型钢柱与工字形钢梁绕强轴刚接后，在梁柱交界处用连接钢板连接斜向支撑杆的情况，适用于支撑受力较小时，故支撑杆采用较小的截面组合形式，如双槽钢组合截面、双角钢组合截面等，后者只用于非抗震设防结构的受拉杆。图 14-33（b）所示为斜杆为工字钢与工字形悬臂杆的连接。H 型钢柱与工字形钢梁绕强轴刚接后，在梁柱交界处用连接牛腿连接斜向支撑杆的情况，适用于支撑受力较大时，支撑杆采用受力较好的双轴对称截面组合形式：H 型钢截面。连接牛腿截面与 H 型钢支撑杆截面相同，在与梁柱连接时做成刚接，并宜做圆弧过渡，且需要在连接牛腿翼缘板的对应位置设置梁柱内侧的横向加劲肋。在此连接中，支撑杆与连接牛腿的腹板均在梁柱平面内。图 14-33（c）所示为斜杆为 H 型钢与工字形悬臂杆的转换连接。H 型钢柱与工字形钢梁绕强轴刚接后，在梁柱交界处用连接牛腿连接斜向支撑杆的情况，适用于支撑受力较大时，支撑杆采用受力较好的双轴对称截面组合形式：H 型钢截面。在此连接中，支撑杆的腹板与梁柱平面成 90°角，为方便连接，连接牛腿与斜杆连接时采用了转换连接，转换后的牛腿截面与斜杆完全一致。

图 14-34（a）所示为斜杆为双槽钢或双角钢组合截面与节点板的连接。箱形钢柱与工字形钢梁刚接后，在梁柱交界处用连接钢板连接斜向支撑杆的情况，适用于支撑受力较小时，故支撑杆采用较小的截面组合形式，如双槽钢组合截面、双角钢组合截面等，后者只用于非抗震设防结构的受拉杆。如图 14-34（b）所示为斜杆为工字钢与工字形悬臂杆的连接。箱形钢柱与工字形钢梁刚接后，在梁柱交界处用连接牛腿连接斜向支撑杆的情况，适用于支撑受力较大时，支撑杆采用受力较好的双轴对称截面组合形式：H 型钢截面（工字形截面），连接牛腿截面与 H 型钢支撑杆截面相同，在与梁柱连接时做成刚接，并宜做圆弧过渡，且需要在连接牛腿翼缘板对应位置设置梁柱内侧的内隔板及横向加劲肋。此连接中，支撑杆与连接牛腿的腹板均在梁柱平面内。如图 14-34（c）所示为斜杆为 H 型钢与工字形悬臂杆的转换连接。箱形钢柱与工字形钢梁绕强轴刚接后，在梁柱交界处用连接牛腿连接斜向支撑杆的情况，适用于当支撑受力较大时，支撑杆采用受力较好的双轴对称截面组合形式：H 型钢截面。此连接中，支撑杆的腹板与梁柱平面成 90°角，为方便连接，连接牛腿与斜杆连接时采用了转换连接，转换后的牛腿截面与斜杆完全一致。

图 14-35（a）所示为支撑斜杆为双槽钢组合截面与单节点板的连接，采用在连接钢板上焊接通长的一根杆，将另一根断开的杆用螺栓等连接方式与连接钢板连接，以保证受力的连续性。图 14-35（b）所示为支撑斜杆为 H 型钢与相同截面伸臂杆的连接 1，采用一根杆通长、另一根杆断开并用连接牛腿连接，对应的翼缘部位在通长杆内部加焊与翼缘同向的加劲肋，以保证传力及防止局部变形失稳。图 14-35（c）所示为支撑斜杆为 H 型钢与双节点板的连接，采用一根杆通长、另一根杆断开并用连接双钢板连接，将通长杆焊接到连接板上，支撑杆腹板与支撑平面成 90°。图 14-35（d）所示为支撑斜杆为 H 型钢与相同截面伸臂杆的连接 2，采用一根杆通长、另一根杆断开并用连接牛腿连接，支撑杆腹板与支撑平面成 90°。

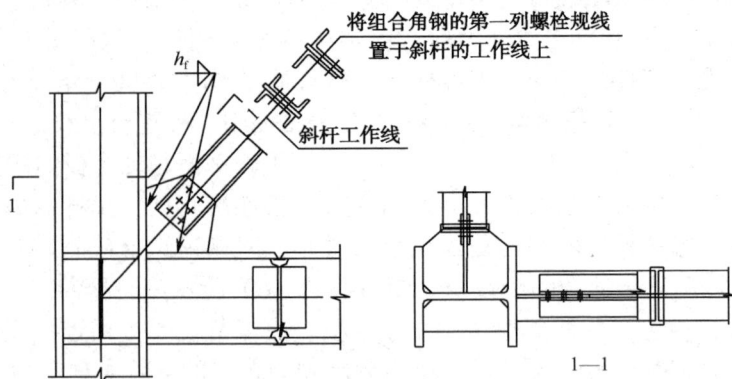

（a）斜杆为双槽钢或双角钢组合截面与节点板的连接（绕H型钢柱强轴方向）
（组合角钢只宜用于非抗震设防结构中按受拉设计的斜杆）

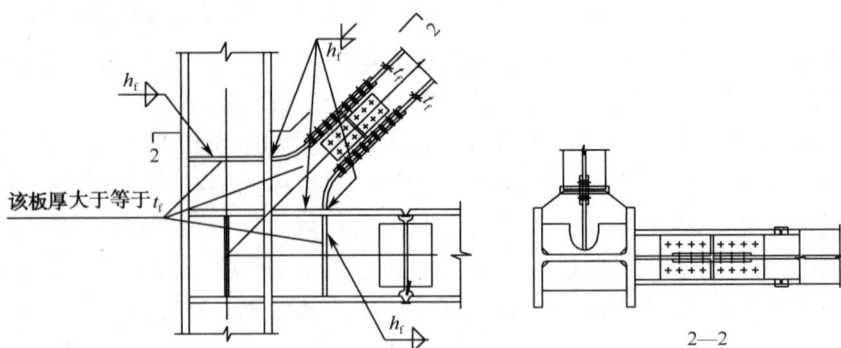

1—1

（b）斜杆为工字钢与工字形悬臂杆的连接
（斜杆中的圆弧半径不得小于200）

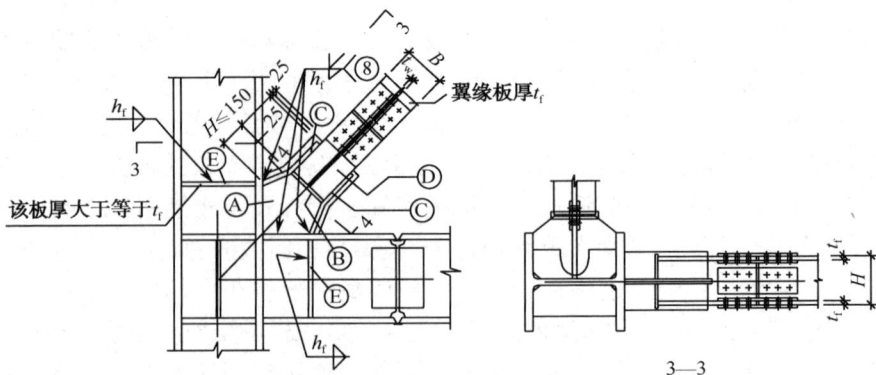

2—2

（c）斜杆为H型钢与工字形悬臂杆的转换连接
（板号Ⓐ～Ⓒ及Ⓔ板厚≥t_f；零件号Ⓓ为H型钢，同斜杆截面）

图14-33　垂直支撑与梁、柱的连接节点2

将组合角钢的第一列螺栓规线
置于斜杆的工作线上

斜杆工作线

1—1

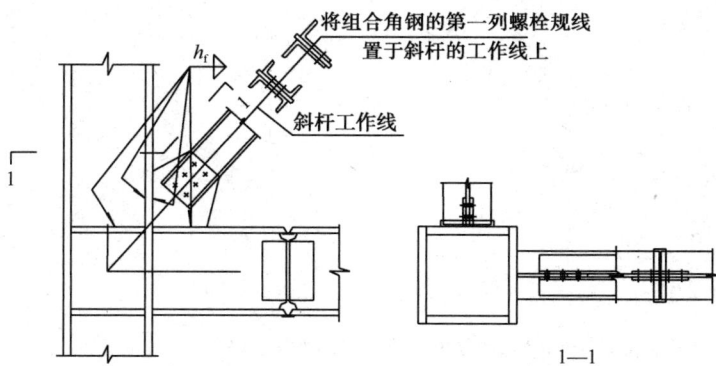

(a)斜杆为双槽钢或双角钢组合截面与节点板的连接
(组合角钢只宜用于非抗震设防结构中按受拉设计的斜杆)

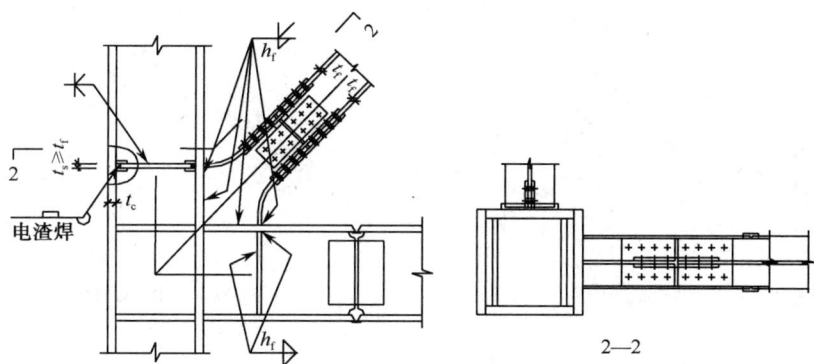

电渣焊

2—2

(b)斜杆为工字钢与工字形悬臂杆的连接
(斜杆中的圆弧半径不得小于200)

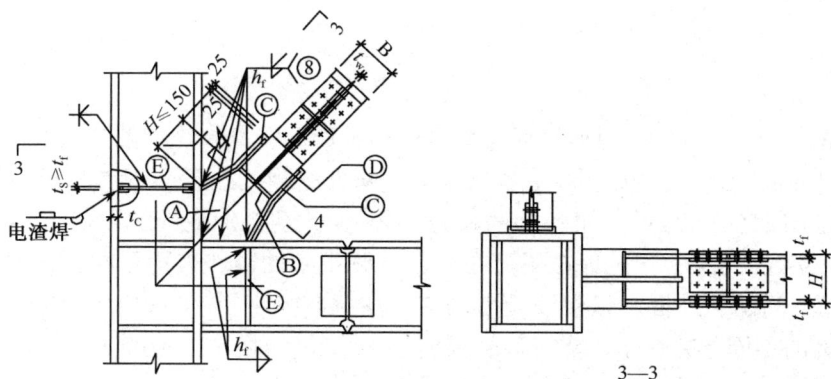

电渣焊

3—3

(c)斜杆为H型钢与工字形悬臂杆的转换连接
(板号 Ⓐ~Ⓒ 及 Ⓔ 板厚 $\geqslant t_f$;零件号 Ⓓ 为H型钢,同斜杆截面)

图 14-34 垂直支撑与箱形框架梁、柱连接节点

（a）支撑斜杆为双槽钢组合截面与单节点板的连接

（b）支撑斜杆为H型钢与相同截面伸臂杆的连接1

（c）支撑斜杆为H型钢与双节点板的连接

（d）支撑斜杆为H型钢与相同截面伸臂杆的连接2

1—1　　　　2—2

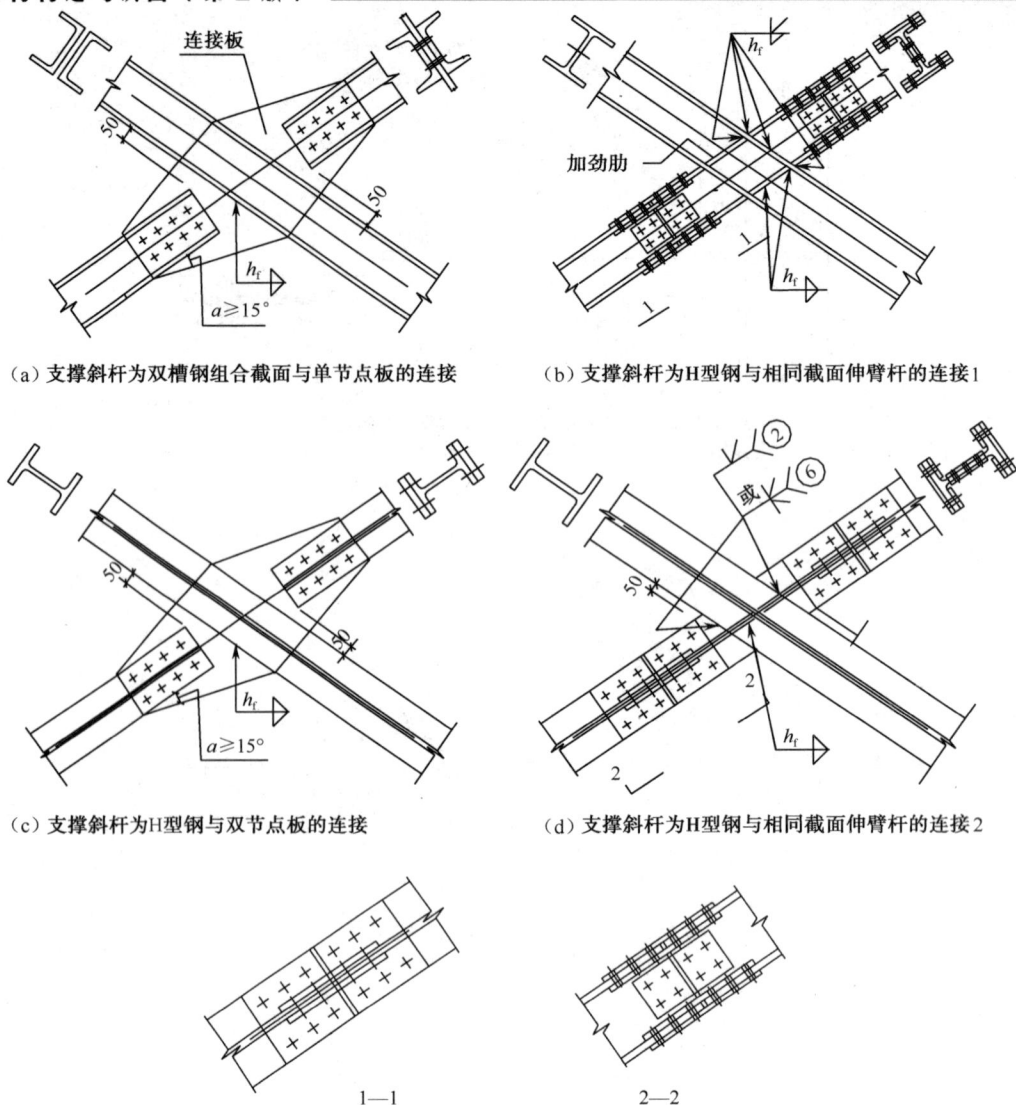

图14-35　十字交叉垂直支撑的连接节点

　　图14-36（a）所示为H型钢斜杆与横梁通过悬臂牛腿直接连接的节点，牛腿与钢梁先刚接，再与斜杆用全螺栓连接，并在对应悬臂牛腿翼缘板的位置，设置横梁内部的横向加劲肋，以防止局部变形失稳，加劲肋的板厚应不小于连接牛腿的翼缘板厚度。图14-36（b）与图14-36（a）的不同之处在于，在悬臂牛腿根部的内侧采用了圆弧过渡，并设置了左右悬臂牛腿之间的加劲板，以保证受力均匀，注意圆弧半径不宜过小。图14-36（c）与图14-36（b）的不同之处在于，支撑斜杆采用了H型钢转换90°的连接方式，故此悬臂牛腿在梁底连接伸出后，做成了转换连接形式与斜杆进行连接，要结合剖面大样图仔细看懂构造组成。

　　图14-37（a）所示为当支撑连接板中间自由部分宽厚比过大时，需要增加连接板中部的加劲肋，以减小宽厚比，保证稳定性。图14-37（b）所示为V形支撑与梁的连接，对应部位要设置梁的横向加劲肋。

（a）斜杆为H型钢在横梁伸臂上的连接1

（b）斜杆为H型钢在横梁伸臂上的连接2
（斜杆中的圆弧半径不得小于200）

（c）斜杆为H型钢与工字形悬臂杆的转换连接
（板号Ⓐ~Ⓒ及Ⓔ板厚大于等于t_f;
零件号Ⓓ为H型钢，同斜杆截面）

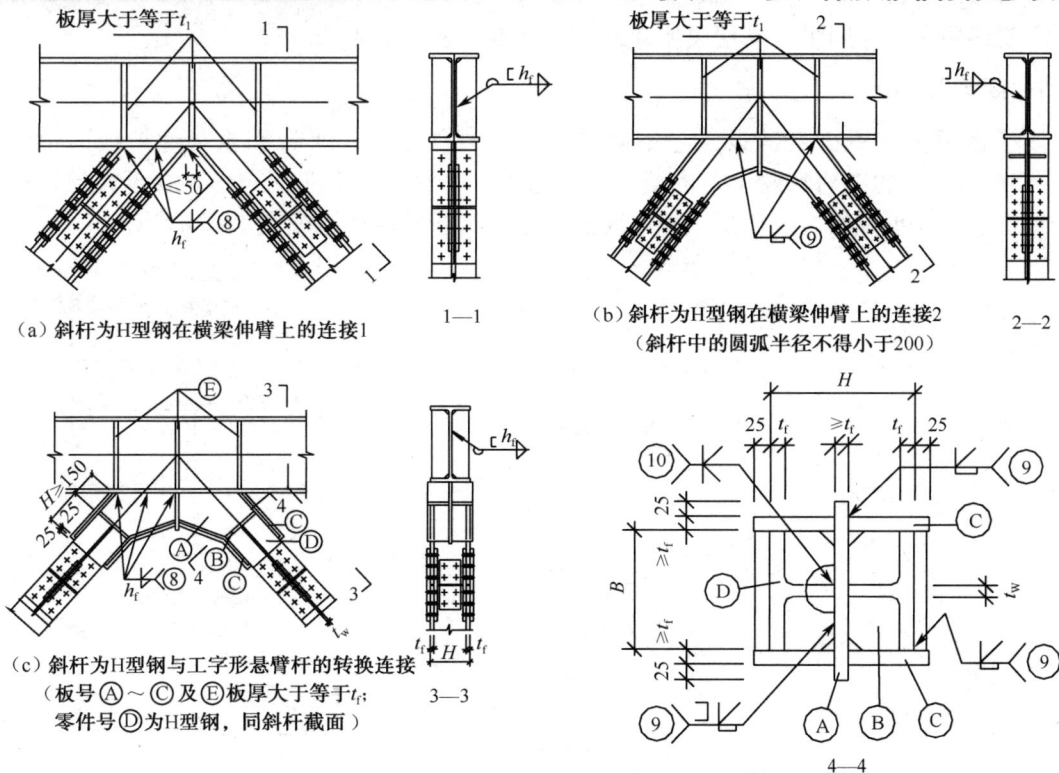

图14-36 人字形垂直支撑与框架梁的连接节点

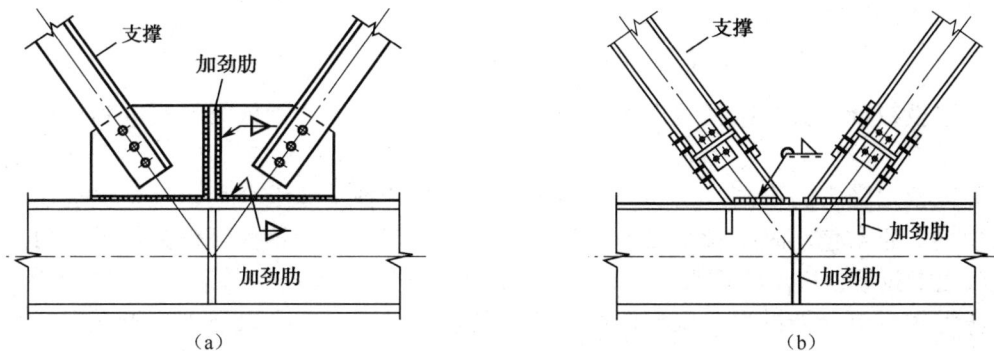

（a）　　　　　　　　　（b）

图14-37 V形支撑与横梁的连接构造

14.6 多、高层钢结构的楼板

多、高层钢结构常用的楼板形式包括压型钢板与现浇混凝土组合楼板、叠合式楼板、钢梁与现浇混凝土组合楼板。

14.6.1 压型钢板与现浇混凝土组合楼板

压型钢板与现浇混凝土组合楼板简称压型钢板组合楼板，主要由面层、组合板和钢梁3个部分组成。该楼板整体性、耐久性好，并可利用压型钢板的肋间空隙敷设室内电力管

线，主要适用于大空间多、高层民用建筑和大跨度工业厂房。

1．组成与构造

该楼板要先在钢梁上铺设压型钢板（钢承板）作为工作平台和永久性模板，再浇筑 100～150 mm 厚的钢筋混凝土，混凝土、压型钢板与钢梁之间采用抗剪连接件连接，构成一个楼层的整体承重结构。压型钢板与现浇混凝土组合楼板构造如图 14-38 所示。

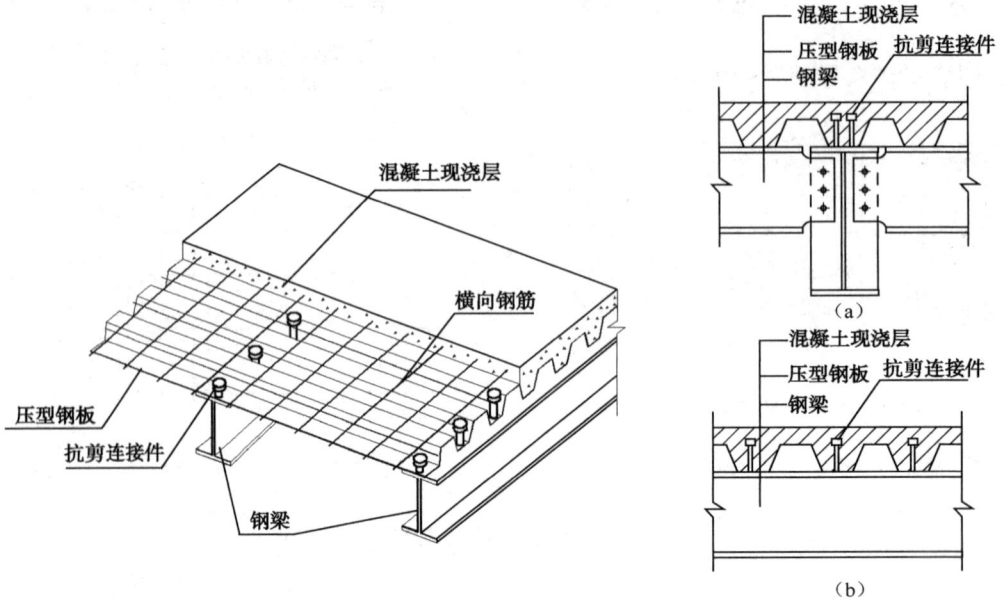

图 14-38　压型钢板与现浇混凝土组合楼板构造

压型钢板组合楼板按压型钢板形式的不同，分为单层压型钢板组合楼板和双层压型钢板组合楼板两种。

压型钢板按受力的不同，主要分为两种形式：第一种是非组合型，压型钢板仅作为永久模板使用，正常使用时不参与受力；第二种是组合型，压型钢板既作为模板使用，又作为楼板底面受拉筋使用，即正常使用时，压型钢板可作为结构的组成部分，参与受力。

在压型钢板组合楼板中，压型钢板应符合防锈要求，绝大多数压型钢板采用的是镀铝锌光板，镀锌层质量两面计 275 g/m²，基板厚度为 0.5～2.0 mm。当采用第一种压型钢板时，厚度不应小于 0.5 mm；当采用第二种压型钢板时，厚度不应小于 0.75 mm。浇筑混凝土的波槽平均宽度不应小于 50 mm。当在槽内设置栓钉时，压型钢板的总高度不应大于 80 mm。为了使压型钢板组合楼板中的压型钢板能够传递钢板与混凝土叠合面上的纵向剪力，通常采取如下方法。

（1）在压型钢板上翼缘焊有剪力钢筋。

（2）依靠压型钢板的纵向波槽，混凝土在压型钢板槽内形成楔状混凝土块，为叠合面提供有效的抗剪能力。

（3）采用带压痕、加劲肋、冲孔的压型钢板。其中，压痕、加劲肋、冲孔为叠合面提供了有效的抗剪能力。

（4）在任何情况下，均应设置端部锚固件，如栓钉等。

（5）压型钢板组合楼板与钢梁（组合梁）之间的连接要使用剪力连接件，如栓钉、槽钢及弯筋等。

对于压型钢板组合楼板的设计、施工，详细做法可按《钢-混凝土组合楼盖结构设计与施工规程》（YBJ 238—1992）和《钢-混凝土组合结构施工规范》（GB 50901—2013）执行。

2. 压型钢板组合楼板的其他构造要求

（1）主、次梁宜采用 H 形或工字形焊接或热轧实腹型钢，腹板可制成蜂窝形。

（2）主梁与次梁的连接一般为简支等高连接，有时也做成不等高连接。例如，采用压型钢板组合楼板时，为便于铺设压型钢板，主、次梁顶面压型钢板要相差一定的厚度（见图 14-39），这种连接可以增大建筑的净层高。

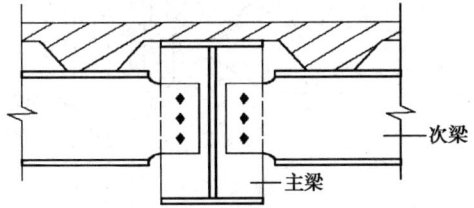

图 14-39 主、次梁不等高连接

（3）在设计时，要考虑钢梁和楼板的组合作用，可显著提高梁的承载力和整体稳定性，并有效降低梁高。因此，楼面的主、次梁宜和楼面板紧密联系，以形成钢-混凝土组合梁。

（4）栓钉的设置要求如下。

① 栓钉的设置位置应在组合楼板的端部、简支板端部及连续板的各跨端部。栓钉应设置在压型钢板凹肋处，并应穿透压型钢板，将栓钉和压型钢板均焊于钢梁的翼缘上。

② 栓钉顶面的混凝土保护层厚度应大于等于 15 mm，栓钉的焊后高度应大于压型钢板总高度加 30 mm。压型钢板在钢梁上的支撑长度应大于等于 50 mm。压型钢板的厚度要求前面已提过。

（5）压型钢板组合楼板的混凝土配筋要求如下。

① 设置抗拉钢筋为压型钢板组合楼板提供储备承载力。

② 负弯矩区要配置连续钢筋。

③ 集中荷载区段和孔洞周围要配置分布钢筋。

④ 要改善防火效果，需配置受拉钢筋。

⑤ 应设置一定数量的板面抗裂钢筋。

（6）压型钢板组合楼板的总厚度不应小于 90 mm，压型钢板顶面以上的混凝土厚度不应小于 50 mm，且应符合楼板防火保护层的厚度要求，以及电气管线等的铺设要求。

3. 压型钢板组合楼板的节点构造图

图 14-40 和图 14-41 所示为压型钢板组合楼板的节点构造图。另外，还有一种钢筋桁架组合楼板，设计与施工要求见《组合楼板设计与施工规范》（CECS273—2010）。

14.6.2 叠合式楼板

叠合式楼板是由预制混凝土薄板与后浇混凝土两个部分组成的，即首先在工厂预制厚度为 50～60 mm 的预制混凝土薄板，高跨比不小于 1/100，在施工现场，这种预制混凝土薄板可作为楼板现浇部分的底模；然后在支好的预制混凝土薄板上绑扎楼板钢筋，浇筑混凝土，叠合部分的混凝土厚度为 80～120 mm，与预制混凝土薄板形成一个整体，共同工作。

（a）柱与梁交接处的压型钢板支托

（b）一般楼面降低标高做法

（c）一般楼面降低标高做法

（d）楼板与剪力墙连接

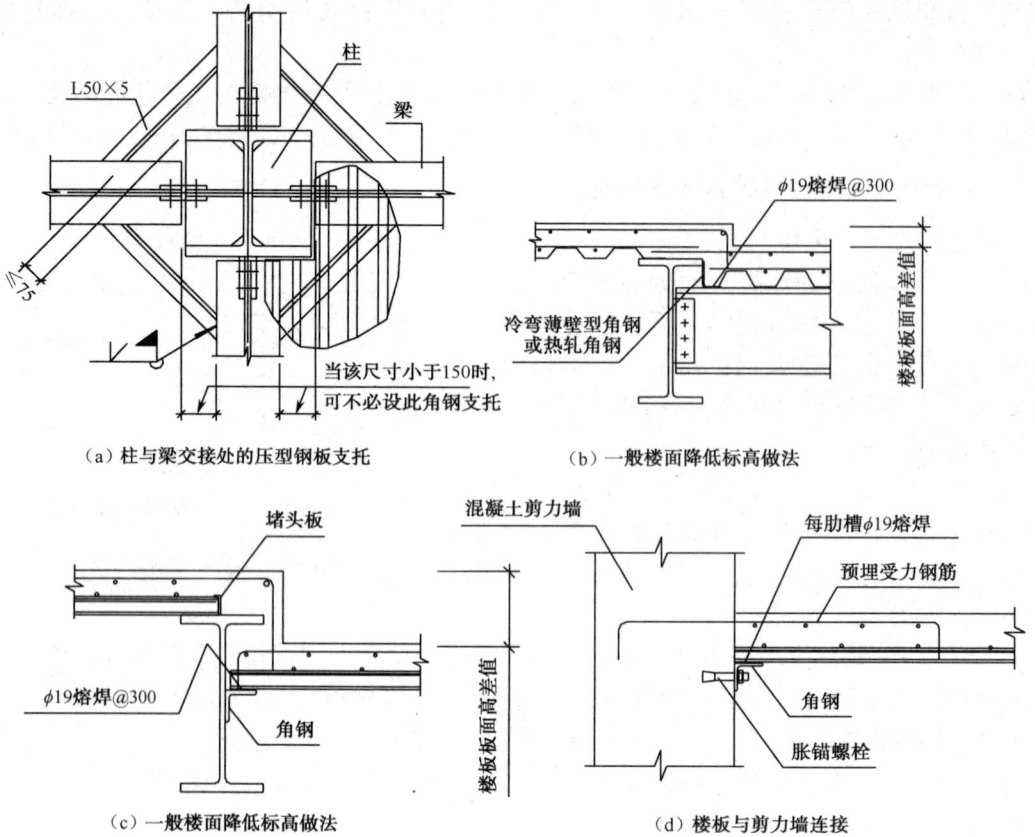

图 14-40　压型钢板组合楼板的节点构造图 1

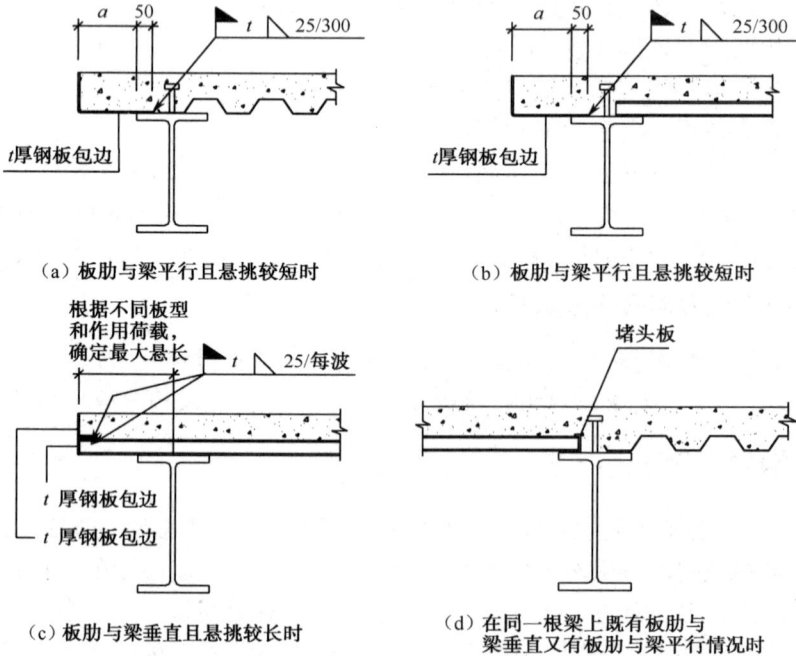

（a）板肋与梁平行且悬挑较短时

（b）板肋与梁平行且悬挑较短时

（c）板肋与梁垂直且悬挑较长时

（d）在同一根梁上既有板肋与梁垂直又有板肋与梁平行情况时

图 14-41　压型钢板组合楼板的节点构造图 2

在预制混凝土薄板上现浇的混凝土叠合层中可以按设计需要埋设电源等管线，在现浇的混凝土叠合层内只需要配置少量的支座负弯矩钢筋。预制混凝土薄板的板底要平整，作为顶棚可直接喷刷涂料或粘贴壁纸。叠合式楼板的板跨一般为 4～6 m，最大可达 9 m。现浇的混凝土叠合层可采用细石混凝土浇筑，厚度一般为 70～120 mm。叠合式楼板的总厚度取决于楼板的跨度，一般为 150～300 mm。楼板的厚度以大于或等于预制混凝土薄板厚度的两倍为宜。

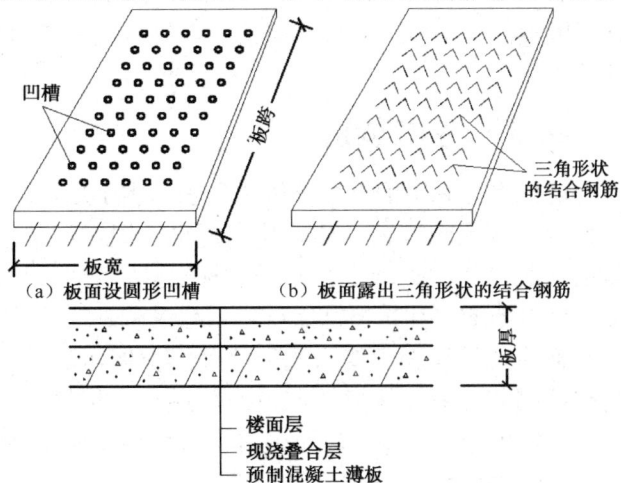

(a) 板面设圆形凹槽　　　　(b) 板面露出三角形状的结合钢筋

图 14-42　叠合式楼板

为便于现浇的混凝土叠合层与预制混凝土薄板有较好的连接，预制混凝土薄板的上表面一般要加工排列有序的，直径为 50 mm、深为 20 mm 的圆形凹槽，或者在预制混凝土薄板面上露出较规则的三角形状的结合钢筋。叠合式楼板如图 14-42 所示。

14.6.3　钢梁与现浇钢筋混凝土组合楼板

钢梁与现浇钢筋混凝土组合楼板是采用钢梁及抗剪连接件与上部钢筋混凝土楼板组合共同受力的楼板结构。在钢梁与现浇钢筋混凝土组合楼板结构中，钢-混凝土组合梁结构除能充分发挥钢材和混凝土两种材料的受力特点外，与非组合梁结构比较，具有下列一系列的优点。节点构造详见《钢与混凝土组合楼（屋）盖结构构造》（05SG522）国标图集。

（1）节约钢材。以某工程冶炼车间为例，该车间平台的标高为 16.9 m，原设计是先在钢梁上浇筑混凝土板，混凝土板不与钢梁共同工作，后在施工现场将其修改成混凝土板与钢梁共同工作的组合梁，可节约 17%～25% 的钢材。

（2）降低梁高。钢-混凝土组合梁结构较非组合梁结构不仅能节约钢材、降低造价，同时能降低梁的高度。在建筑或工艺限制梁高的情况下，采用钢-混凝土组合梁结构特别有利。

（3）增大梁的刚度。在一般的民用建筑中，钢梁截面往往由刚度控制，而钢-混凝土组合梁由于钢梁与混凝土板共同工作，增大了梁的刚度。

（4）增大梁的承载力。

（5）增强抗冲击能力。

（6）抗震性能好，抗疲劳强度高。

（7）局部受压稳定性能良好。

（8）使用寿命长。

14.7　多、高层钢结构的墙体

多、高层钢结构墙体的布置非常关键，因为墙体占总建筑面积的比例很大，并且合理地选择墙体材料和构造对于缩短施工工期、提高标准化、保证质量（防水、隔声、保温、隔热、隔气、防火等）和提高经济、美观性能都有直接的益处，因此，要具体地介绍一下墙体构造。

14.7.1 外墙构造

现代多、高层钢结构外墙的面积相当于总建筑面积的 30%～40%，施工量大，且由于高空作业，因此难度大，建筑速度缓慢。同时，出于对美观、耐久性和减轻建筑物自重等因素的考虑，外围护墙已开始采取标准化、定型化、预制装配、多种材料复合等构造方式，多采用轻质薄壁和高档饰面材料。幕墙就是这样的一种类型。

幕墙是悬挂于骨架结构上的外围护墙，除承受风荷载外，不承受其他外来荷载，并通过连接固定体系将自重和风荷载传递给骨架结构，同时控制着光线、空气、热量等的内外交流。幕墙按材料分为轻质混凝土悬挂墙、玻璃幕墙、金属幕墙、石板材幕墙等。

1. 轻质混凝土悬挂墙

目前，国内的装配式轻质混凝土悬挂墙可分为两大类：一类为基本由单一材料制成的墙板，如高性能 NALC 板，即配筋加气混凝土条板，该板具有较良好的承载、保温、防水、耐火、易加工等综合性能；另一类为复合夹芯墙板，该墙板内外侧为强度较高的板材，中间设置聚苯乙烯或矿棉等芯材，种类较多，如天津大学等院校研制的 CS 板，即由两片钢丝网，中间夹 60～80 mm 的聚苯乙烯板组成，并配置了斜插焊接钢丝，形成主体骨架，最后，在两侧面浇筑细石混凝土，使保温、隔热、防渗、强度和刚度等均能达到规范要求。

外墙板的连接构造如下。

（1）外墙板与钢梁的连接构造如图 14-43 所示。

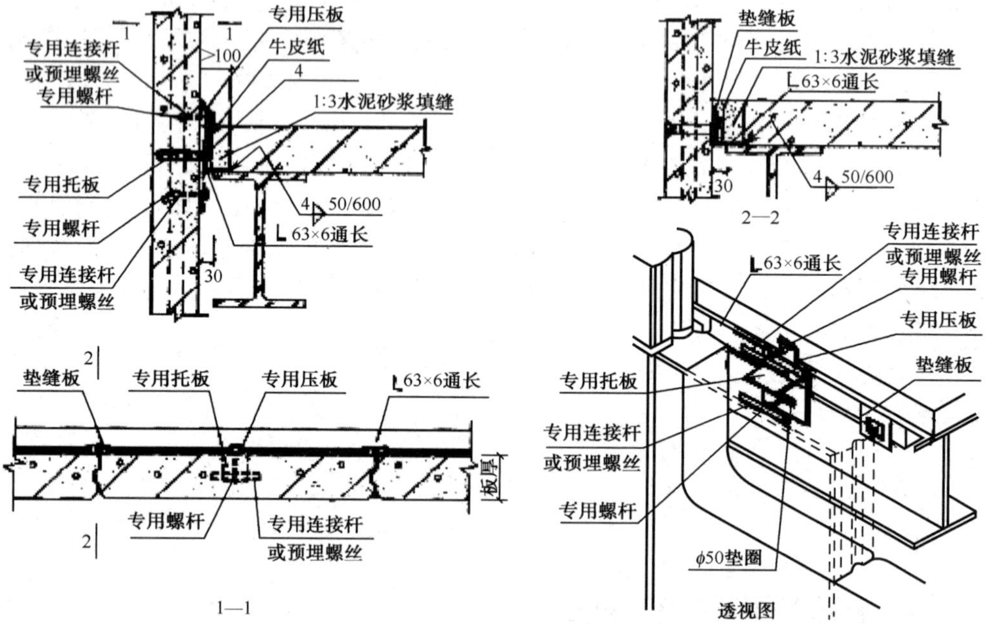

图 14-43　外墙板与钢梁的连接构造

（2）外墙板阳角处与钢框架梁的连接构造如图 14-44 所示。

（3）外墙板缝的构造如图 14-45 所示。

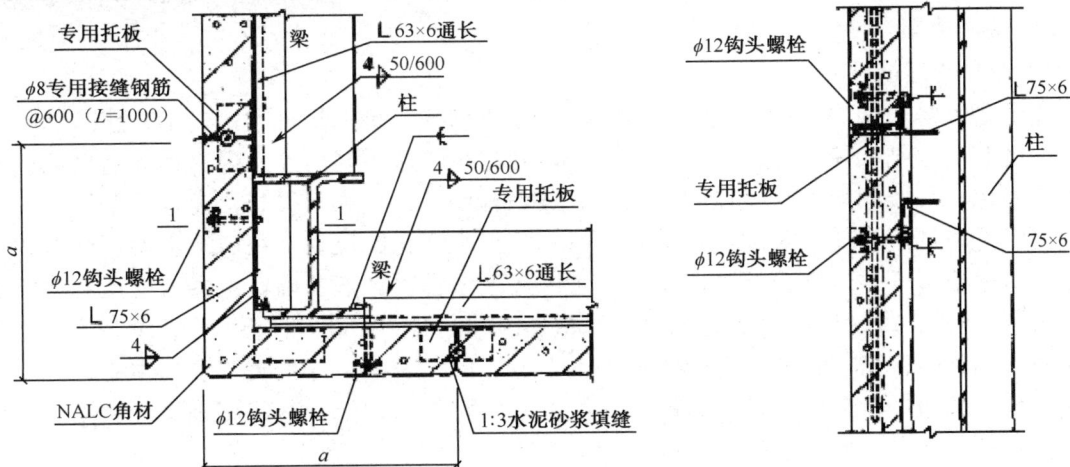

图 14-44 外墙板阳角处与钢框架梁的连接构造

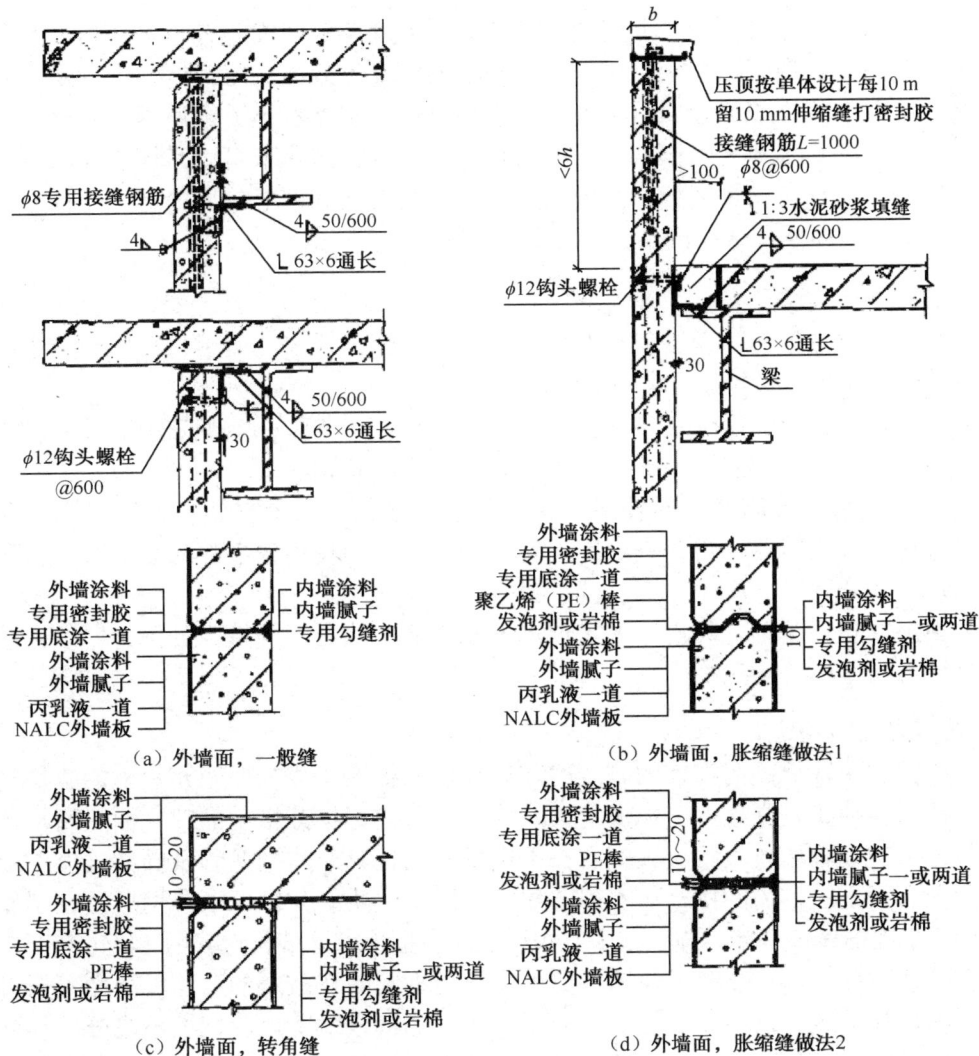

（a）外墙面，一般缝

（b）外墙面，胀缩缝做法 1

（c）外墙面，转角缝

（d）外墙面，胀缩缝做法 2

图 14-45 外墙板缝的构造

2. 玻璃幕墙

1）玻璃幕墙的特点

玻璃幕墙是当代的一种新型墙体，它赋予建筑的最大特点是将建筑美学、建筑功能、建筑节能和建筑结构等因素有机地结合起来，使建筑物从不同角度呈现出不同的色调，随阳光、月色、灯照的变化给人以动态的美。玻璃幕墙不仅装饰效果好，而且质量轻、安装速度快，是外墙轻型化、装配化较理想的形式。但由于光的反射，在建筑密集区会造成光污染，带来诸多不便，在设计时，应充分考虑环境条件。玻璃幕墙在世界上有近百年的历史，从 20 世纪 70 年代开始，随着多、高层建筑的发展，在世界主要城市相继建起了宏伟华丽的玻璃幕墙建筑。例如，迪拜哈利法塔（世界第一高楼）、纽约世界贸易中心、芝加哥石油大厦、芝加哥西尔斯大厦、上海中心大厦（世界第三高楼）、香港中国银行大厦、北京长城饭店和上海联谊大厦等都采用了玻璃幕墙。

2）玻璃幕墙的类型

玻璃幕墙按构造方式分为有框玻璃幕墙和无框玻璃幕墙两类。有框玻璃幕墙又分为明框玻璃幕墙和隐框玻璃幕墙两种。明框玻璃幕墙的金属框暴露在室外，形成外观上可见的金属格构；隐框玻璃幕墙的金属框隐蔽在玻璃的背面，室外看不见金属框。隐框玻璃幕墙又分为全隐框玻璃幕墙和半隐框玻璃幕墙两种。半隐框玻璃幕墙可以是横明竖隐，也可以是竖明横隐的。无框玻璃幕墙分为无框全玻璃幕墙和挂架式玻璃幕墙两种。无框全玻璃幕墙可不设边框，以高强黏结胶将玻璃连接成整片墙。

3）玻璃幕墙的材料

玻璃幕墙主要由玻璃和固定玻璃的骨架系统两个部分组成，所用材料概括起来，基本上有幕墙玻璃、骨架材料和填缝材料 3 种。

（1）幕墙玻璃：玻璃幕墙的饰面玻璃主要分为热反射玻璃（镜面玻璃）、吸热玻璃（染色玻璃）、双层中空玻璃及夹层玻璃、夹丝玻璃、钢化玻璃等。

（2）骨架材料：玻璃幕墙的骨架主要由构成骨架的各种型材及连接固定用的各种连接、紧固件组成。型材可采用角钢、方钢管、槽钢等，但使用最多的还是经特殊挤压成型的各种铝合金幕墙型材。

（3）填缝材料：填缝材料用于幕墙玻璃装配及块与块之间的缝隙处理，一般由填充材料、密封材料与防水材料组成。

4）玻璃幕墙的构造

（1）明框玻璃幕墙：明框玻璃幕墙的玻璃镶嵌在框内，成为四边有铝框的幕墙构件。幕墙构件镶嵌在横梁及立柱上，形成了梁、柱均外露，铝框分格明显的立面。明框玻璃幕墙是最传统的玻璃幕墙之一，最大特点在于横梁和立柱具有作为龙骨及固定玻璃的双重作用。横梁上有固定玻璃的凹槽，而不用其他配件固定。明框玻璃幕墙应用广泛、工作性能可靠，相对于隐框玻璃幕墙，施工技术要求较低。明框玻璃幕墙构造如图 14-46 所示。

（2）隐框玻璃幕墙：在隐框玻璃幕墙中，金属框隐蔽在玻璃的背面，外面不露骨架，也不见窗框，使玻璃幕墙的外观更加新颖、简洁。隐框玻璃幕墙的横梁不是分段与立柱连接的，而是作为铝框的一部分先与玻璃组成一个整体组件，再与立柱连接。隐框玻璃幕墙构造如图 14-47 所示。

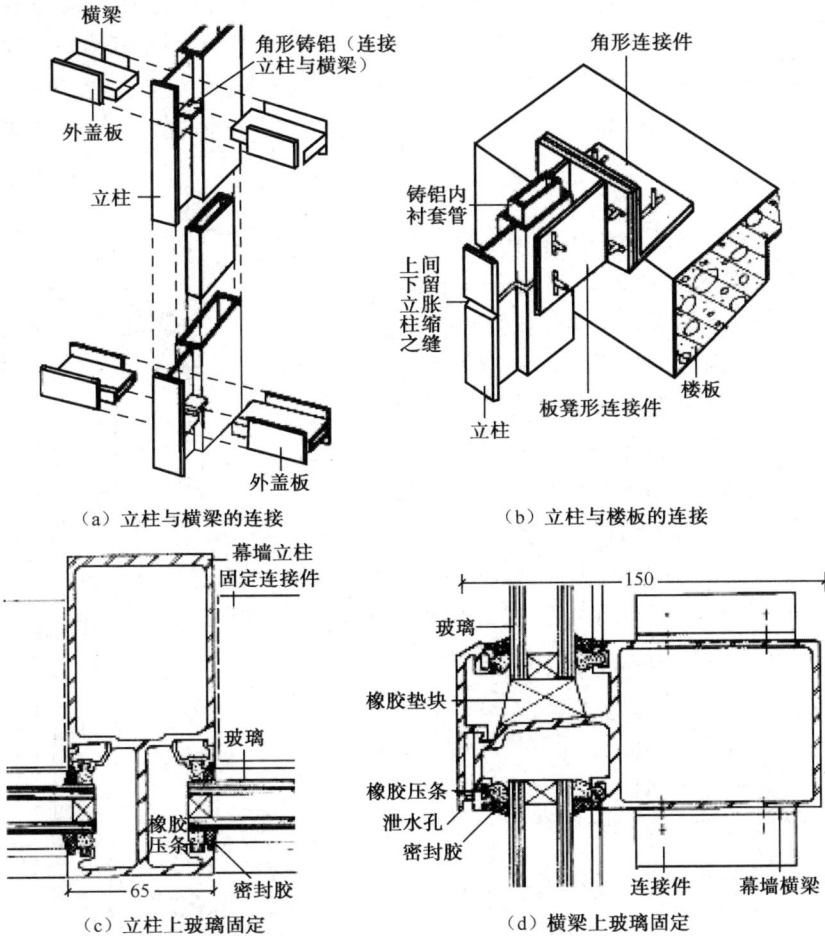

（a）立柱与横梁的连接　　　　　　　（b）立柱与楼板的连接

（c）立柱上玻璃固定　　　　　　　（d）横梁上玻璃固定

图 14-46　明框玻璃幕墙构造

（3）挂架式玻璃幕墙：挂架式玻璃幕墙又称点式玻璃幕墙，采用四爪式不锈钢挂件与立柱焊接，厂家在每块玻璃的四角都钻有 4 个一定直径的孔，挂件的每个爪与 1 块玻璃的 1 个孔连接，即 1 个挂件同时与 4 块玻璃连接，或者说 1 块玻璃固定于 4 个挂件上。挂架式玻璃幕墙构造如图 14-48 所示。这种幕墙制作、安装简单，外形美观，应用越来越广。

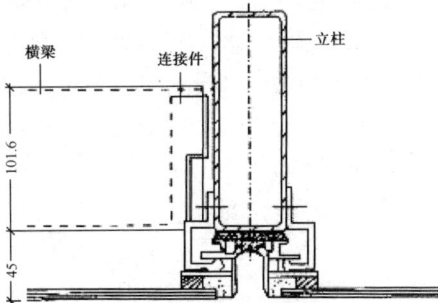

图 14-47　隐框玻璃幕墙构造

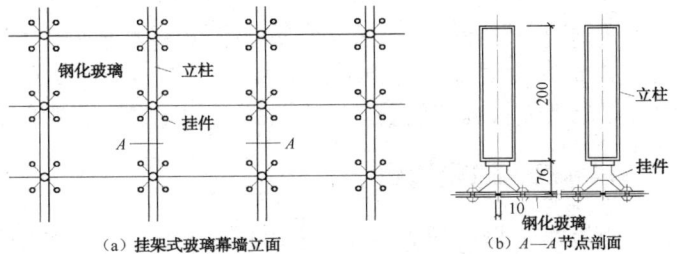

（a）挂架式玻璃幕墙立面　　　（b）A—A 节点剖面

图 14-48　挂架式玻璃幕墙构造

（4）无框全玻璃幕墙：无框全玻璃幕墙是指在视线范围内不出现金属框料，形成在某一层范围内幅面比较大的无遮挡透明墙面。为了增大玻璃墙面的刚度，必须每隔一定距离用条形玻璃作为加强肋板，这种条形玻璃称为肋玻璃。面玻璃与肋玻璃的相交部位宜留出一定的间隙，用硅酮系列密封胶注满。无框全玻璃幕墙一般会选用比较厚的钢化玻璃和夹层钢化玻璃，选用的单片玻璃面积和厚度主要应满足最大风压情况下的使用要求。

3. 金属幕墙

目前，大型建筑外墙的装饰多采用玻璃幕墙和金属幕墙，且常为两种幕墙的组合，以共同完成装饰及维护功能，形成闪闪发光的金属墙面，具有独特的现代艺术感。

金属幕墙按结构体系划分为型钢骨架体系、铝合金型材骨架体系及无骨架金属板幕墙体系等。按材料体系划分为铝合金板（单层铝板、复合铝板、蜂窝铝板等）体系，不锈钢薄板体系，搪瓷或涂层钢体系、铜薄板体系等。

金属幕墙由在工厂定制的折边金属薄板作为外围护墙面。金属幕墙与玻璃幕墙从设计原理到安装方式等方面都很相似。单板或铝塑板的节点构造如图 14-49 所示。铝合金蜂窝板的节点构造如图 14-50 所示。

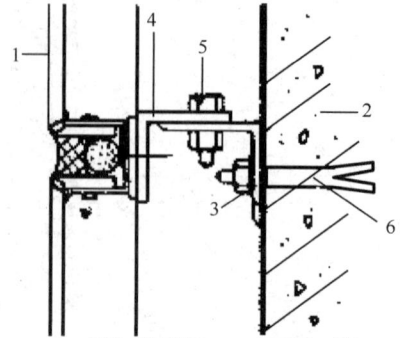

1—单板或铝塑板；2—承重柱（或墙）；
3—角支撑；4—直角形铝材横梁；
5—调整螺栓；6—锚固螺栓

图 14-49 单板或铝塑板的节点构造

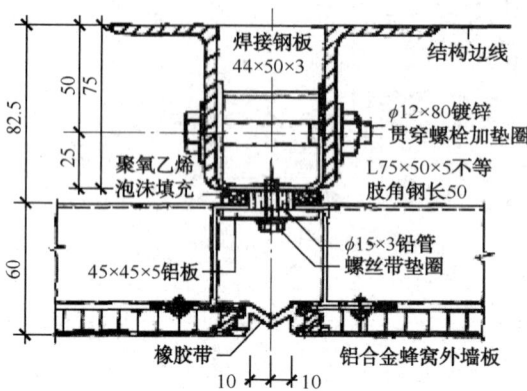

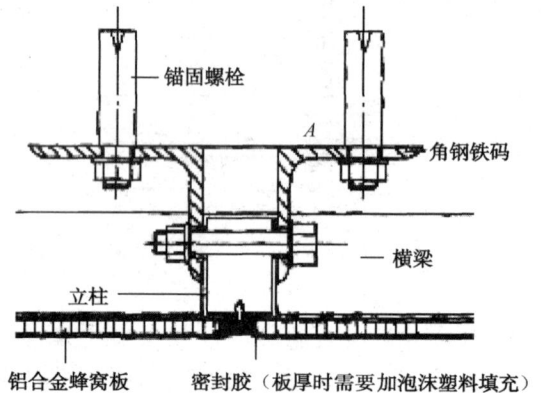

图 14-50 铝合金蜂窝板的节点构造

4. 石板材幕墙

石板材幕墙简称石板幕墙，是主要采用天然花岗石等做面料的幕墙，背后为金属支承架。花岗石色彩丰富、质地均匀，在强度及抗拒大气污染等方面的性能较佳，因此深受欢迎。用于高层的石板幕墙，板厚一般为 30 mm，分格不宜过大，一般不超过 900 mm×900 mm，它的最大允许挠度限定在长度的 1/2000～1/1500，所以，支承架设计必须经过精确的结构计算，以确保石板幕墙的质量安全、可靠。花岗石石板幕墙的节点构造如图 14-51 所示。

14.7.2 隔墙构造

隔墙是分隔建筑物内部空间的非承重内墙，本身的质量由楼板和梁承担。在多、高层钢结构中，为了提高平面布局的灵活性，大量采用隔墙以适应建筑功能的变化。因此，要求

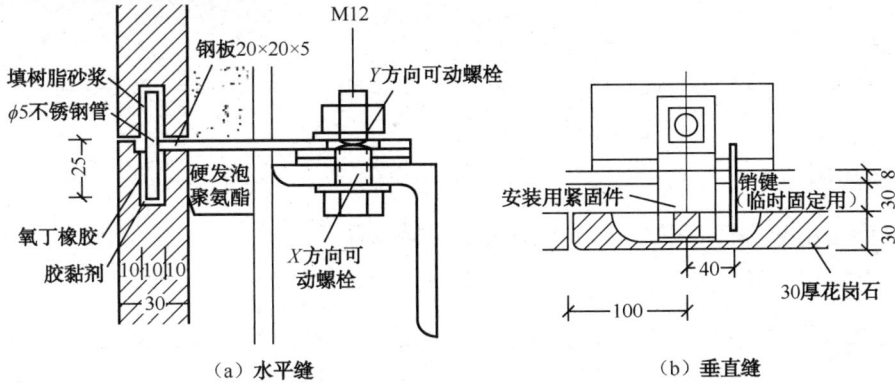

图 14-51 花岗石石板幕墙的节点构造

隔墙自重轻、厚度薄，便于安装和拆卸，有一定的隔声能力，同时要能够满足特殊使用部位，如厨房、卫生间等处的防火、防水、防潮等要求。

隔墙按构造形式分为轻骨架隔墙、块材隔墙和板材隔墙三大类。

1. 轻骨架隔墙

轻骨架隔墙由骨架和面层两个部分组成。

1）骨架

骨架的种类很多，常用的有木骨架和金属骨架。

金属骨架是由各种形式的薄壁型钢加工制成的，也称轻钢骨架或轻钢龙骨。它具有强度高、刚度大、自重轻、整体性好、易于加工和大批量生产及防火、防潮性能好等优点，金属骨架还可根据需要进行拆卸和组装。常用的薄壁型钢有 0.8～1 mm 厚的槽钢和工字钢。薄壁轻钢骨架隔墙如图 14-52 所示。

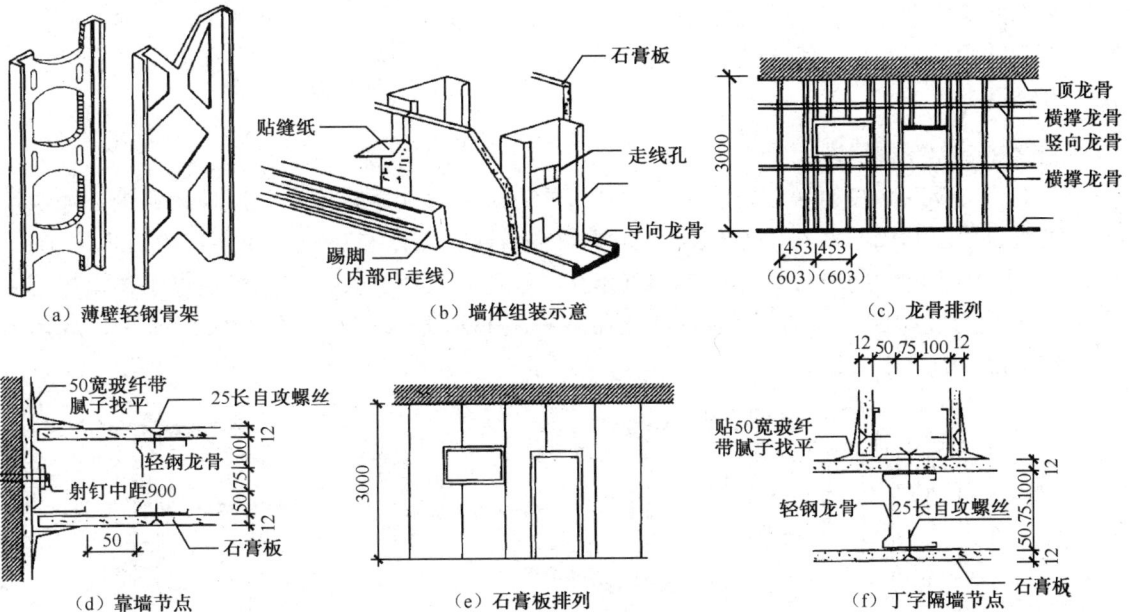

图 14-52 薄壁轻钢骨架隔墙

2）面层

轻骨架隔墙的面层分为抹灰面层和人造板面层两大类。人造板主要有胶合板、纤维板、石膏板等。

2. 块材隔墙

块材隔墙是用空心砖、加气混凝土砌块等块材砌筑而成的。

3. 板材隔墙

板材隔墙是指采用轻质材料制成的各种预制薄型板材安装而成的隔墙。目前大多为条板隔墙，常见的有加气混凝土条板隔墙、碳化石灰板隔墙、石膏条板隔墙、蜂窝纸板隔墙、水泥刨花板隔墙、泰柏板隔墙等，这些条板隔墙的自重轻，安装方便。

1）加气混凝土条板隔墙

加气混凝土条板主要是由水泥、石灰、砂、矿渣等加发泡剂（铝粉），经过原料处理和养护等工序制成的。加气混凝土条板的规格为长 2700～3000 mm、宽 600～800 mm、厚 80～100 mm。加气混凝土条板的安装一般是在地面上用对口木楔在板底将板楔紧，墙板之间用水玻璃砂浆或 107 胶黏结。加气混凝土条板隔墙与楼板的连接如图 14-53 所示。

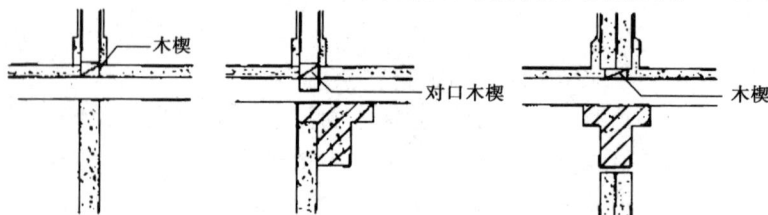

图 14-53　加气混凝土条板隔墙与楼板的连接

加气混凝土条板具有自重轻，节省水泥、运输方便、施工简单，可锯、可刨、可钉等优点，但其吸水性强、耐腐蚀性差、强度较低，不宜用于高温、高湿或有化学、有害空气介质的建筑中。

2）碳化石灰板隔墙

碳化石灰板以磨细的生石灰为主要原料，掺 3%～4%（质量比）的短玻璃纤维，加水搅拌，振动成型，利用石灰窑的废气碳化而成的空心板。碳化石灰板的规格一般为长 2700～3000 mm、宽 500～800 mm、厚 90～120 mm。碳化石灰板的安装与加气混凝土条板相同。碳化石灰板隔墙如图 14-54 所示。碳化石灰板的材料来源广泛、生产工艺简单、成本低廉、质量轻、隔声效果好。

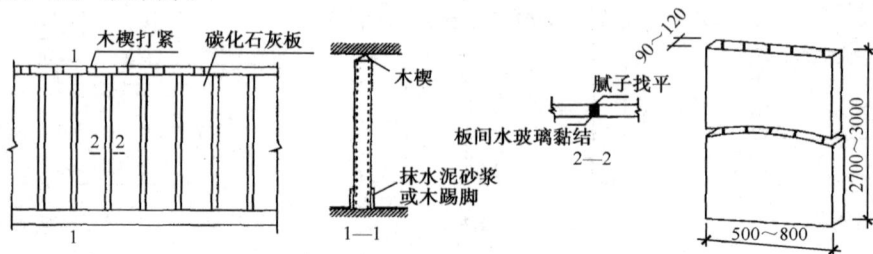

图 14-54　碳化石灰板隔墙

3）泰柏板隔墙

泰柏板又称三维板，是由 $\phi2$ mm 低碳冷拔镀锌钢丝焊接成的三维空间网笼，中间填充 50 mm 厚的阻燃聚苯乙烯泡沫塑料构成的轻质板材。在现场安装，并经双面抹灰或喷涂水泥砂浆而组成的复合墙体，即为泰柏板隔墙，其构造如图 14-55 所示。

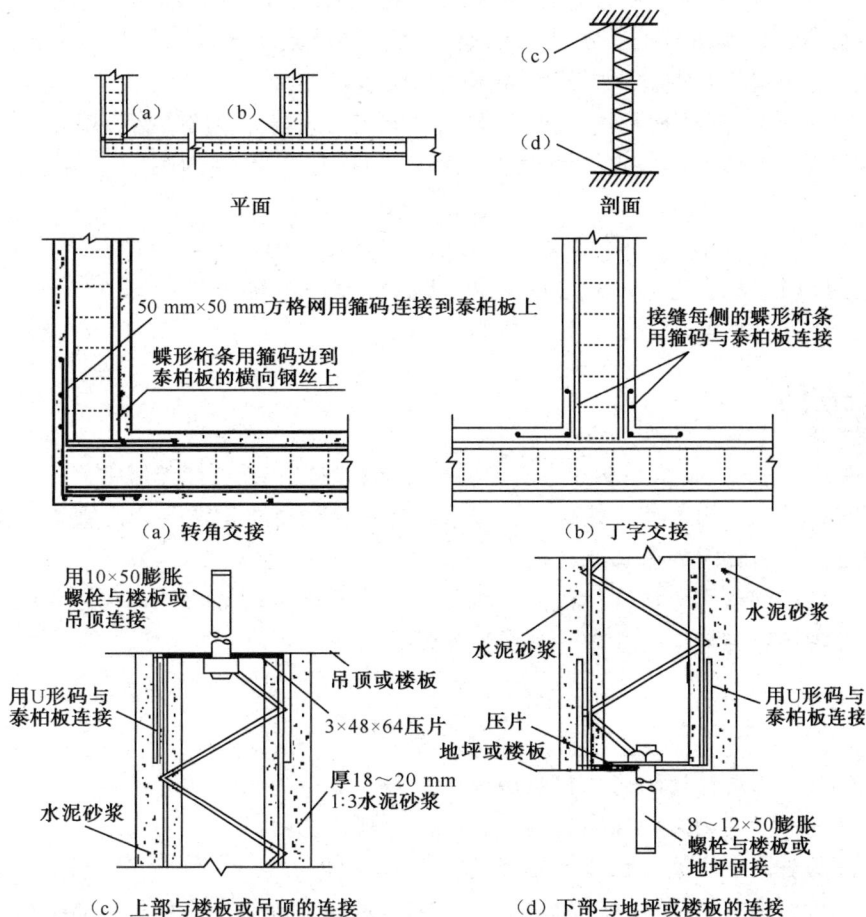

图 14-55　泰柏板隔墙构造

泰柏板是由长 2400～4000 mm，宽 1200～1400 mm，厚 50 mm 的保温板加上两侧突出的钢丝构成的，总厚为 75～76 mm。它自重轻、强度高，保温、隔热性能好，具有一定的隔声能力和防火性能，故被广泛用于工业与民用建筑的内外墙及轻型屋面和小开间建筑的楼板等。

14.8　多、高层钢结构的楼梯

楼梯主要分为钢筋混凝土楼梯和钢楼梯，本节主要介绍钢楼梯的构造。

钢楼梯多采用各种型钢及板材组合而成，可在现场制作，也可在工厂将各组成部件加工好到现场组装。钢楼梯所用材料的材质主要有普通碳素钢及不锈钢、铜等金属材料。

图 14-56 所示为单跑钢楼梯的构造，楼梯梁采用钢板，踏步板采用防滑木质踏步板，刚度较好，栏杆采用方钢，扶手采用立式硬木扶手。楼梯梁的上端用预埋件及连接角钢与混凝土楼面梁连接，楼梯梁底端与下层楼地面采用预埋钢板加焊角钢连接。

图 14-57 所示为三跑钢楼梯的构造，楼梯梁采用槽钢，踏步板采用防滑木质踏步板，踏步板与楼梯梁用扁钢支架连接，栏杆采用扁钢与圆钢交织而成，扶手采用卧式硬木扶手，楼梯梁上端通过预埋件与混凝土楼面梁连接，楼梯梁底端与下层楼地面通过预埋钢板连接，楼梯立柱为空腹方钢管，中间跑为扇面形踏步，逐级上升。

图 14-58 所示为钢楼梯栏杆、扶手的细部构造 1，扶手为圆钢管或圆木扶手，立柱采用方钢或圆钢，踏步采用花纹钢板等，各部分连接以焊接为主，木扶手用长沉头木螺钉固定。

图 14-59 所示为钢楼梯栏杆、扶手的细部构造 2，图 14-59（a）所示扶手为硬木扶手，立杆采用扁钢铁艺花饰，踏步采用花纹钢板等，各部分连接以焊接为主。其他详见图示说明。

知识梳理与总结

本单元讲述了多、高层钢结构组成及连接节点的构造与识图，学习时需要注意以下两点。

（1）多、高层钢结构主结构连接、支撑系统连接的构造与识图要分清刚接和铰接，注意具体连接构造与识图之间的密切联系。

（2）多、高层钢结构的柱脚、楼板、墙体、楼梯等是组成结构并起到完善建筑功能的重要构件，故需要在理解构造的基础上把图纸看懂。

思考题 14

（1）结合多、高层钢结构的工程实例分析及与其他结构比较，总结主要特点。

（2）简述多、高层钢结构柱脚的构造要求，明确构造图。

（3）多、高层钢结构梁、柱截面的形式各有哪些？

（4）多、高层钢结构连接设计的基本规定有哪些？主结构连接主要有哪些？并画图。

（5）简述多、高层钢结构支撑的构造要求及连接特点，认真分析并明确构造图，选择性画图。

（6）简述玻璃幕墙的构造，详细介绍挂架式玻璃幕墙的构造，并画图。

（7）简述多、高层钢结构压型钢板组合楼板的构造与识图要点。

实训 14

（1）认识周边的多、高层钢结构建筑，观察主结构构件组成和连接节点构造，弄清楚柱脚及基础、楼盖、墙体、楼梯的构造。

（2）识读 03G102 图集中多、高层钢结构工程结构设计图及施工详图的主结构构件组成和节点连接构造。

（3）识读 16G519 图集中多、高层民用建筑钢结构节点连接构造详图的主要内容。

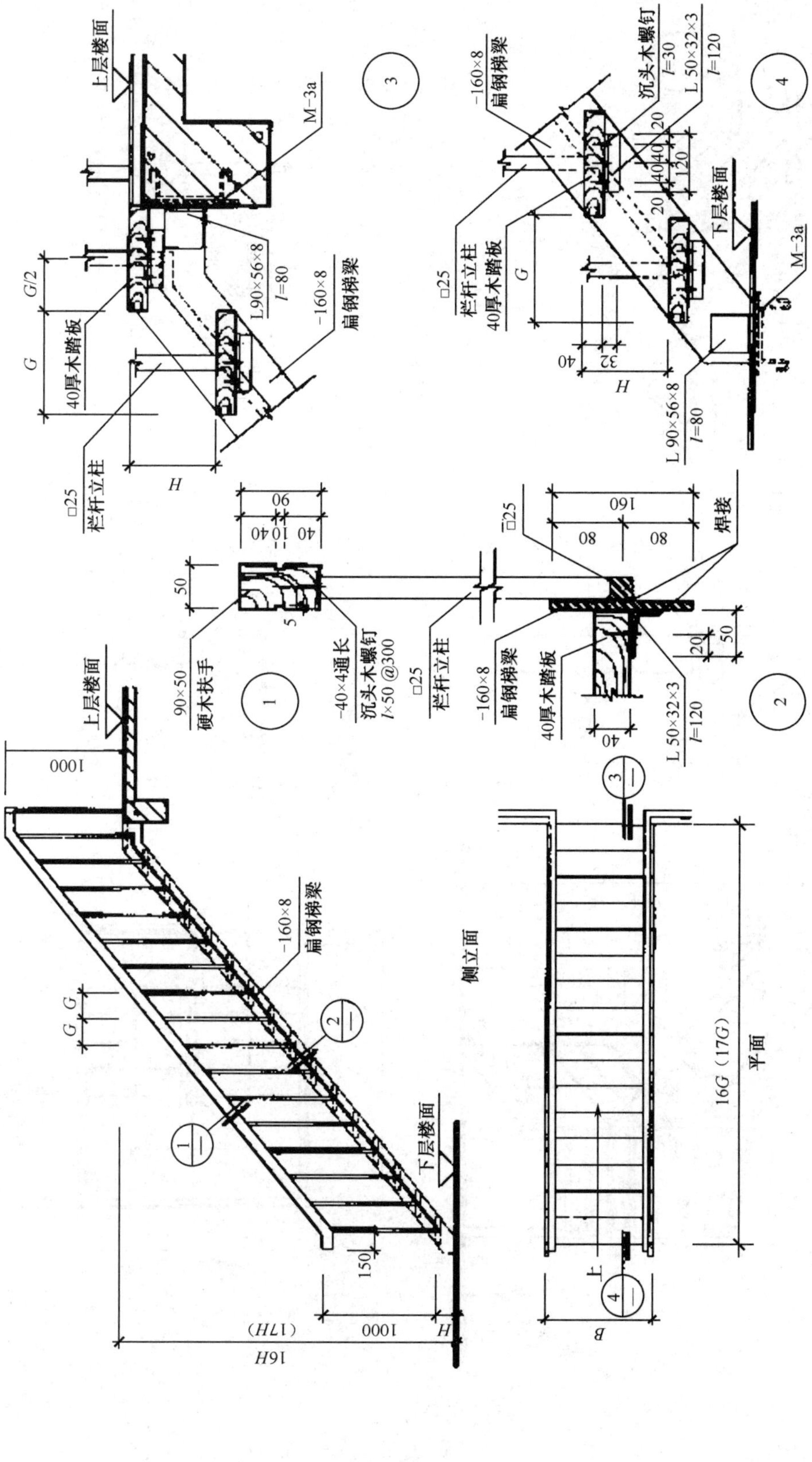

图14-56 单跑钢楼梯的构造

③

上层楼面

M-3a

40厚木踏板

槽钢

G

H

④

35×4
扁钢支架

130

140

M-3a

槽钢

①

硬木扶手

—60×5

φ10

90
60

6厚扁钢

40 5 200

200

②

6厚扁钢

L100×63×8
连接板

35 18 60

53 60

5

55×4
扁钢支架

23 80 23

M8螺栓

40厚木踏板

126

40

上层楼面

1000

14H（15H）

1000

H

G G G

①

②

③

B

侧立面

□80×80×4
空腹方钢
立柱6根

下层楼面

下14

④

6G

B

4G

平面

≥2B

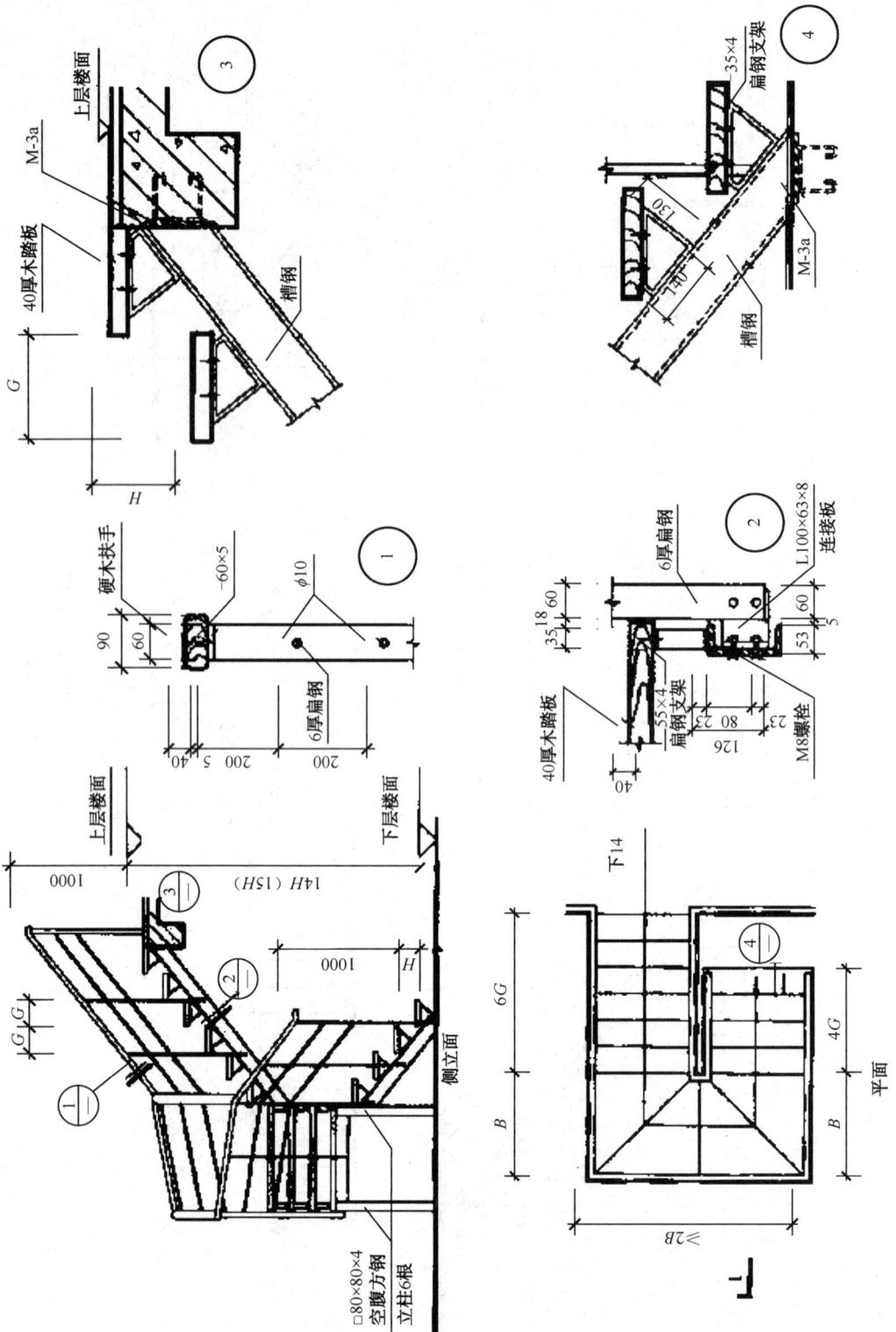

图14-57 三跑钢楼梯的构造

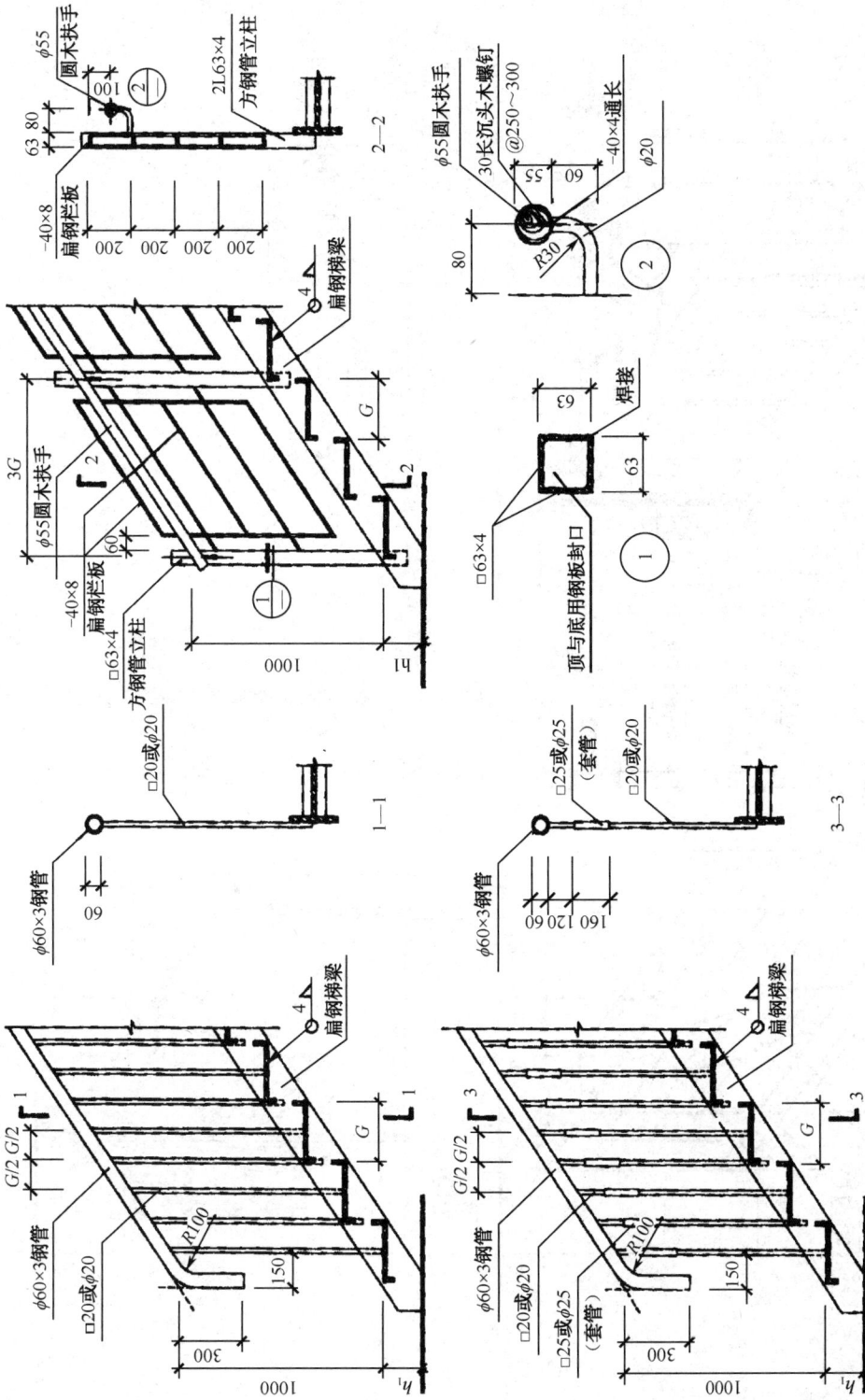

图14-58　钢楼梯梯栏杆、扶手的细部构造1

155

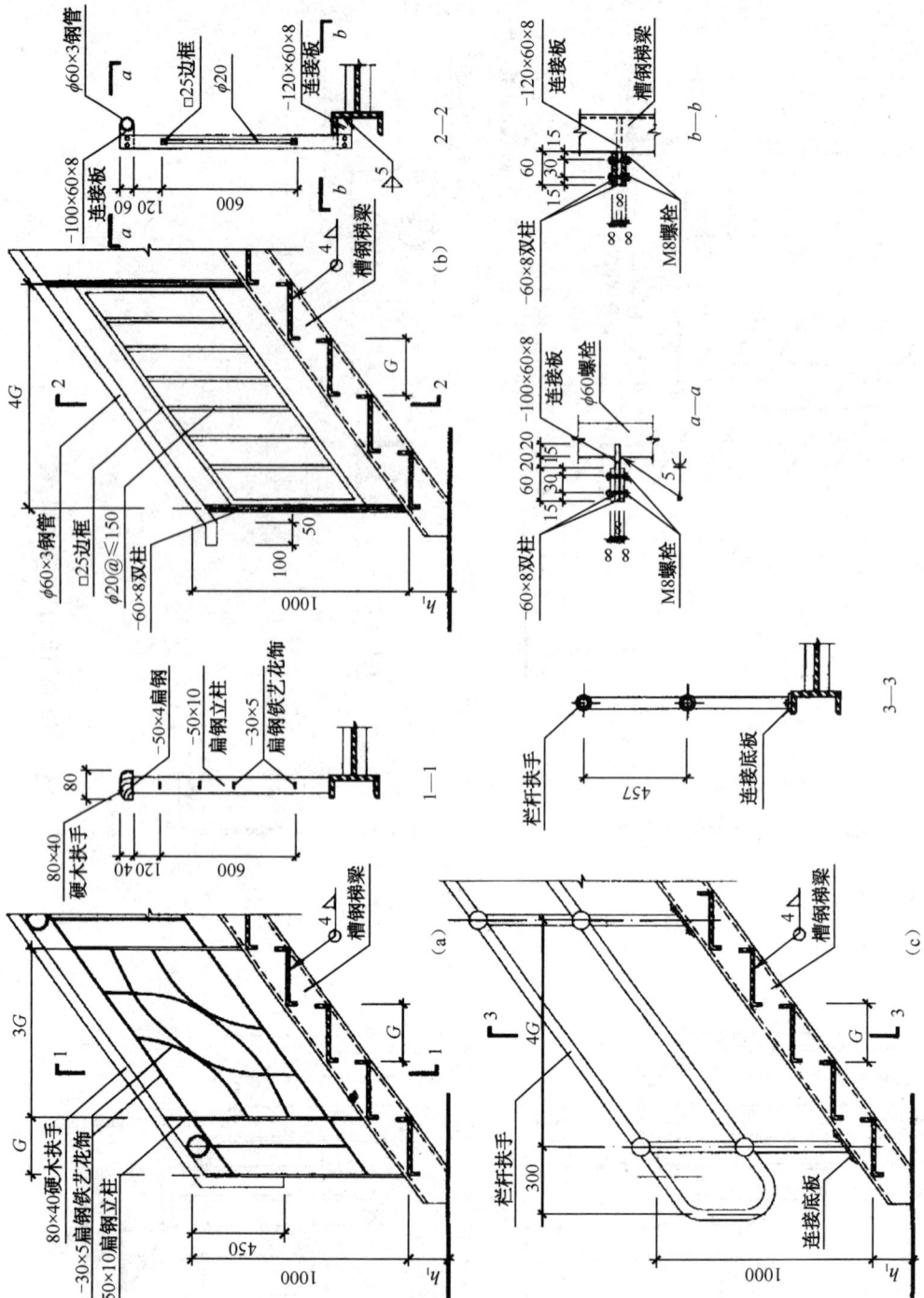

图14-59 钢楼梯栏杆、扶手的细部构造2

模块 4

重型钢结构厂房
构造与识图

　　重型钢结构厂房（简称重钢厂房）的结构形式是多种多样的，常见的有单层重型钢结构厂房（简称单层重钢厂房）、锅炉钢结构厂房（简称锅炉钢结构，又称锅炉钢架）等。重钢厂房内一般均布置了大型吊车或吊有重型锅炉，因此，厂房的柱子、吊车梁等主要承力构件的质量一般都比较大，在钢结构安装时，一般都采用大型履带吊机。重钢厂房中的柱子常用双肢 H 型钢格构柱、钢管混凝土格构柱等，吊车梁一般采用实腹式 I 形梁，屋架采用实腹式等截面或变截面钢梁、钢桁架、网架或大板梁（大板梁是电厂锅炉钢结构中的主要受力构件，承担锅炉悬吊部分的竖向荷载），屋面及墙面常采用冷弯薄壁钢檩条和压型钢板或复合保温板系统。

　　学习本模块时，可比照模块 2 的内容，理解重钢结构与轻钢结构的联系与区别，熟读重钢结构的工程图纸，并看懂。

单元 15　单层重钢厂房构造与识图

15.1　单层重钢厂房的基本组成

单层重钢厂房由基础、钢柱、钢梁（桁架、网架）、吊车梁和制动系统、支撑、屋面和墙面檩条、屋面板和墙面板等基本结构组成。

单层重钢厂房因其适用于大跨度，且有单层和多层吊车（大、中型吨位）行走的厂房或车间，整体用钢量虽比轻型门式刚架略大，但适用范围却很广。国内外很多新建的大、中型厂房均采用单层重钢厂房代替构件笨重、施工速度慢且不环保的普通单层重型钢筋混凝土结构厂房，具有强度高、施工速度快、抗震性能好、绿色环保的特点。

15.2　单层重钢厂房基础

单层重钢厂房由于上部荷载很大，常用的格构柱柱脚长宽尺寸也较大，并且柱脚是整体式柱脚，便于安装和传力，故对应的基础常用钢筋混凝土独立基础和杯口基础。独立基础内部预埋锚栓，若需要抗剪键，则应在基础顶面预留合适尺寸的槽口，以便安装。

图 15-1 所示为大型格构柱的柱下独立基础，两侧各设置了一组预埋锚栓，分别固定左右分肢柱脚，并在基础顶面为抗剪键留槽，设置找平垫板等，锚栓丝扣部分可预先用胶带等缠绕保护，以防混凝土浇筑时淹没和破坏丝扣部分。

图 15-1　柱下独立基础

15.3　单层重钢厂房柱

由于单层重钢厂房内的钢柱常承担吊车梁传来的重型吊车荷载，柱高也较大，因此常用格构柱形式。格构柱由于材料集中于分肢，与实腹柱相比，在用料相同的情况下可增大截面的惯性矩，提高刚度及稳定性，节约钢材。

15.3.1　格构柱的组成

格构柱是将肢件用缀材连成一体的构件，一般多采用双轴对称截面，以两根槽钢、工字钢、H 型钢等作为肢件的双肢格构柱（见图 15-2）应用较多。对于压力较小但长度较大的构件，可以用以钢管和角钢组成的三肢、四肢格构柱。对于压力和长度都较大的格构柱，可以用钢管混凝土柱作为肢件，承重和经济性较好。缀材分缀条和缀板两种，故格构式构件分为缀条式格构构件和缀板式格构构件两种。

缀条常采用单角钢，由斜杆（与构件轴线成 40°～70° 夹角）和横杆组成，如图 15-2（a）所示。缀条也可只由斜杆组成，如图 15-2（b）所示。缀板常采用钢板，一般等距离垂直于构件轴线，并横放，如图 15-2（c）所示。

15.3.2　单层重钢厂房常用的格构柱形式及构造

1. 分肢柱为 H 型钢柱

分肢柱为 H 型钢柱格构柱由柱头、柱身和柱脚组成。格构柱的组成如图 15-3 所示。

（a）缀条采用单角钢　　（b）缀条由斜杆组成　　（c）缀板采用钢板

图 15-2　双肢格构柱

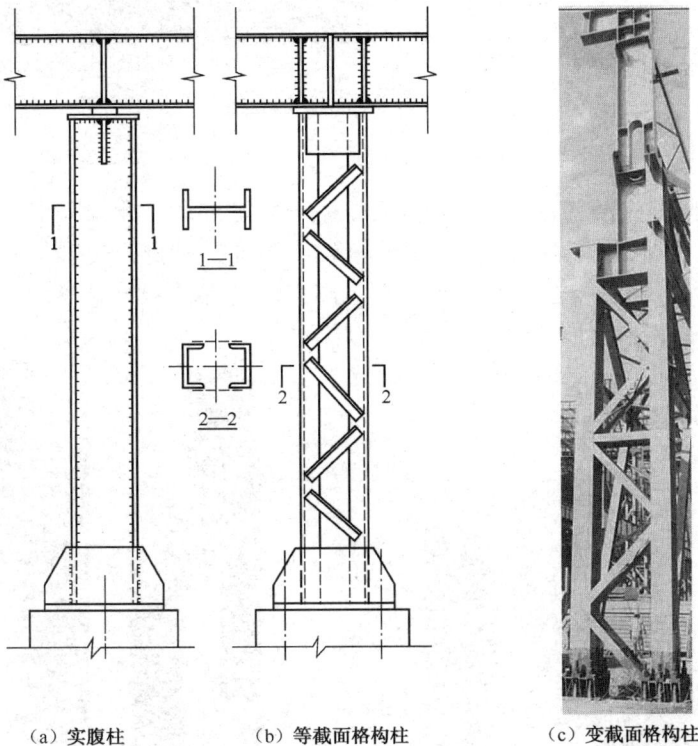

1）柱头

柱头与钢梁的连接根据所连接屋面梁形式的不同，采用不同的连接方法，主要分为铰接连接和刚接连接，如图 15-4 所示。

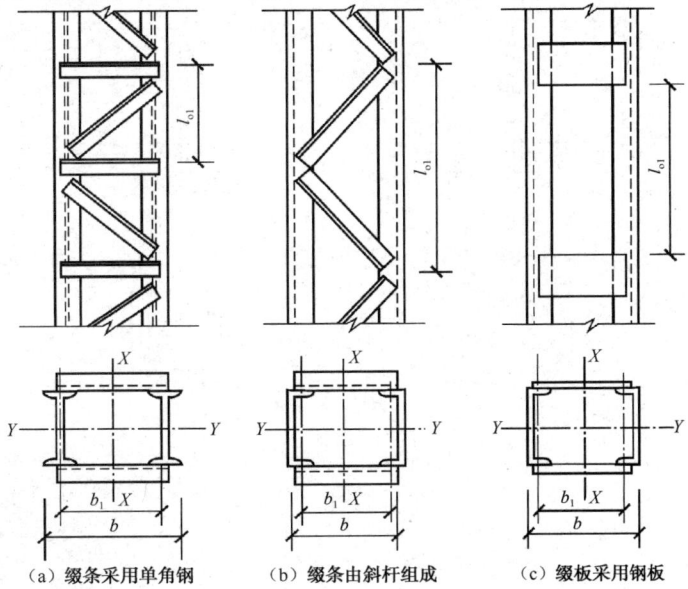

（a）实腹柱　　　　　（b）等截面格构柱　　　　　（c）变截面格构柱

图 15-3　格构柱的组成

（a）梁的支承加劲肋封在梁端（铰接）　　　　　（b）梁的支承加劲肋对准柱的翼缘（铰接）

（c）梁支承于柱侧（铰接）　　　　　　　（d）梁刚接于柱顶头（刚接）

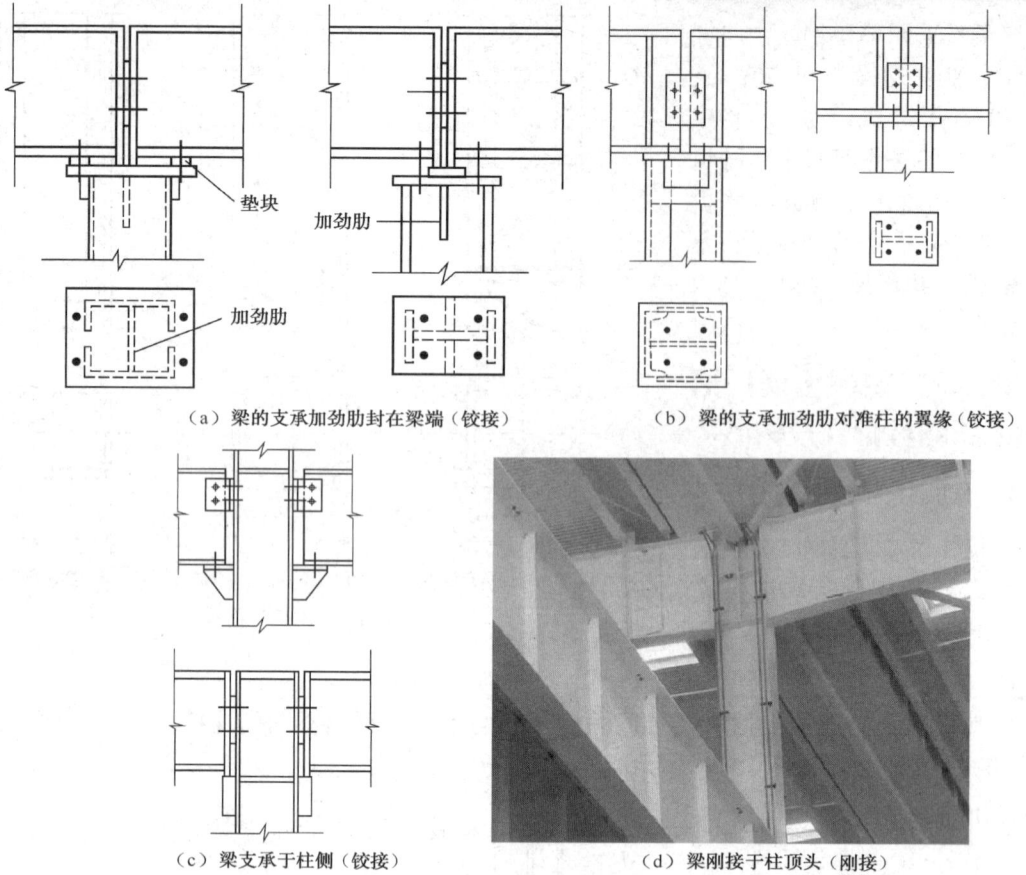

图 15-4　柱头与钢梁的连接

2）柱身

分肢柱为 H 型钢柱格构柱是由 H 型钢作为分肢柱的，常用缀材斜杆为单角钢，并配合单角钢横杆组合成下部柱身，常在支承吊车梁格构柱的柱身部位设置肩梁，而吊车梁底面以上的上柱柱身常用实腹式截面（当荷载较小时），分带人孔实腹式截面和无人孔实腹式截面两种。格构柱的柱身如图 15-5 所示。

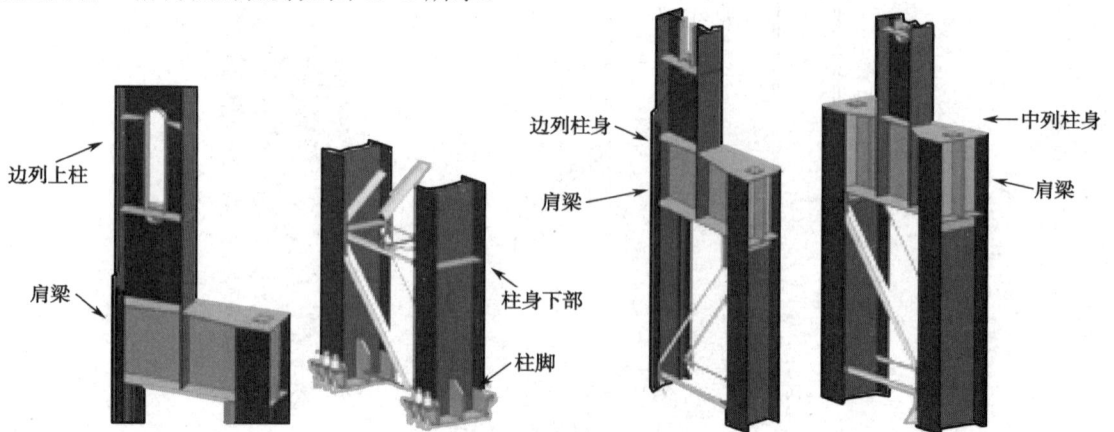

图 15-5　格构柱的柱身

格构柱的横截面为中部空心的矩形，抗扭刚度较差，考虑制造、运输和安装可能发生的扭曲变形，为增大柱的整体抗扭刚度，防止构件变形，保证柱子在运输、安装过程中的截面形状保持不变，格构柱除在较大水平力处设置横隔外，还应在运输单元的端部设置横隔。横隔的间距不得大于柱截面较大宽度的 9 倍并不得大于 8 m。横隔可用钢板或交叉角钢制作而成。格构柱的横隔如图 15-6 所示。

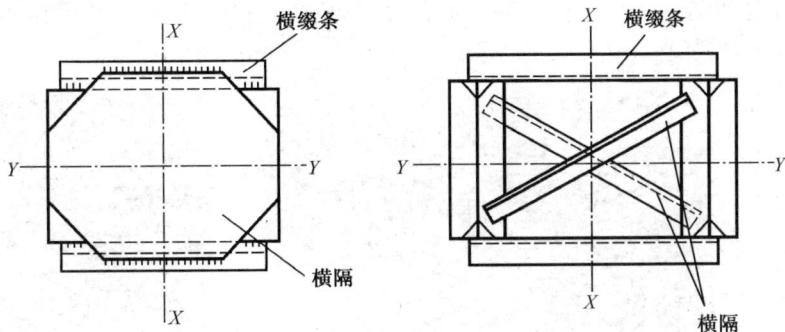

图 15-6　格构柱的横隔

3）柱脚

根据上部荷载大小及地基基础等，可采取不同形式的柱脚，常见的柱脚有整体式或分离式带靴梁高锚栓的加强型柱脚。

图 15-7（a）所示为实腹式柱的整体式刚接柱脚，与图 15-7（b）和（c）对比用。

格构柱柱脚分为格构柱分离式刚接柱脚［见图 15-7（b）］和格构柱整体式刚接柱脚［见图 15-7（c）］。柱脚的主要组成部分包括底板、靴梁、隔板、肋板、锚栓等。

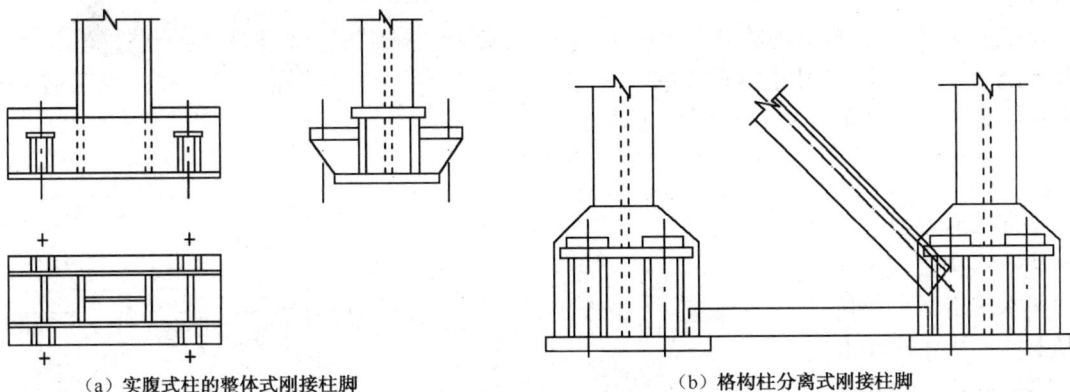

（a）实腹式柱的整体式刚接柱脚　　　（b）格构柱分离式刚接柱脚

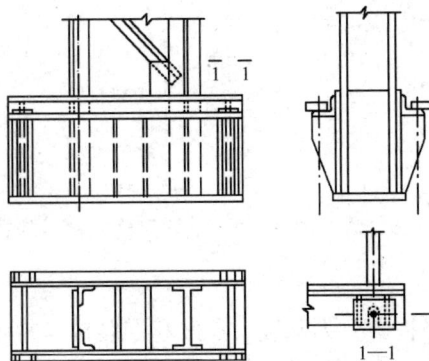

（c）格构柱整体式刚接柱脚

图 15-7　柱脚形式及构造

柱脚的剪力主要依靠底板与基础之间的摩擦力来传递。当仅靠摩擦力不足以承受水平剪力时，应在柱脚底板下面设置抗剪键，抗剪键可用方钢管、短 T 型钢、H 型钢、十字钢板等组合做成，也可将柱脚底板与基础上的预埋件通过焊接连接。格构柱柱脚（带抗剪键）如图 15-8 所示。

图 15-8　格构柱柱脚（带抗剪键）

一种将钢柱直接插入混凝土杯口基础内，用二次浇筑混凝土将其固定的插入式柱脚形式，已在多项单层重型工业厂房工程中应用，效果较好。这种柱脚形式具有构造简单、节约钢材、安装调整快捷、安全可靠等优点，有关的设计和构造要求请参照《钢结构设计标准》（GB 50017—2017）中的规定执行。

2. 分肢柱为钢管混凝土柱

分肢柱为钢管混凝土柱格构柱仍由柱头、柱身和柱脚组成。格构柱的分肢柱宜用圆钢管内灌混凝土，缀材宜用圆钢管直接和分肢柱钢管焊接。除双肢柱和三肢柱的内双肢可采用缀板体系外，其他的分肢柱宜用缀条体系。

1）柱头

柱头在肩梁以上的部分常采用实腹式柱，这时基本构造同非钢管混凝土柱。支承屋架和构架梁的柱头，可由平台板、肩梁腹板、隔板和加劲肋板等组成。平台板上应设灌浆孔或排气孔。图 15-9 所示为上柱为格构柱时的边柱柱顶节点。

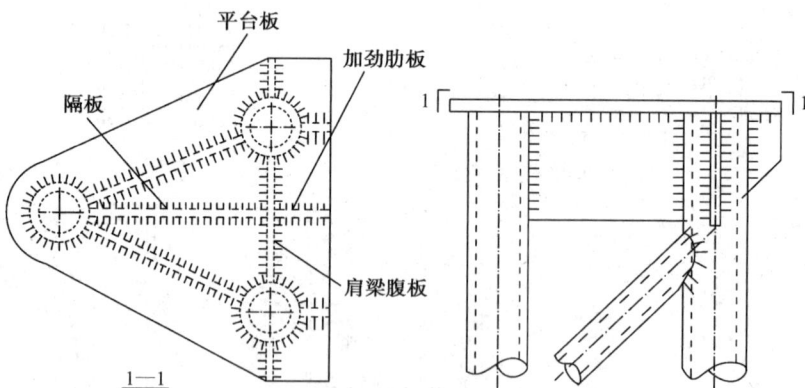

图 15-9　上柱为格构柱时的边柱柱顶节点

2）柱身

柱身由钢管混凝土柱作为分肢柱，分为双肢、三肢和四肢柱。常用的缀材斜杆为钢管，钢管和钢管横杆组成下柱柱身，常在支承吊车梁部位设置肩梁，上柱柱身则常用实腹式截面（当荷载较小时），分带人孔实腹式截面和无人孔实腹式截面两种。钢管混凝土格构柱如图 15-10 所示。

（a）双肢柱

（b）四肢柱

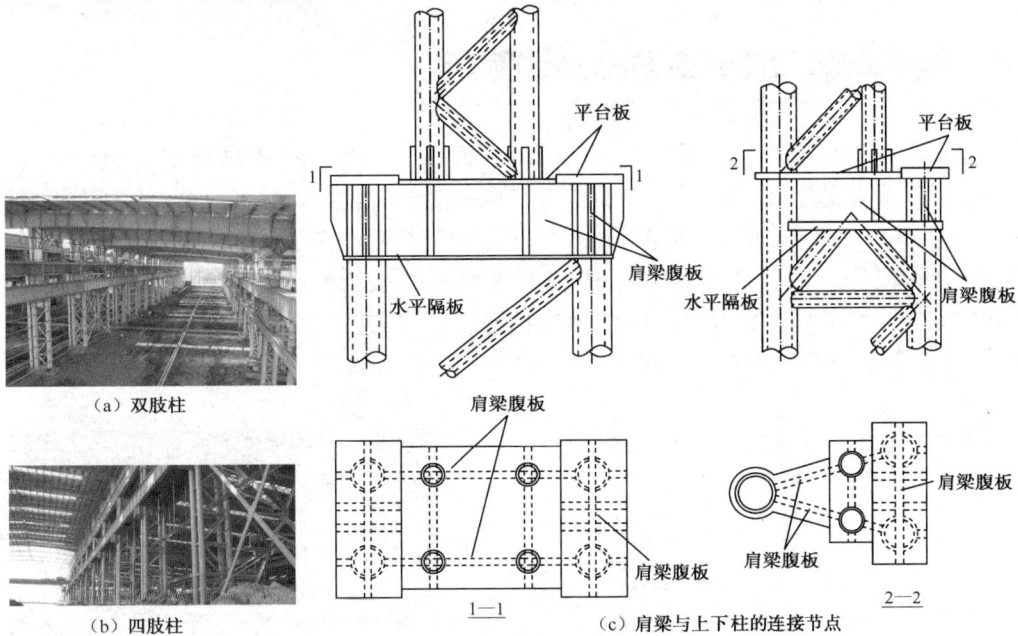

图 15-10　钢管混凝土格构柱

3）柱脚

柱脚钢管的端头必须用封头板封固。钢管混凝土格构柱柱脚与基础的连接，分插入式连接和端承式连接两种，如图 15-11 所示。插入式柱脚的杯口设计和构造与预制钢筋混凝土格构柱基础的杯口相同，柱脚的插入深度不宜小于两倍的钢管直径。

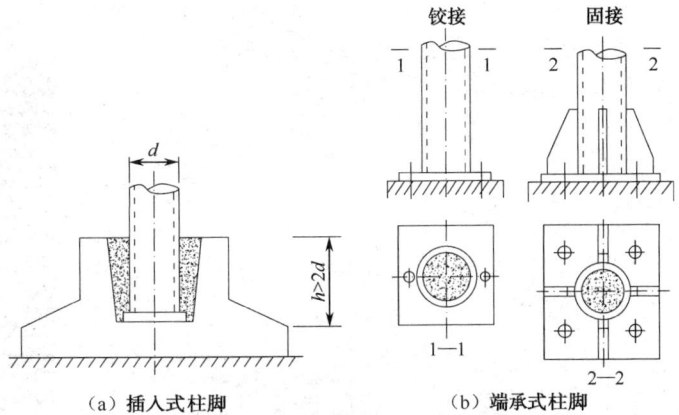

（a）插入式柱脚　　　（b）端承式柱脚

图 15-11　钢管混凝土格构柱柱脚

15.4　单层重钢厂房梁

当单层重钢厂房采用格构柱时，柱头与钢梁连接，钢梁可采用实腹式 H 型钢、钢桁架、钢网架钢梁等形式。实腹式 H 型钢梁与钢柱的连接，分为铰接连接和刚接连接两种方法，有些工程采用类似轻钢厂房的梁柱连接方法。实腹式 H 型钢梁与钢柱的连接，如图 15-12 所示。

图 15-12　实腹式 H 型钢梁与钢柱的连接

15.5　单层重钢厂房吊车梁和制动系统

吊车梁和制动系统在前面讲过，但在单层重钢厂房内使用的吊车起重量一般都大于25 t，根据工艺需要甚至达几百吨，而且重钢厂房跨度一般较大，故相应吊车梁所需截面常常达到近 2 m 高，吊车梁的跨度可达 18 m。在实际应用中，常采用实腹式焊接 H 型钢吊车梁。由于吊车吨位较大，对于重级工作制吊车梁必须设置配套的制动系统，常由制动结构、辅助桁架、垂直支撑等组成，如图 15-13 所示。焊接工字形吊车梁的构造如图 15-14 所示。焊接工字形吊车梁及制动系统实物图如图 15-15 所示。

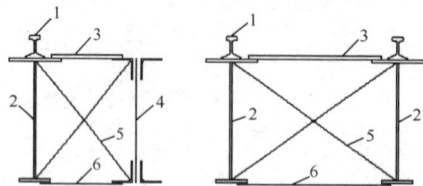

1—轨道；2—吊车梁；3—制动结构；4—辅助桁架；5—垂直支撑；6—下翼缘水平支撑

图 15-13　吊车梁和制动系统的组成

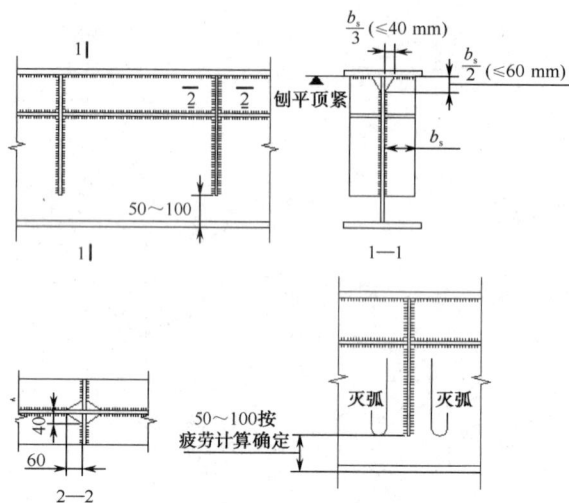

图 15-14　焊接工字形吊车梁的构造

图 15-15　焊接工字形吊车梁及制动系统实物图

15.6　单层重钢厂房支撑系统

单层重钢厂房内的支撑分为柱间支撑和屋面支撑。支撑能保证厂房的整体刚度和稳定性，并能传递风荷载、吊车水平荷载、地震力等。

15.6.1　柱间支撑

柱间支撑分为单层、双层和多层柱间支撑。当柱高较大时可设置多层柱间支撑，常以吊车梁为界分为上层支撑、中层支撑（可有可无）和下层支撑。上层支撑一般承受的是纵向风荷载，下

层支撑承受的是上层支撑传力、吊车纵向水平荷载、纵向水平地震力等。由于下柱截面高度较大，所以下层支撑常用双片支撑，而上层支撑一般用单片或双片支撑，以分别承受各自的荷载。

柱间支撑在柱侧的位置如图 15-16 所示。

双片支撑常用角钢、槽钢、H 型钢、钢管作为肢件，用角钢、钢管等作为缀条组成格构式构件，在一个柱间的双片支撑一般成交叉或人字形布置，如图 15-17 所示。

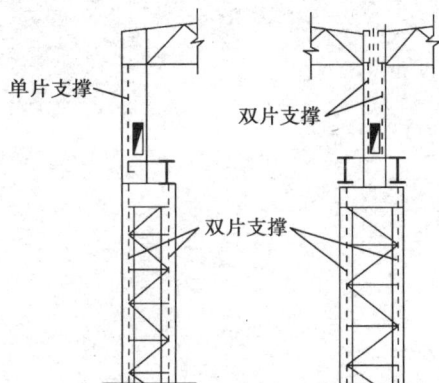

图 15-16　柱间支撑在柱侧的位置

图 15-17　柱间的双片支撑

单片支撑常用单角钢作为肢件，当受力较大时，用双角钢 T 形组合等作为肢件，常成交叉或人字形布置。前面已经介绍过，不再重复介绍。

15.6.2　屋面支撑

屋面支撑分为横向支撑和纵向支撑，横向支撑与柱间支撑同在一个跨间。当屋面梁为 H 型钢时，常用圆钢、单角钢作为屋面的支撑杆件。纵向支撑可根据规范要求加强柱顶相邻一侧（边柱）或两侧（中间柱）的纵向刚度，常设置沿厂房通长的纵向支撑。除柱顶系杆外，可在支撑交接及梁截面转折处设置通长的系杆。屋面支撑、系杆如图 15-18 所示。

图 15-18　屋面支撑、系杆

15.6.3　柱顶系杆

将柱顶联系起来形成柱顶系杆，常用圆钢管或桁架加强形式连接。柱顶桁架系杆如图 15-19 所示。

图 15-19　柱顶桁架系杆

15.7 单层重钢厂房次结构和围护结构

单层重钢厂房常用 C 型或 Z 型冷弯薄壁钢檩条（柱距和风压较大时也可采用轻型 H 型钢檩条）作为屋面和墙面的次结构，用压型钢板或复合保温板作为面板组成单层重钢厂房的围护结构，如图 15-20 所示。

由于围护结构采用轻钢围护系统，因此，单层重钢厂房的围护质量比采用混凝土大型屋面板和普通砌体隔墙无檩体系的质量要小很多，减轻了结构自重，减小了基础受力，节省了用钢量，提高了施工速度，降低了造价。相关构造可参考单元 7 和单元 9。

图 15-20 次结构及围护结构

知识梳理与总结

本单元讲述了单层重钢厂房的基本组成、构造与识图，学习时需要注意以下两点。

（1）单层重钢厂房主要应用于重型工业中，可对比轻钢门式刚架结构进行学习。

（2）单层重钢厂房的构造较复杂，应充分利用建筑实物、图片等加深印象。

思考题 15

（1）单层重钢厂房主要有哪几部分组成？

（2）格构柱的主要分类及组成部分有哪些？

（3）单层重钢厂房的柱间支撑和屋面支撑的组成特点有哪些？

实训 15

（1）读者可到单层重钢厂房工地或已建成的单层重钢厂房中，现场观察其组成及连接节点的构造等。

（2）识读《钢结构设计示例——单层工业厂房》（06CG04）中的结构组成、结构布置、节点及构件。

单元 16　锅炉钢结构构造与识图

扫一扫看本单元教学课件

本单元的主要内容参考国家标准《锅炉钢结构设计规范》（GB/T22395—2022）进行叙述，请大家在学习和使用时参照原文。

16.1　锅炉钢结构的一般要求

（1）锅炉钢结构支承锅炉本体各部件，并维持它们之间的相对位置，承受风荷载、雪荷载和地震作用，承受电站设计单位提供并经同意作用在锅炉钢结构上的荷载。除特殊要求外，锅炉钢结构不直接承受动力荷载。

（2）抗震设防烈度为 6 度及以上地区的锅炉钢结构，应进行抗震设计。抗震设防烈度大于 9 度时，应按专门规定执行。

（3）露天布置和紧身封闭的锅炉钢结构应进行抗风验算。

（4）设于寒冷地区的锅炉钢结构，在设计时应采取措施提高结构的抗脆断能力。

（5）锅炉钢结构的节点无论采用何种连接形式，当节点视为刚性连接时，应符合受力过程中构件在节点处的交角不变的假定，同时连接应具有充分的强度承受交汇构件端部传递的所有最不利内力。当节点视为铰接时，应使连接具有充分的转动能力，但能有效的传递横向剪力与轴心力。

16.2　锅炉钢结构的材料要求

（1）锅炉钢结构的主要受力结构宜采用 Q235 钢、Q335 钢、Q390 钢和 Q420 钢。当有可靠依据时，可采用其他牌号的钢。

（2）主要受力构件的钢材应具有屈服强度、抗拉强度、断后伸长率、冷弯试验和硫、磷含量的合格保证，对焊接结构应具有碳当量的合格保证。

（3）地脚锚栓可选用 Q235 钢或 Q355 钢。

（4）高强螺栓连接副应符合 GB/T 1228、GB/T 1229、GB/T 1230、GB/T 1231 或 GB/T 3632 的规定。

（5）钢材代换应符合规范及设计要求，不能任意代换。

16.3　锅炉钢结构的分类与布置

16.3.1　锅炉钢结构的分类

锅炉钢结构按锅炉本体部件的固定方式，可分为支承式和悬吊式；按结构抗侧力的特点，可分为框架结构、框架-支撑结构和支撑结构。

16.3.2　锅炉钢结构的布置原则

（1）注意规则性原则。

（2）根据结构的具体情况，设置可靠的支撑系统。

（3）结构受力简单明确，应具有合理的竖向和水平荷载（作用）的传递途径。

（4）选取合理的柱距。

（5）锅炉钢结构宜采用双排柱布置，合理确定内外柱的距离，同时协调前后部分的关系（见图 16-1）。采用单排柱布置（见图 16-2）时，柱应沿两个主轴方向都能构成必要的结构，以保证柱在两个方向的稳定。

（6）同一层梁的标高宜一致，梁的布置不宜过密，且距离尽量均匀；顶板的主梁宜为横向布置，有时也采用纵向布置。

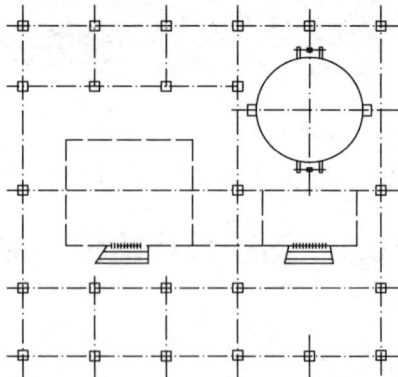

图 16-1　双排柱布置

（7）顶板的主梁、次梁和其他梁可布置在同一标高，有时也可布置在不同标高，如图 16-3 所示。

（8）平台标高与各种门、孔标高的距离宜为 800～1200 mm，以便操作。

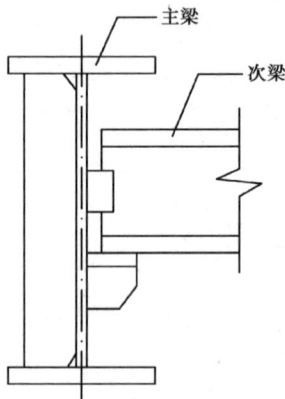

（a）主次梁在同一标高　　　（b）主次梁不在同一标高

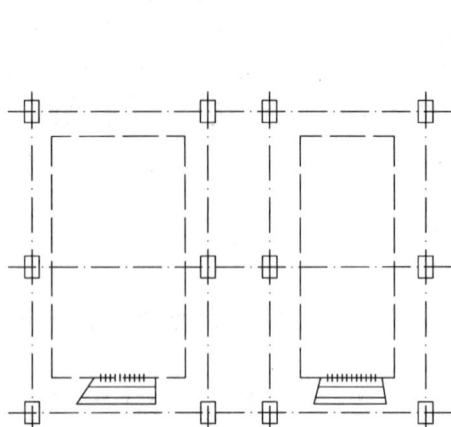

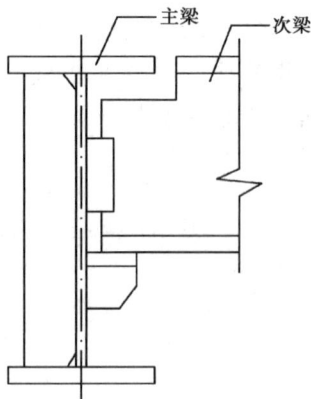

图 16-2　单排柱布置　　　　　图 16-3　顶板的布置

16.4　锅炉钢结构的具体要求

（1）当梁的高度较大时，考虑到制造、运输和安装的需要，可设计成叠梁，如图 16-4 所示。

（2）梁的横向加劲肋应与上翼缘焊接，不宜与下翼缘焊接，支座处支承加劲肋下端应铣平与下翼缘顶紧并焊接，有较大集中荷载处的支承加劲肋上端应铣平与上翼缘顶紧并焊接。

（3）焊接梁的横向加劲肋与翼缘板腹板相接处应切角，切角宜采用半径（R）30 mm 的 1/4 圆弧。

（4）当焊接梁的翼缘采用两层钢板时，外层钢板与内

叠合面连接板

中性轴

叠合面

垫板

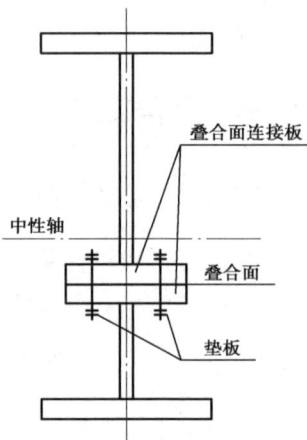

图 16-4　叠梁示意图

层钢板厚度之比宜取为 0.5～1.0。

（5）变截面梁承受均布荷载时，其截面改变点宜设在离两端支座约 1/6 处，其他形式的荷载，其截面改变点可根据梁的弯矩和剪力确定。

（6）不沿梁通长设置的外层钢板，其理论截断点处的外伸长度 L_1（见图 16-5）应符合下列要求。

① 端面有正面角焊缝：当 $h_f \geqslant 0.75t_1$ 时，$L_1 \geqslant b_1$；当 $h_f < 0.75t_1$ 时，$L_1 \geqslant 1.5b_1$。

② 端部无正面角焊缝：$L_1 \geqslant 2.0b_1$。

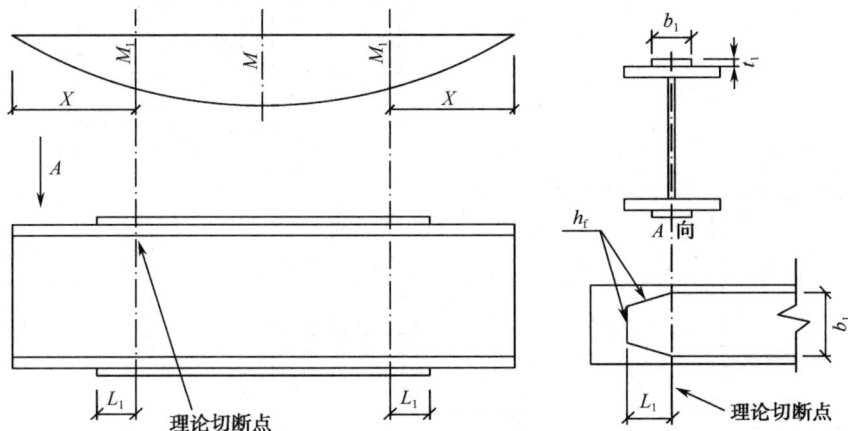

图 16-5　外层翼缘的切断点

（7）为降低梁的高度，简支梁可在靠近支座处改变梁的高度，但不宜小于跨中梁高的 1/2。支座变截面梁如图 16-6 所示。同时，梁端部高度应符合抗剪强度的要求。

（8）双腹板梁，梁高 h 与两腹板距离 b_0 之比不宜大于 6，如图 16-7 所示，并应兼顾翼缘的局部稳定和制作的需要；当 $h \geqslant 1300\,\text{mm}$，宜取 $b_0 \geqslant 450\,\text{mm}$，$c \geqslant 25\,\text{mm}$，$\Delta \approx 50\,\text{mm}$。

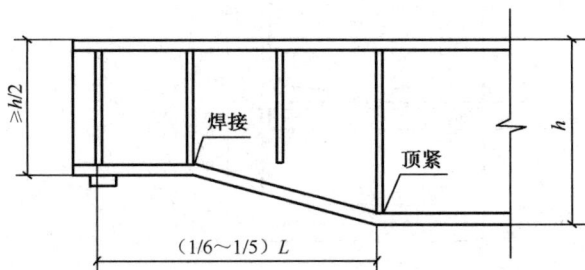

图 16-6　支座变截面梁

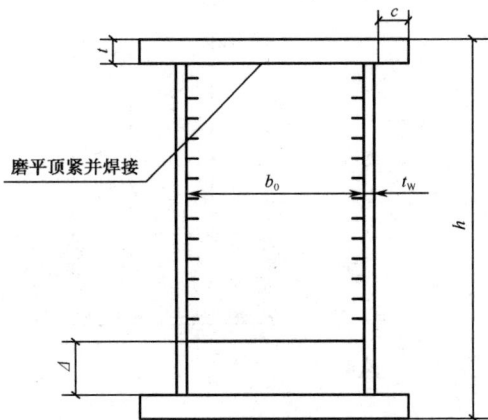

图 16-7　双腹板梁的断面尺寸

（9）双腹板梁，腹板间应设置横隔板，其间距宜为 1.5～2 m；横隔板应与上翼缘顶紧、焊接，与下翼缘不宜焊接，但在支座处应与下翼缘磨平顶紧、焊接。

（10）双腹板梁翼缘上开孔直径不应大于翼板宽度的 1/3，开孔削弱部分应按等截面补强，吊点处应设置横隔板，并与上翼缘顶紧或焊接，短横隔板高度和厚度按剪切和弯曲计

算确定，且厚度不应小于 6 mm。

（11）型钢组合梁的构造应符合图 16-8 所示的要求及 GB/T 22395—2022 的其他有关要求。

（12）顶板主梁与柱连接按铰接设计时，柱头只承受梁的支座反力，没有弯矩作用，柱头由柱顶盖板和柱顶加劲肋组成，如图 16-9 所示。

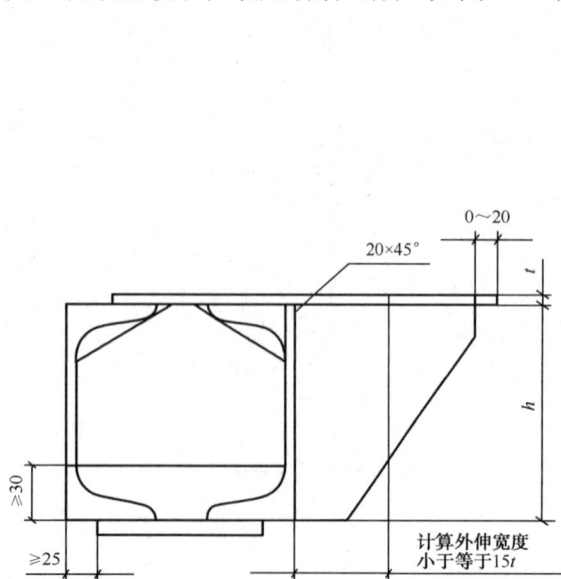

图 16-8　型钢组合梁的构造要求（单位：mm）

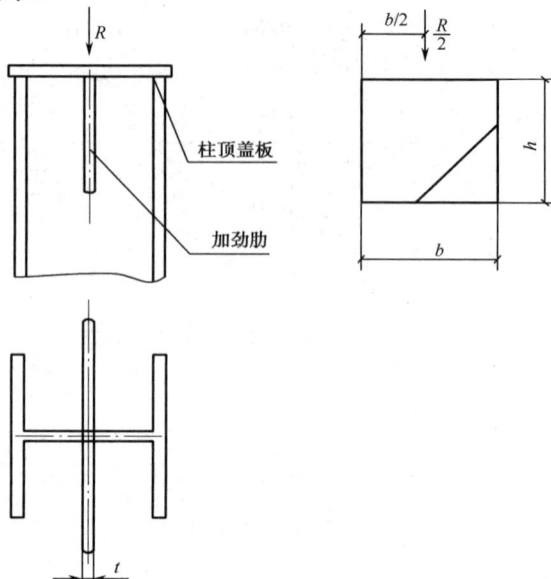

图 16-9　柱头

（13）柱脚与基础的连接方法有固接和铰接两种。为了使柱所承受的荷载安全地传递到基础上，柱脚要有适当的整体刚度，各部分的板件要有足够的强度和可靠的连接。

（14）固接柱脚由底板、靴板和肋板组成，如图 16-10 所示。

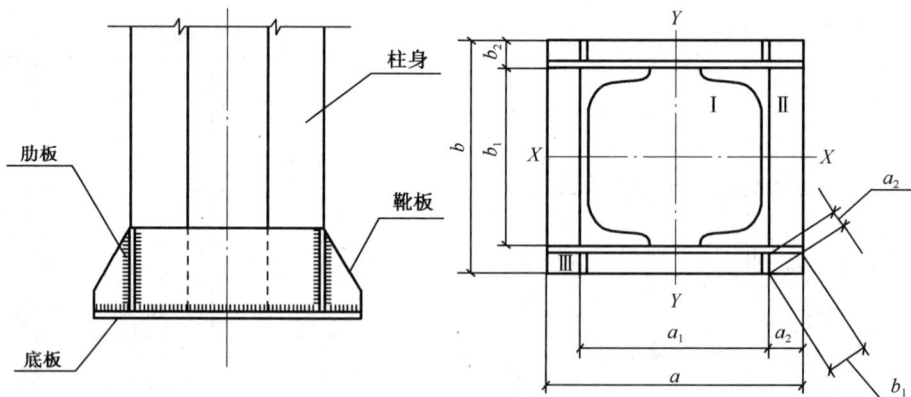

图 16-10　固接柱脚

（15）铰接柱脚由柱底板、连接板、定位板、剪力板、抗剪键、锚栓和锚栓支承托座（包括支承加劲肋、支承托座顶板、垫板）等组成，如图 16-11 所示。

（16）支撑系统构造如下。

① 垂直支撑：结构形式主要有中心支撑结构（十字交叉斜杆、单斜杆、人字形斜

杆），必要时也可采用偏心支撑结构。

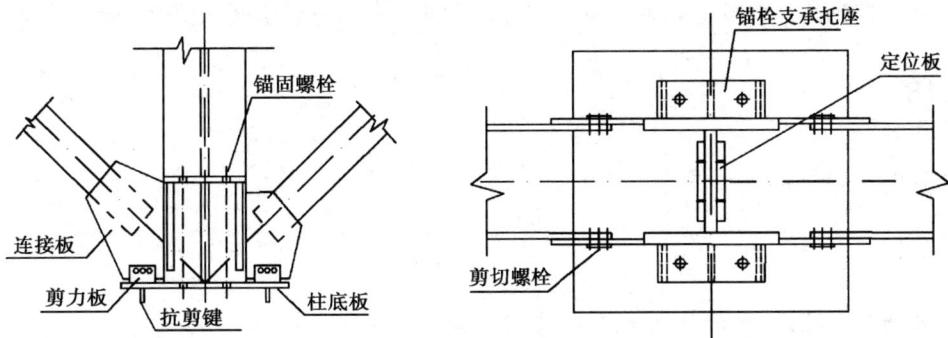

图 16-11 铰接柱脚

② 水平支撑：宜布置在承载较大的平面内，并应在锅炉钢结构周围形成连续的封闭结构。

③ 炉顶板的支撑系统：由端部支撑、侧向支撑和顶部水平支撑组成。

a. 端部支撑：为防止主梁端部截面扭转而设置的构造措施，如图 16-12 所示。

b. 侧向支撑：为保证主梁整体稳定而设置的侧向支撑点，支撑的腹杆宜与主梁受压翼缘连接，如图 16-13 所示。

c. 顶部水平支撑：为保证锅炉钢结构顶部承载较大平面内具有足够的整体刚度并有效地传递水平力而在顶部设置的水平支撑，如图 16-14 所示。

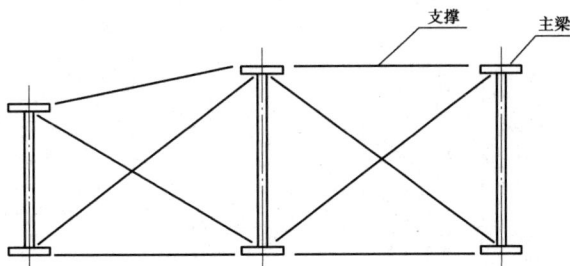

图 16-12 端部支撑

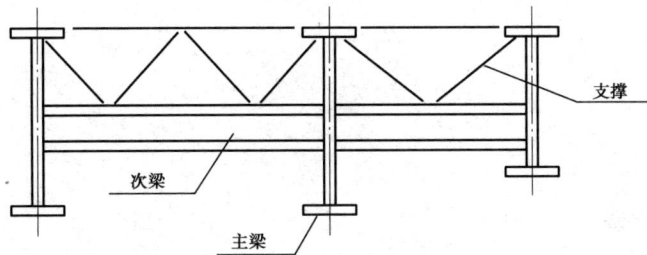

图 16-13 侧向支撑

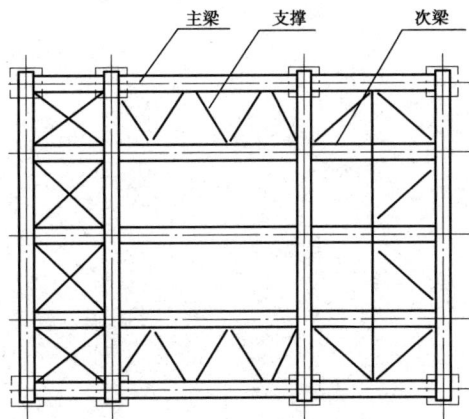

图 16-14 顶部水平支撑

知识梳理与总结

本单元讲述了锅炉钢结构的一般要求、材料要求、具体要求和分类与布置，以及主要构件的构造与识图等，学习时需要注意以下两点。

（1）锅炉钢结构在热电厂应用较广，应注意其构造与普通钢框架结构的联系与区别。

（2）锅炉钢结构建筑类型较多，特点不一，应充分利用建筑实物和图片等加深印象。

思考题 16

锅炉钢结构设计的具体要求有哪些？

实训 16

（1）读者可到锅炉钢结构工程实地参观，把所学构造知识与实际相结合，认真观察其组成和构造特点等。

（2）搜索并识读一套锅炉钢结构工程的施工图纸。

模块 5

钢桁架构造与识图

　　大跨度房屋结构常用于公共建筑，如大会堂、影剧院、展览馆、音乐厅、体育馆、加盖体育场、市场、火车站、航空港和加油站等，因受使用要求和建筑造型要求的制约，所以具有大跨度。这些公共建筑是为了满足人民的文化、生活不断丰富的需求而产生的。

　　大跨度房屋结构也用于工业建筑，特别是在航空工业和造船工业中，更多地采用大跨度房屋结构，如飞机制造厂的总装配车间、飞机库、造船厂的船体结构车间等。这些建筑采用的大跨度房屋结构是由装配机器（船舶、飞机等）的大型尺寸或工艺过程要求所决定的。

　　本模块主要学习大跨度钢结构的典型应用——钢桁架构造与识图。钢桁架又分为普通钢桁架与管桁架。钢桁架结构的应用范围很广，通过本模块的学习，读者应充分认识并了解钢桁架的组成及节点构造。

单元 17　普通钢桁架屋架构造与识图

17.1　普通钢桁架屋架形式与组成

17.1.1　屋架形式

屋架主要分为三角形屋架、梯形屋架、人字形屋架和平行弦屋架。

屋架形式应考虑房屋的用途、结构的受力性能、运输与施工的便利性等，根据具体情况，进行合理的设计，以取得较好的经济效果。

17.1.2　屋架的特征及适用范围

1. 三角形屋架的特征及适用范围

三角形屋架（见图 17-1）适用于屋面坡度较大的有檩屋盖结构，考虑到屋面材料的排水要求，坡度一般为 1/6～1/3。由于三角形屋架与柱通常铰接，因此房屋横向刚度较小。三角形屋架弯矩图与三角形的外形相差较远，说明三角形屋架弦杆受力不均，支座处的内力较大而在跨中的受力却较小，弦杆的截面不能充分发挥作用。当屋面坡度较小时，支座处上下弦杆的夹角较小而内力却较大，使支座节点构造复杂，故一般用于中、小跨度的轻屋面结构。为了减小支座处的弦杆内力，增大支座处的杆件夹角，常将三角形屋架弦杆端节间上下移动一定距离形成折线式上弦或折线式下弦［见图 17-1（e）和（f）］。

三角形屋架的腹杆常采用芬克式腹杆［见图 17-1（a）和（b）］和人字式腹杆［见图 17-1（d）和（f）］。芬克式腹杆数量较多，但压杆短，拉杆长，受力合理，且可分为两榀屋架和一根直杆，便于运输。人字式腹杆数量较少，但长度较长，只适用于跨度较小的情况。因人字式腹杆的抗震性能较好，所以，在地震烈度较高的地区，跨度较大的房屋常采用人字式腹杆。单斜式腹杆［见图 17-1（c）］的长度和节点数目较多，只适用于下弦需要设置天棚的屋架，一般较少采用。三角形屋架在布置腹杆时，要同时处理好檩条间距和上弦节点间的关系，尽量避免上弦产生局部弯矩。

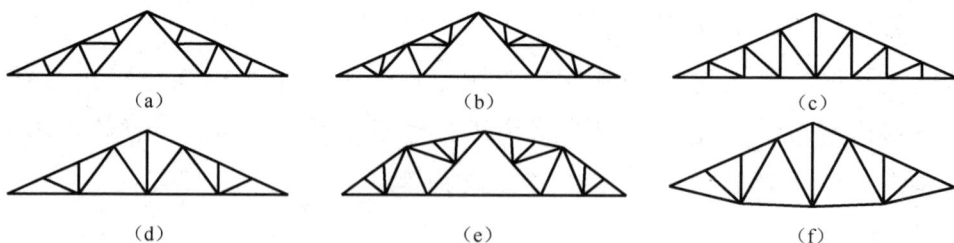

图 17-1　三角形屋架

2. 梯形屋架的特征及适用范围

梯形屋架（见图 17-2）适用于屋面坡度较为平缓的无檩屋盖结构。其外形与均布荷载引起的弯矩图较接近，弦杆受力较为均匀，用料较省。梯形屋架与柱的连接可采用刚接连接或铰接连接，刚接连接可以增大房屋的横向刚度，故在全钢结构厂房中被广泛采用。当

屋架支承在钢筋混凝土柱或砖柱上时，只能做成铰接连接。

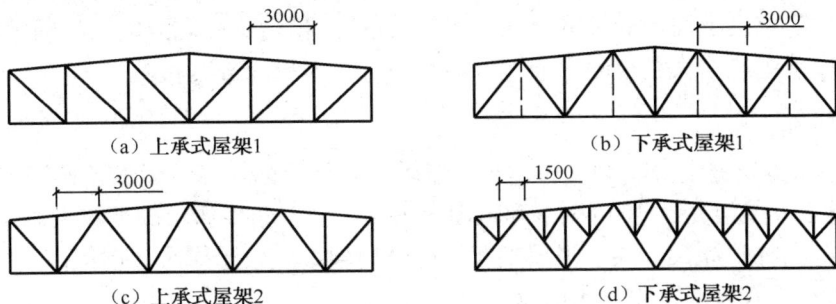

（a）上承式屋架1

（b）下承式屋架1

（c）上承式屋架2

（d）下承式屋架2

图 17-2 梯形屋架

梯形屋架的腹杆可采用人字式腹杆［见图 17-2（b）和（c）］、单斜式腹杆［见图 17-2（a）］和再分式腹杆［见图 17-2（d）］。按支座端斜杆与弦杆组成的支承点在下弦或上弦分为下承式腹杆和上承式腹杆两种。当屋架与柱刚接时，常用下承式腹杆；当屋架与柱铰接时，两种方式的腹杆均可用。若在屋架下弦设置天棚，则需要在人字式腹杆中间增设一道竖杆或采用单斜式腹杆。当上弦节间长度为 3 m 而大型屋面板宽度为 1.5 m 时，常采用再分式腹杆，将节间划分为 1.5 m，使屋架只承受节点荷载，避免上弦产生局部弯矩。有时只在屋架跨中上弦内力较大处采用再分式腹杆，其他部位仍采用人字式腹杆，使其承受局部弯矩，以充分利用材料。

3. 人字形屋架的特征及适用范围

人字形屋架多用于跨度较大的屋盖结构，上下弦屋架的坡度可以相同［见图 17-3（a）和（b）］，常为 1/20～1/10，节点构造比较统一；上下弦屋架的坡度也可以不同或下弦有一部分水平段［见图 17-3（c）和（d）］，以改善屋架的受力性能。

人字形屋架的腹杆常采用人字式或人字式中间加竖杆两种形式的腹杆。

4. 平行弦屋架的特征及适用范围

平行弦屋架［见图 17-3（e）、（f）和（g）］的上下弦平行，且可做成不同坡度，与柱连接可做成刚接或铰接，常用作单坡屋架［见图 17-3（e）］或托架［见图 17-3（g）］。屋盖的支撑体系也属于此类，它在构造方面优点突出，弦杆、腹杆长度一致，节点构造统一，便于工厂化制作。

平行弦屋架的腹杆常采用人字式腹杆，当用作支撑桁架时，腹杆常采用交叉式腹杆。

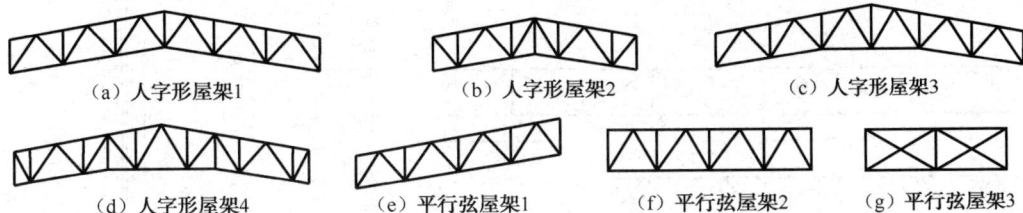

（a）人字形屋架1   （b）人字形屋架2   （c）人字形屋架3

（d）人字形屋架4   （e）平行弦屋架1   （f）平行弦屋架2   （g）平行弦屋架3

图 17-3 人字形屋架和平行弦屋架

17.1.3 屋架的主要尺寸

屋架的主要尺寸包括屋架跨度 L、屋架高度（跨中）H 及梯形屋架的端部高度 H_0。

1. 屋架跨度

屋架跨度 L 取决于房屋的柱网尺寸。屋架跨度 L 指的是标志跨度（柱网轴线的横向间距），在无檩屋盖中应与大型屋面板的宽度相适应，一般以 3 m 为模数。

2. 屋架高度

屋架高度 H 应根据经济、刚度和建筑等要求，以及屋面坡度、运输条件等因素确定。

一般情况下，屋架高度 H 可在下列范围内采用：当三角形屋架高度较大时，一般取 $H=(1/6\sim1/4)L$；当梯形屋架、人字形屋架和平行弦屋架坡度较平缓时，屋架高度 H 主要由经济高度决定，一般取 $H=(1/10\sim1/6)L$。

梯形屋架应首先确定屋架端部的高度 H_0，然后按照屋面坡度 i 计算跨中高度 H_1，对称屋架的跨中高度 $H_1=H_0+L\cdot i/2$。

对跨度较大的屋架，若横向荷载较大，在荷载作用下会产生较大的挠度，从而有损外观并可能影响正常使用。因此，对跨度 $L\geq15$ m 的三角形屋架和跨度 $L\geq24$ m 的梯形屋架、人字形屋架和平行弦屋架，当下弦无向上弯折时，宜采用起拱方式，即预先给屋架一个向上的反挠度，以抵消屋架受荷后产生的部分挠度。起拱高度一般为 $L/500$ 左右。

17.1.4 托架、天窗架和挡风板

1. 托架

支承中间屋架的桁架称为托架，托架一般采用平行弦桁架，其腹杆采用带竖杆的人字形体系。托架的形式如图 17-4 所示。直接支承于钢柱上的托架常用上承式托架［见图 17-4（a）］，支承于钢筋混凝土柱上的托架常用下承式托架［见图 17-4（b）］。托架高度应根据所支承屋架的端部高度、刚度要求、经济要求及有利于节点构造的原则来决定，一般取跨度的 1/10～1/5。托架的节间长度一般为 2 m 或 3 m。

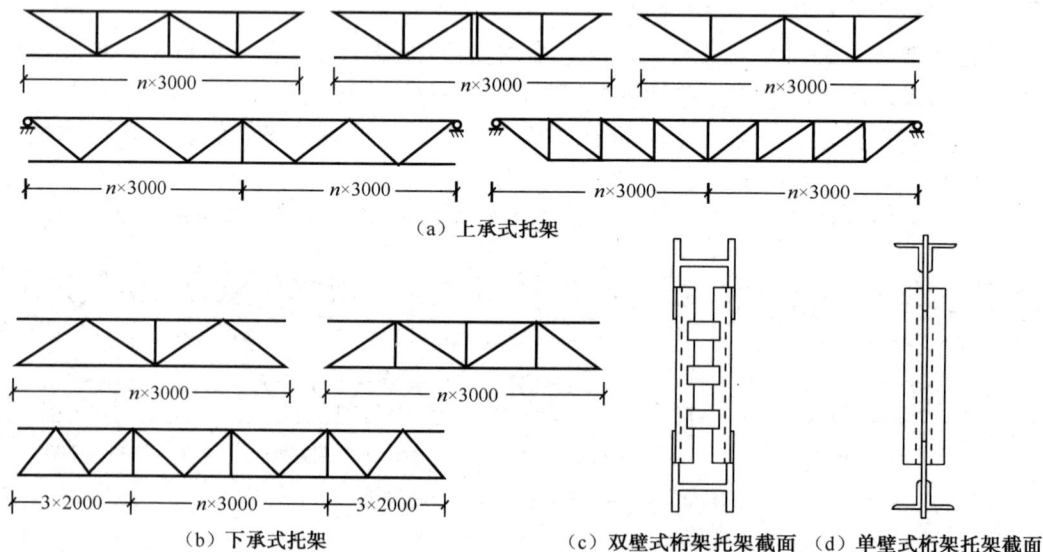

（a）上承式托架

（b）下承式托架　　（c）双壁式桁架托架截面　（d）单壁式桁架托架截面

图 17-4　托架的形式

当托架跨度大于 18 m 时，可做成双壁式桁架托架［见图 17-4（c）］，此时，上下弦杆

采用平放的 H 型钢，以满足平面外刚度的要求。托架与柱的连接通常做成铰接。为了使托架在使用中不致过分扭转，且使屋盖具有较好的整体刚度，屋架与托架的连接应尽量采用铰支的平接。

2. 天窗架

为了满足采光和通风要求，厂房中常设置天窗。天窗的形式可分为纵向天窗、横向天窗和井式天窗等，一般采用纵向天窗。

纵向天窗的天窗架形式一般分为多竖杆式、三铰拱式和三支点式，如图 17-5 所示。

（1）多竖杆式天窗架［见图 17-5（a）］构造简单，传给屋架的荷载较为分散，安装时通常与屋架先在现场拼装，再整体吊装，可用于天窗高度和宽度不太大的情况。

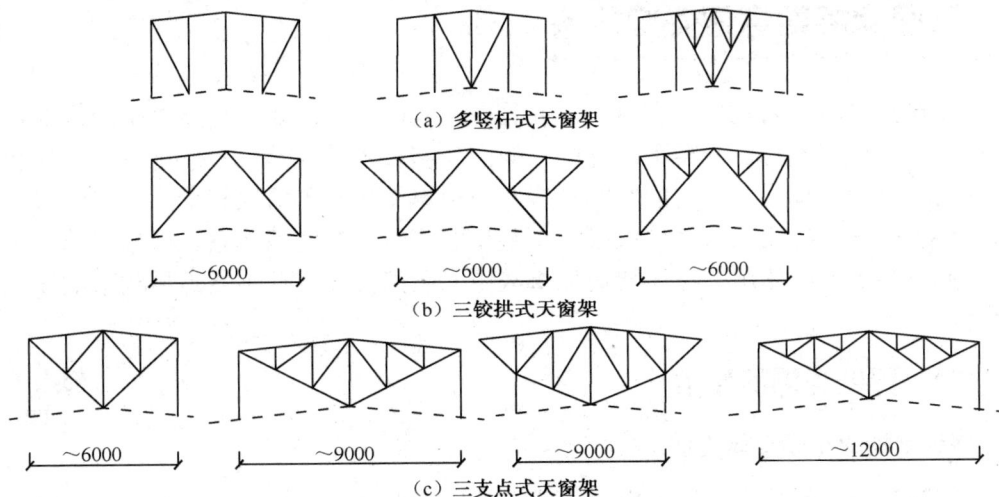

（a）多竖杆式天窗架

（b）三铰拱式天窗架

（c）三支点式天窗架

图 17-5　天窗架的形式

（2）三铰拱式天窗架［见图 17-5（b）］由两个三角形桁架组成，它与屋架的连接点最少，制造简单，通常用作预制混凝土屋架的天窗架。由于顶铰的存在，三铰拱式天窗架安装时稳定性较差，当与屋架分别吊装时，宜进行加固处理。

（3）三支点式天窗架［见图 17-5（c）］由支承于屋脊节点和两侧柱的桁架组成。它与屋架连接的节点较少，常与屋架分别吊装，施工较方便。

天窗架的宽度和高度应根据工艺和建筑要求确定，一般宽度为厂房跨度的 1/3 左右，高度为宽度的 1/5～1/2。

3. 挡风板

有时为了更好地组织通风，避免房屋外面气流的干扰，对纵向天窗还应设置挡风板。挡风板有竖直式挡风板［见图 17-6（a）］、侧斜式挡风板［见图 17-6（b）］和外包式挡风板［见图 17-6（c）］3 种，通常采用金属压型板等轻质材料制作而成，挡风板下端与屋盖顶面应留出至少 50 mm 的空隙。

挡风板挂于挡风板支架的檩条上。挡风板支架分为支承式挡风板支架和悬挂式挡风板支架。支承式挡风板支架的立柱下端直接支承于屋盖上，上端用横杆与天窗架相连。悬挂式挡风板支架则由连接于天窗架侧柱的杆件体系组成。

（a）竖直式挡风板

（b）侧斜式挡风板

（c）外包式挡风板

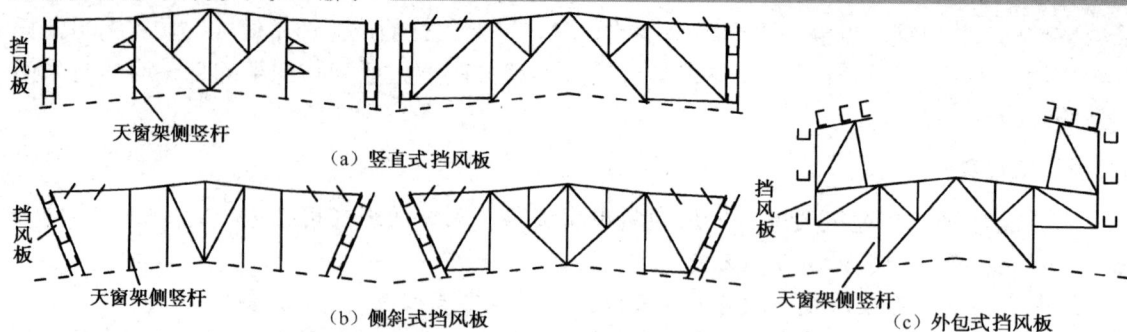

图 17-6　挡风板的形式

17.2　普通钢桁架屋架支撑体系

屋架在自身平面内为几何不变体系，并且有较大的刚度，能承受屋架平面内的各种荷载。但是，平面屋架本身在屋架平面外的侧向刚度和稳定性很差，不能承受水平荷载。要使屋架具有足够的承载力及一定的空间刚度，应根据结构布置情况和受力特点设置各种支撑体系，使各平面屋架相互联系，组成一个整体刚度较好的空间体系。屋架支撑对屋架结构的安全起重要的保障作用，在屋架坍塌事故中，屋架支撑设置不当是导致事故发生的主要原因之一。

17.2.1　屋架支撑的作用

1. 保证结构的空间整体性能

在屋盖结构中，若各个屋架仅用檩条或大型屋面板联系，没有必要的支撑，则屋盖结构在空间上仍是几何可变体系，在荷载作用下会向一侧倾倒。只有将某些屋架在适当部位用支撑联系起来，组成稳定的空间体系，其余屋架由檩条或其他构件连接在这个空间体系上，才能使屋盖结构成为一个空间整体。屋盖支撑作用的示意图如图 17-7 所示。

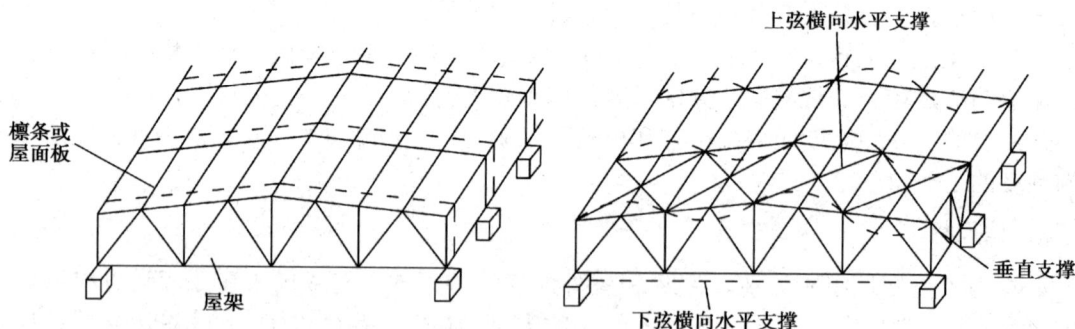

图 17-7　屋盖支撑作用的示意图

2. 为屋架弦杆提供侧向支承点

支撑可作为屋架弦杆的侧向支承点，使弦杆在屋架平面外的计算长度大大减小，保证上弦压杆的侧向稳定，并使下弦拉杆有足够的侧向刚度，使其不会在某些动力设备运行时产生过大的振动。

3. 承受和传递水平荷载

支撑可以承受和传递水平荷载，如风荷载、悬挂吊车水平荷载和地震荷载等。

4. 保证结构安装时的稳定与方便

支撑能保证屋架在吊装过程中的安全性和准确性，并且便于安装檩条或屋面板。

17.2.2　屋架支撑的种类

按照支撑所在位置的不同，屋架支撑可分为上弦横向水平支撑、下弦横向水平支撑、下弦纵向水平支撑、垂直支撑和系杆 5 种。屋架支撑的种类和组成如图 17-8 和图 17-9 所示。

1. 上弦横向水平支撑

上弦横向水平支撑是在两相邻屋架上弦平面内沿屋架全跨（房屋横向）设置的平行弦桁架。其弦杆由两相邻屋架的上弦杆兼任，腹杆由十字交叉斜杆和横杆组成。节间长度常取上弦节间的 2～4 倍，宽度是相邻屋架的间距。

2. 下弦横向水平支撑

下弦横向水平支撑是在两相邻屋架下弦平面内沿屋架全跨设置的平行弦桁架。其弦杆由相邻屋架的下弦杆充当。腹杆的构成和节间长度等均与上弦横向水平支撑相同。

3. 下弦纵向水平支撑

下弦纵向水平支撑是位于屋架下弦端节间沿房屋纵向通长设置的平行弦桁架。其横腹杆就是屋架下弦端的节间弦

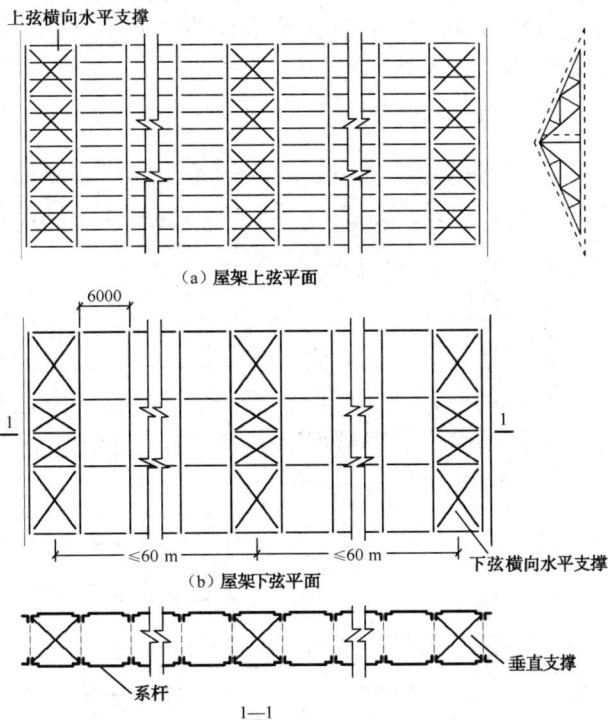

图 17-8　屋架支撑的种类和组成（有檩屋盖）

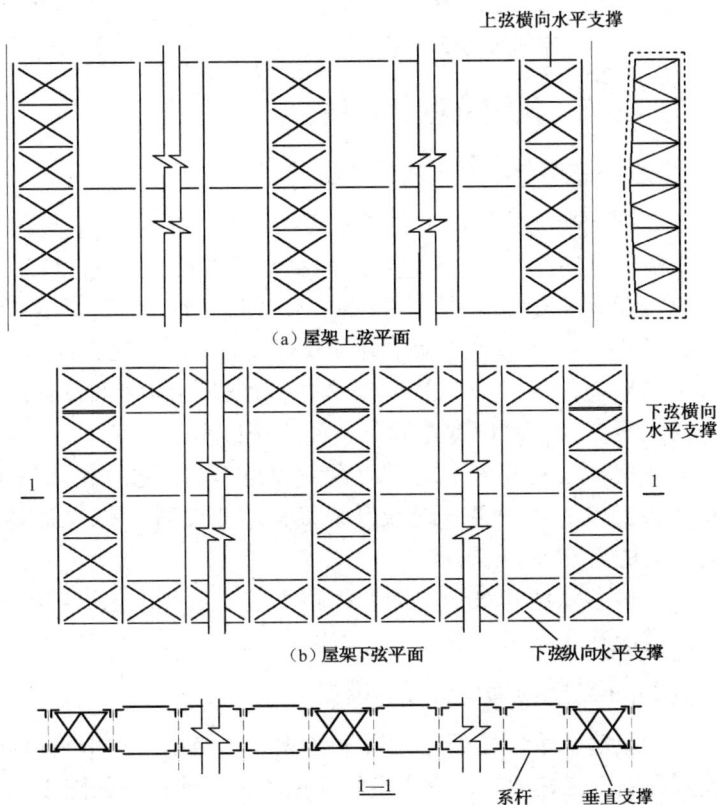

图 17-9　屋架支撑的种类和组成（无檩屋盖）

杆，弦杆和十字交叉腹杆是附加的。通常下弦纵向水平支撑可与下弦横向水平支撑组成封闭的框体，以提高房屋的纵向刚度。

4. 垂直支撑

垂直支撑是以两相邻屋架的相应竖杆或斜杆为竖杆，以上下弦横向水平支撑相应的横杆为弦杆，以及附加腹杆所组成的垂直或倾斜放置的平行弦桁架。垂直支撑的腹杆形式应根据宽度和高度的比例分别采用十字交叉形、V 形或 W 形，如图 17-10 所示。

5. 系杆

系杆是从上下弦横向水平支撑的节点出发，连接其他未设置支撑的屋架相应节点的纵向构件。系杆有刚性系杆和柔性系杆之分。刚性系杆既能承受拉力也能承受压力，一般由两个角钢组成十字形截面。柔性系杆只能承受拉力，一般采用单角钢截面。系杆的形式如图 17-11 所示。

图 17-10　垂直支撑的腹杆形式

图 17-11　系杆的形式

17.2.3　屋架支撑的设置

1. 上弦横向水平支撑的设置

在钢桁架屋盖结构中，通常应在屋架上弦和天窗架上弦设置横向水平支撑。上弦横向水平支撑一般设置在房屋两端或纵向温度区段两端的第一柱间（开间）（见图 17-8 和图 17-9）。当纵向温度区段较长时，上弦横向水平支撑也可以设置在房屋两端或纵向温度区段两端的第二柱间（开间），当设置在第二柱间（开间）时，在第一柱间内的相应位置应设置刚性系杆。

当屋盖的纵向天窗从端部第二柱间开始向中部设置时，宜将屋架上弦和天窗架上弦的横向水平支撑同时设置在同一柱间（开间）。

屋架上弦横向水平支撑的纵向间距不宜超过 60 m，当房屋或纵向温度区段较长时，应在房屋长度中间增设一道或几道横向水平支撑，以保证屋架平面外部分的稳定性和支撑纵向传力的可靠性。

屋架上弦横向水平支撑的间距不宜超过 60 m，当房屋较长时，可在房屋长度中间再增设一道或几道支撑。

2. 下弦横向水平支撑的设置

一般情况下，屋架应设置下弦横向水平支撑。下弦横向水平支撑应与上弦横向水平支撑设置在同一个柱间，以形成良好的空间稳定体系，如图 17-8 和图 17-12 所示。图 17-12 所示为屋架支撑布置图。

3. 下弦纵向水平支撑的设置

一般情况下，屋架可以不设置纵向水平支撑。当房屋内设有托架或较大吨位的重级、中级工作制吊车、壁行吊车，或者有大型振动设备，以及房屋高度较高、跨度较大、空间刚度要求较高时，均应在屋架下弦（三角形屋架也可在上弦）端节间设置纵向水平支撑，如图 17-12 所示。

4. 垂直支撑的设置

屋架均需设置垂直支撑。屋架的垂直支撑应与上下弦横向水平支撑设置在同一个柱间（见图 17-12），使屋盖结构成为几何不变体系。

梯形屋架、人字形屋架和其他端部有一定高度的多边形屋架必须在两端各设置

图 17-12 屋架支撑布置图

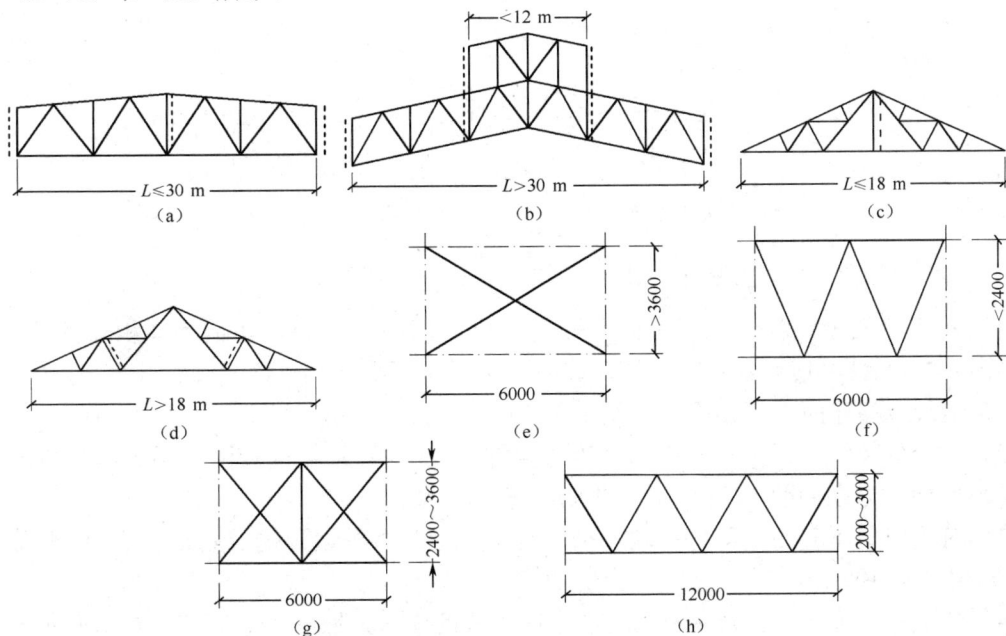

一道垂直支撑。此外，当屋架跨度 $L \leqslant 30$ m 时，应在屋架跨中设置一道垂直支撑；当屋架跨度 $L > 30$ m 时，应在跨度 1/3 附近的竖杆平面内设置一道垂直支撑；当有天窗时，垂直支撑应设置在天窗两侧，当天窗宽度 $L_1 \geqslant 12$ m 时，还应在天窗中央加设一道垂直支撑，如图 17-13（a）和（b）所示。

三角形屋架端部不设置垂直支撑。当屋架跨度 $L \leqslant 18$ m 时，可仅在中央设置一道垂直支撑；当屋架跨度 $L > 18$ m 时，宜在跨度 1/3 附近的竖杆或斜杆位置各设置一道垂直支撑，如图 17-13（c）和（d）所示。

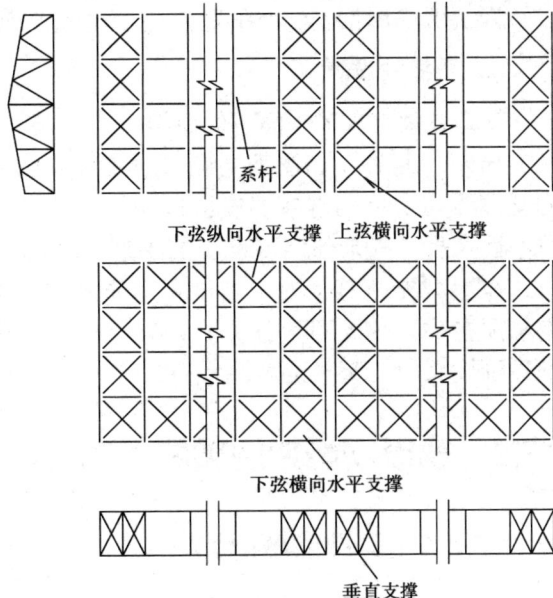

图 17-13 垂直支撑和系杆的设置（虚线为垂直支撑的设置部位）

为了保证屋架安装时的稳定性，每隔 4 或 5 个柱间应设置一道垂直支撑。

5. 系杆的设置

凡是在垂直支撑平面内的屋架，上下弦节点处均应设置通长的系杆，如图 17-13（e）～（h）所示。此外，在屋架支座节点处和上弦屋脊节点处应设置通长的刚性系杆。当屋架横向支撑设在房屋两端或温度区段两端的第二个柱间时，在支撑节点与第一榀屋架之间要设置刚性系杆，其余部位可设置柔性或刚性系杆。

在屋架支座节点处，当设有钢筋混凝土圈梁时，支座处下弦的刚性系杆可以不设。在有檩屋盖中，檩条可兼作系杆；在无檩屋盖中，大型屋面板可以充当系杆，一般只在屋脊处设刚性系杆，两端设柔性系杆。

17.3 普通钢桁架屋架杆件截面

17.3.1 杆件的截面形式

确定杆件的截面形式时，应考虑构造简单、施工方便、易于连接、用料经济等要求。

1. 单壁式屋架杆件的截面形式

在单壁式屋架（屋架跨度一般小于 42 m）中，杆件一般采用双角钢组成的 T 形和十字形截面，杆件由角钢之间的填板相连接，通过不同角钢的截面组合，可以近似满足杆件的等稳定性，有利于节约钢材。单壁式屋架杆件的各种截面形式如图 17-14 所示。

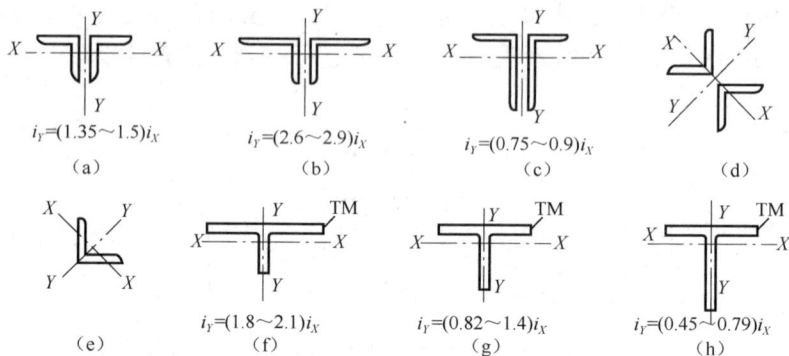

图 17-14 单壁式屋架杆件的各种截面形式

（1）对于屋架上弦杆，在无节间荷载时，宜采用两个不等边角钢短肢相连的 T 形截面，如图 17-14（b）所示；在有节间荷载时，可采用两个等边角钢组成的 T 形截面或两个不等边角钢长肢相连的 T 形截面，分别如图 17-14（a）和（c）所示。

（2）对于屋架下弦杆，宜采用两个等边角钢组成的 T 形截面或两个不等边角钢短肢相连的 T 形截面，分别如图 17-14（a）和（b）所示。

（3）对于梯形屋架的端斜杆和端竖杆，宜采用两个不等边角钢长肢相连的 T 形截面，如图 17-14（c）所示。

（4）对于其他腹杆，宜采用两个等边角钢组成的 T 形截面，如图 17-14（a）所示。受力很小的再分式腹杆也可采用单角钢截面。

（5）连接垂直支撑的屋架中央竖杆为了避免在垂直支撑传力时的竖杆偏心，宜采用两个等边角钢组成的十字形截面，如图 17-14（d）所示。

2. 双壁式屋架杆件的截面形式

当屋架跨度较大时，弦杆等杆件较长，单榀屋架的横向刚度比较小。为保证安装时屋架的侧向刚度，对屋架跨度大于等于 42 m 的屋架，宜设计成双壁式屋架。双壁式屋架杆件的截面形式如图 17-15 所示。其中，由双角钢组成的双壁式屋架杆件可用于弦杆和腹杆，横放的 H 型钢可用于大跨度重型双壁式屋架的弦杆和腹杆。

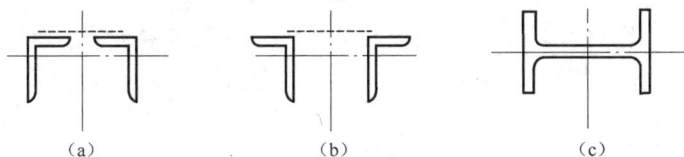

（a）　　　　　　　　　（b）　　　　　　　　　（c）

图 17-15　双壁式屋架杆件的截面形式

17.3.2　双角钢杆件的填板

由双角钢组成的 T 形和十字形截面杆件是通过填板将两个角钢连接成一个整体的。填板的厚度与节点板相同，填板的宽度一般取 50～80 mm，T 形截面填板的长度应比角钢多伸出 15～20 mm，十字形截面填板的长度应从角钢肢尖缩进 10～15 mm。屋架杆件中的填板如图 17-16 所示。

填板间距对压杆比拉杆要求更严格。在十字形截面中，填板应沿两个方向一横一竖交错布置（见图 17-16），在压杆平面外的计算长度范围内，填板数不应少于两块。节点之间的填板应均匀布置。

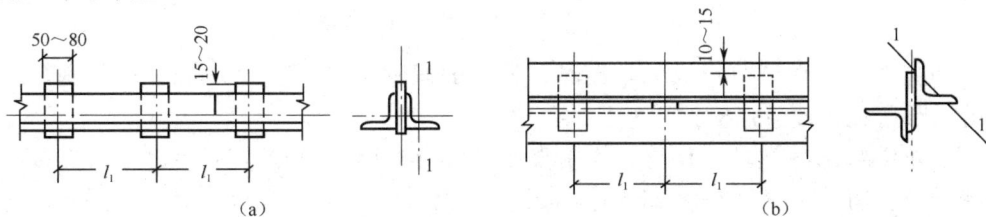

（a）　　　　　　　　　　　　　　　　　　（b）

图 17-16　屋架杆件中的填板

17.3.3　节点板的厚度

屋架节点板（或 T 型钢弦杆的腹板）的厚度，要结合钢材牌号确定，对单壁式屋架，可根据腹杆的最大内力（对于梯形和人字形屋架）或弦杆端节间的内力（对于三角形屋架），按规范表格选用，但厚度不得小于 6 mm。由于中间节点的板受力比支座节点板小，所以厚度可减小 2 mm。对于双壁式屋架的节点板，则可按上述内力的一半，按规范表格选用。

17.3.4　杆件截面选择的构造要求

（1）杆件截面应选用肢宽而壁薄的角钢，使截面回转半径大些，这对压杆尤为重要。

（2）角钢尺寸不宜小于 L45×4 或 L56×36×4，以防止杆件在运输和安装过程中产生弯曲和损坏。一般情况下，板件或肢件的最小厚度为 5 mm，对小跨度屋架可用 4 mm。

（3）为了便于订货和下料，在同一榀屋架中角钢的规格不宜过多，一般为五六种，同

时应避免采用肢宽相同而厚度相差小于 2 mm 的角钢，以免在制作中混淆和错用。

（4）屋架弦杆一般要采用等截面，但对跨度大于 24 m 的三角形屋架和跨度大于 30 m 的梯形屋架可根据内力变化在适当的节点处改变弦杆的截面，但半跨只宜改变一次。为简化拼接构造，一般要保持角钢的厚度不变而改变肢宽。

（5）角钢杆件或 T 型钢的悬伸肢宽不得小于 45 mm。

17.4 普通钢桁架屋架节点

屋架杆件一般采用节点板相互连接，各杆件内力通过杆端焊缝传给节点板，并汇交于节点中心，以取得平衡。在设计节点时，应做到构造合理、传力明确、连接可靠和制造安装方便等。

17.4.1 基本要求

（1）杆件的形心线应与屋架杆件的轴线相重合，以免杆件偏心受力，但为了方便制造，通常将角钢肢背至形心的距离取 5 mm 的倍数。当弦杆截面有改变时，为方便拼接及放置屋面构件，应该使角钢肢背平齐，并使两侧角钢形心线的中心线与屋架几何轴线重合。弦杆截面改变时的轴线位置如图 17-17 所示。当两侧形心线的偏移距离 e 不超过较大弦杆截面高度的 5% 时，可不考虑偏心影响。

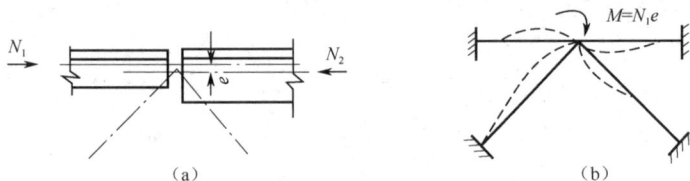

图 17-17 弦杆截面改变时的轴线位置

（2）当屋架各杆件在节点板上焊接时，杆件的间隙不宜小于 20 mm，以便施焊和避免由于焊缝过于密集而使节点板材质变脆。

（3）当角钢端部切割时，宜与轴线垂直［见图 17-18（a）］，有时为减小节点板尺寸，也可将其一肢斜切［见图 17-18（b）和（c）］，但不能采用将一肢完全切去而另一肢伸出的斜切［见图 17-18（d）］。

（4）节点板的形状应力求简单规整，至少两边应平行，如矩形、平行四边形和直角梯形等。节点板的外形必须避免凹角，以防产生严重的应力集中现象。节点板边缘与杆件轴线间的夹角不宜小于 15°，如图 17-19（a）所示，应避免如图 17-19（b）所示的形式，否则将使弦杆的连接焊缝偏心受力。节点板的平面尺寸，一般应根据杆件的截面尺寸和腹杆端部的焊缝长度画出大样图来确定，但考虑到施工误差，宜将此平面尺寸适当放大。

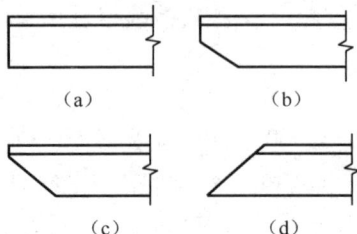

图 17-18 角钢端部切割　　图 17-19 节点板焊缝位置

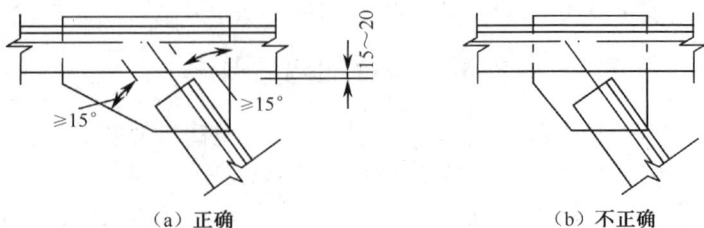

（5）支承大型混凝土屋面板的上弦杆，伸出肢宽不宜小于 80 mm（屋架间距 6 m）或 100 mm（屋架间距大于 6 m），否则应在支承处增设外伸的水平板，以保证屋面板的支承长度。上弦角钢加强示意图如图 17-20 所示。

当支承处总集中荷载的设计值大于规范表格的数值时，应对水平肢按图 17-20 所示的做法之一予以加强，以防止水平肢过薄而产生局部弯曲。

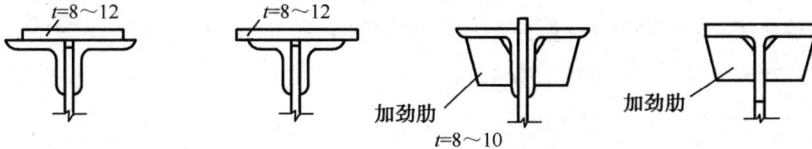

图 17-20　上弦角钢加强示意图

17.4.2　节点构造

在进行节点设计时，要先根据腹杆内力计算所需的焊缝长度和焊脚尺寸；再依腹杆所需焊缝长度结合构造要求及施工误差等确定节点板的形状和尺寸，弦杆与节点板的焊缝长度已由节点板的尺寸给定；最后计算弦杆与节点板的焊脚尺寸和设计弦杆的拼接等。焊缝尺寸应满足构造要求。以下介绍几种典型节点的设计方法。

1．一般节点

一般节点是指无集中荷载和无弦杆拼接的节点，如无节点荷载的屋架下弦的中间节点，如图 17-21 所示。这时，节点板应伸出弦杆 10～15 mm，以便布置焊缝。

2．作用有集中荷载的节点

为便于大型屋面板或檩条连接角钢的放置，常将节点板缩进上弦角钢背而采用槽焊连接，如图 17-22（a）和（b）所示。缩进距离不宜小于（0.5t + 2）mm，也不宜大于 t，t 为节点板的厚度。

如果节点板向上伸出，且不妨碍屋面构件的放置或仅由肢尖焊缝承担 ΔN（$\Delta N = |N_1 - N_2|$），不能满足强度要求，那么可将节点板全部或部分向上伸出，如图 17-22（c）和（d）所示。

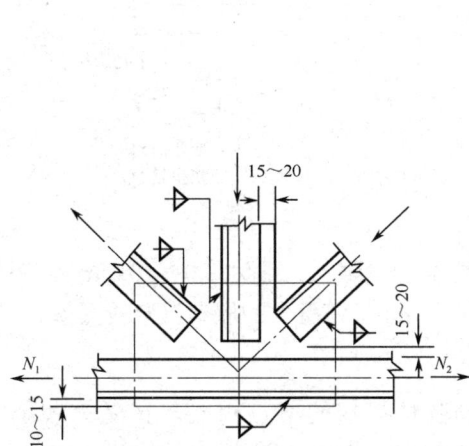

图 17-21　无节点荷载的屋架下弦的中间节点

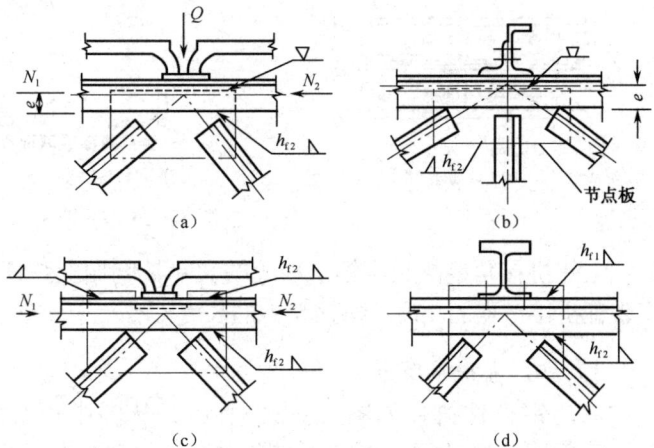

图 17-22　屋架上弦节点

3. 弦杆拼接节点

弦杆拼接分为工厂拼接和工地拼接两种。工厂拼接是因角钢长度不足，在工厂制造接头，接头常设在杆力较小的节间；工地拼接是为了使屋架能分段运输，在工地进行接头的安装，接头常设在屋脊节点和下弦中央节点。

工地拼接（见图 17-23）时，屋架的中央节点板和竖杆均在工厂焊于左半跨，右半跨杆件与中央节点板的拼接角钢与弦杆连接为工地焊接。拼接角钢与弦杆连接的相应位置均要设置临时性的安装螺栓，以便工地焊接。

1）下弦拼接节点

下弦拼接节点［见图 17-23（a）］的构造与屋脊节点相近，采用与下弦截面相同的拼接角钢，并将角钢的棱角铲去，同时切去拼接角钢的部分竖肢。当角钢肢宽大于等于 125 mm 时，也要切斜边，以便均匀地传递内力。下弦拼接角钢的长度等于连接于一侧的每条侧焊缝实际长度的两倍加上 10～20 mm。

2）上弦拼接节点

屋架上弦一般都在屋脊节点处用两个与上弦相等截面的角钢拼接。角钢一般采用热弯成形。当屋面坡度较大且拼接角钢肢较宽时，可将拼接角钢竖肢切斜口弯曲后焊接。为了使拼接角钢与弦杆紧密相贴，要将拼接角钢的棱角铲去，为便于施焊，要将拼接角钢部分竖肢切去［见图 17-23（b）］，t 是角钢厚度。当角钢肢宽≥130 mm 时，最好切成 4 个斜边，以便传力平顺。拼接角钢的这些削弱（铲棱或切肢）可以由节点板或填板来补偿。上弦拼接节点如图 17-23（b）和（c）所示。

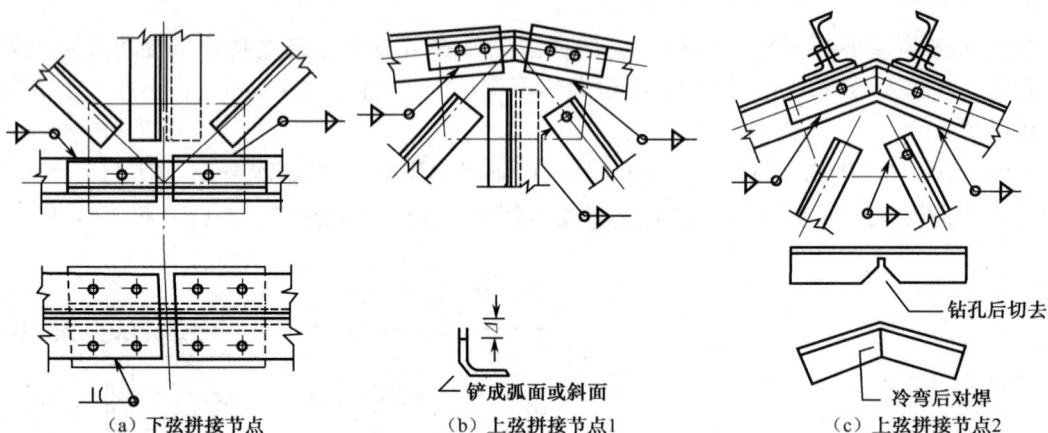

（a）下弦拼接节点　（b）上弦拼接节点1　（c）上弦拼接节点2

图 17-23　工地拼接

上弦拼接角钢的长度等于焊缝的实际长度加上弦杆杆端的空隙（一般为 30～50 mm）。为了保证拼接节点的刚度，拼接角钢的长度不宜小于 400～600 mm，跨度大的屋架可取较大值。

3）弦杆直拼接节点

双角钢杆件拼接如图 17-24 所示。从图中可看到弦杆拼接的节点构造。在受力较小处，可采用与杆件同规格的拼接角钢及填板进行拼接。当角钢肢宽大于等于 125 mm 时，拼接角钢可采用斜切，以便受力均匀，否则应采用端部直切。

（a）角钢边宽小于125 mm　　　　　　　　　（b）角钢边宽大于等于125 mm

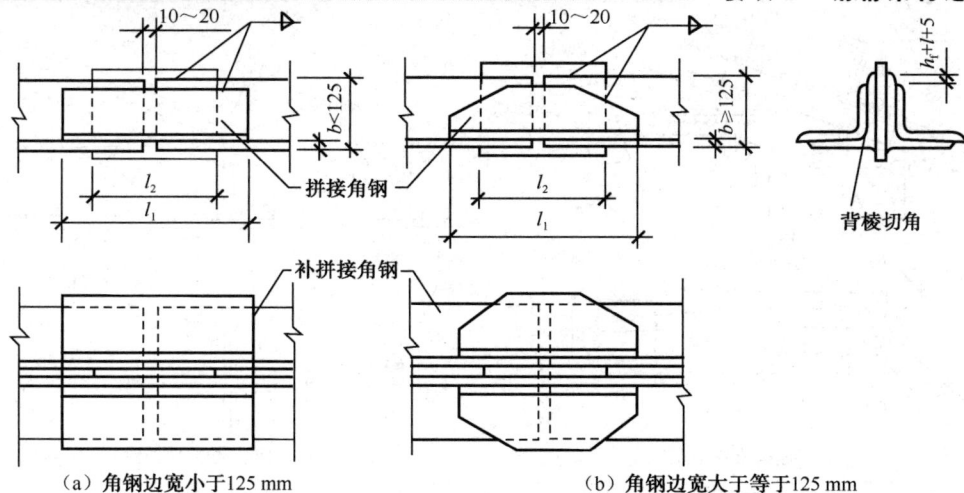

图 17-24　双角钢杆件拼接

4. 支座节点

屋架与柱的连接可以刚接（见图 17-25）也可以铰接（见图 17-26）。支承于钢筋混凝土柱或砖柱上的屋架一般按铰接考虑，而支承于钢柱上的屋架通常按刚接考虑。

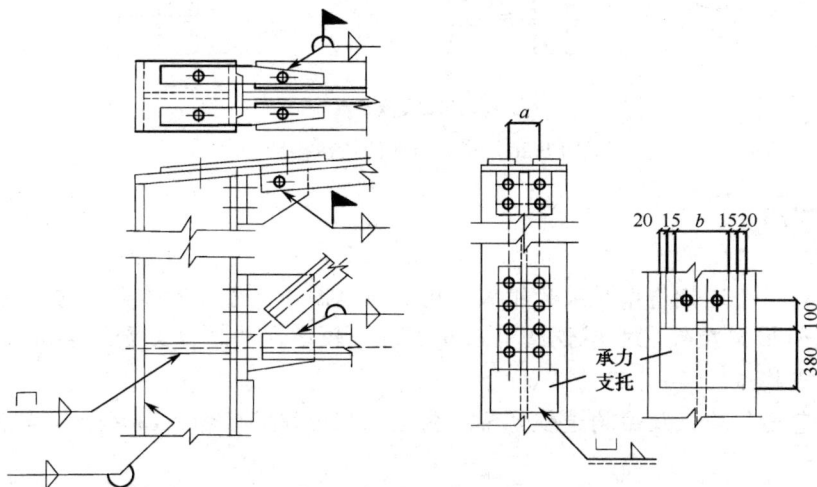

图 17-25　屋架与柱的刚接构造

铰接支座的节点大多采用平板式支座，由节点板、底板、加劲肋和锚栓组成。加劲肋设于支座节点中心处，高度和厚度均与节点板相同。但在三角形屋架中，加劲肋顶部应紧靠上弦杆水平肢并与之焊接，如图 17-26（a）所示。加劲肋的作用是：增大底板的竖向刚度，使底板受力均匀，减小底板弯矩，同时增大节点板的侧向刚度。

为便于施焊，下弦角钢肢背与支座底板的距离不宜小于下弦角钢水平肢的宽度，也不应小于 130 mm。支座底板与柱顶由锚栓连接，锚栓预埋于柱顶，直径一般取 20～25 mm。为便于安装时调整位置，底板上的锚栓孔径宜为锚栓直径的 2～2.5 倍，且应在外侧开口。当屋架安装完毕后，可加小垫板套住锚栓并与底板焊牢。小垫板的孔径比锚栓直径大 1～2 mm。锚栓孔可设在底板的两个外侧区格 ［见图 17-26（b）］，也可设在底板中线两侧的加劲肋端部。

（a）三角形屋架支座节点1　　　　　　　　（b）三角形屋架支座节点2

（c）梯形屋架支座节点

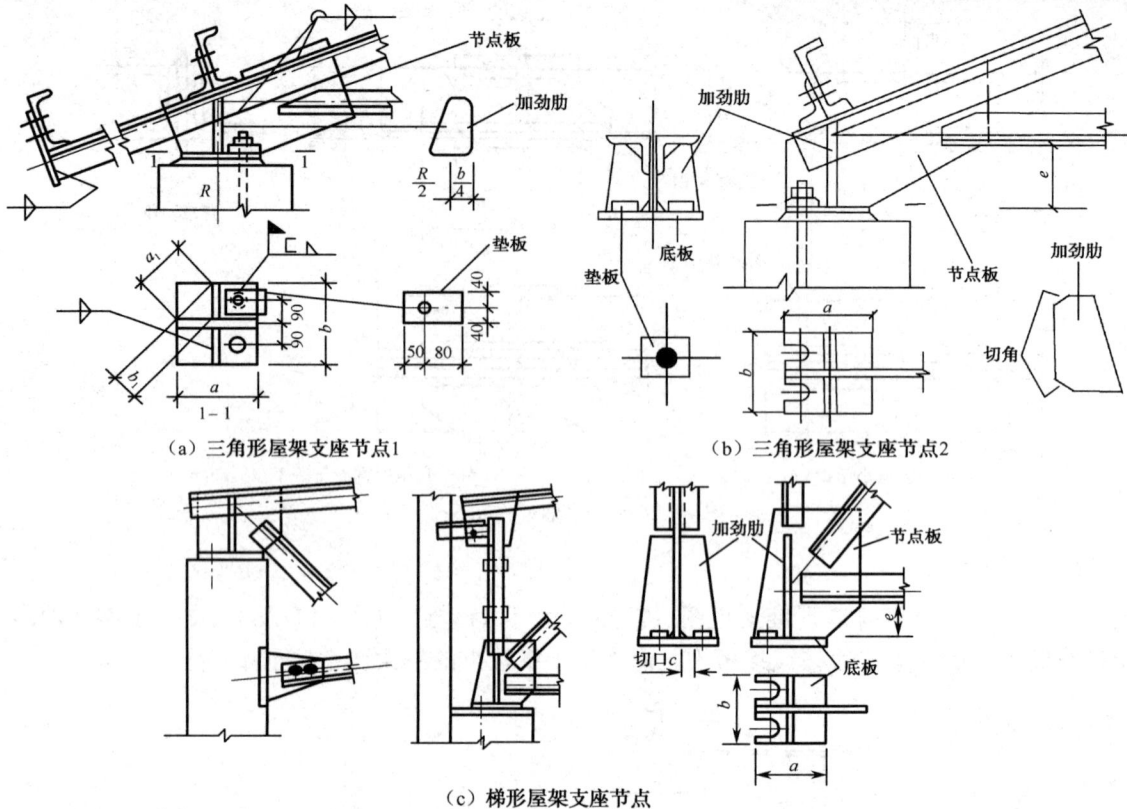

图 17-26　屋架与柱的铰接构造

知识梳理与总结

本单元介绍了普通钢桁架屋架的组成、构造与识图等，学习时需要注意以下两点。

（1）普通钢桁架屋架在重型钢结构厂房中应用较多，构造稍复杂，要搞清楚其组成、杆件及连接节点构造。

（2）由于普通钢桁架屋架构造较复杂，应充分利用建筑实物、图片等加深印象。

思考题 17

（1）普通钢桁架屋架主要由哪几部分组成？

（2）上下弦横向水平支撑分别有何作用？具体形式与连接构造如何？（提示：可参考 03G102 图集中的钢屋架施工图。）

（3）垂直支撑设置与系杆设置之间有何联系？

实训 17

（1）读者可到有普通钢桁架屋架的工地或工程中，现场观察其组成及连接节点的构造。

（2）识读 03G102 图集中梯形钢屋架的结构施工图、组成及连接节点的构造。

单元 18　管桁架构造与识图

18.1　管桁架的分类、组成、材料及规格

管桁架结构（也称管桁结构、管桁架、管结构）在目前大跨度空间结构中得到了广泛应用。管桁架结构可以是平面或立体桁架，与普通钢结构的主要区别在于连接节点的构造不同。例如，网架结构常用球节点，普通钢桁架常用板节点，而管桁架常用相贯节点（也称管节点）。目前，由于管桁架相贯节点的加工制作技术已非常成熟，所以采用相贯节点的管桁架应用越来越广泛。

管桁架广泛应用于门厅、航站楼、体育馆、展览馆和会议中心等建筑，如南京国际展览中心的屋盖结构、陕西咸阳国际机场航站楼的屋盖结构、广州白云国际机场航站楼的屋盖结构、南京奥林匹克体育中心游泳馆的屋盖结构等。

18.1.1　管桁架的分类

管桁架的结构形式与普通钢桁架的结构形式基本相同，根据作用不同可采取不同的外形。当管桁架做屋架时，外形可为三角形、梯形、平行弦和拱形等，腹杆形式有芬克式、人字式、单斜式（也称豪式）、再分式和交叉式等。

1. 按受力特点和杆件布置不同分类

管桁架按受力特点和杆件布置不同可分为平面管桁架和空间立体管桁架（后者常用三角形横截面，空间立体管桁架的结构如图 18-1 所示）。

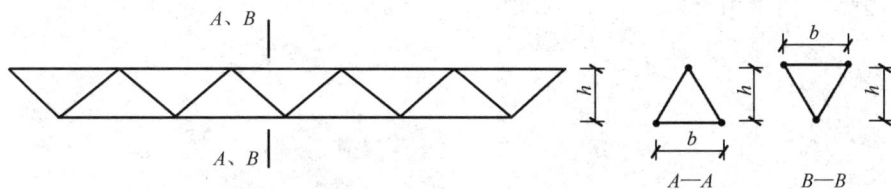

图 18-1　空间立体管桁架的结构

（1）平面管桁架由于上下弦及腹杆均在同一平面内，因此平面外的刚度较差，必须加平面外侧向支撑，以保证侧向的稳定性。而在考虑管桁架布置时应遵循受力简单、传力明确、构造简单、方便施工的原则。

（2）三角形空间管桁架的截面分为正立三角形截面和倒立三角形截面两种，如图 18-1所示。工程中常用倒立三角形截面管桁架，主要原因：其上弦有两根杆，常受压，两根杆比一根杆的受压抗失稳能力要强一倍；下弦一般只受拉，无失稳问题；上弦两根杆、下弦一根杆不但使外观看起来较轻巧，而且可以缩短檩条的跨度。正立三角形截面管桁架，一般多用于管道栈桥，此时上弦为一根杆，使檩条、天窗架立柱与上弦杆连接较简单。

2. 按连接构件截面不同分类

按连接构件截面不同，管桁架可分为 C-C 型桁架、R-R 型桁架、R-C 型桁架等。

1）C-C 型桁架

C-C 型桁架的主管和支管均用圆管相贯，相贯线为空间马鞍形曲线。

目前，C-C 型桁架在国内应用较广、较成熟。由于圆管相交的节点相贯线为空间马鞍形曲线，因此制造较困难，但钢管相贯自动切割机的出现，极大地促进了 C-C 型桁架的应用发展。

2）R-R 型桁架

R-R 型桁架的主管与支管均为方管或矩形管相贯。

由于方管和矩形管的抗压、抗扭性能突出，因此在国外被广泛应用，我国也有应用。

3）R-C 型桁架

R-C 型桁架的矩形截面主管与圆形截面支管直接相贯。

圆管与矩形管的杂交型管节点构成的桁架形式新颖，能充分利用圆管做轴心受力构件，矩形管做压弯和拉弯构件，且圆管与矩形管相交的节点相贯线均为椭圆曲线，比圆管相贯的空间曲线易于设计与加工。

3. 按桁架的外形分类

管桁架按桁架的外形分为直线形管桁架和曲线形管桁架，分别如图 18-2（a）和（b）所示。

当管桁架的外形为曲线形状时，要在加工制作时考虑成本，由折线近似代替曲线，当杆件加工为直杆或要求较高时，要用弯管机弯成曲管，以达到完美的建筑效果。

（a）直线形管桁架　　　　　　　　（b）曲线形管桁架

图 18-2　直线形与曲线形管桁架

18.1.2 管桁架的组成

管桁架由圆管或方管杆件在端部相互连接组成格子式结构。管桁架与普通钢桁架的区别在于连接节点的构造不同，管桁架杆件连接节点宜采用杆件直接焊接的相贯节点。在相贯节点处，在同一条轴线上的两个主管贯通，其余杆件（支管）通过端部相贯线加工后，可直接焊接在贯通杆件（主管）的外表，非贯通杆件在节点部位可能有一定的间隙（间隙型节点），也可能部分重叠（搭接型节点），如图 18-3 所示。

管桁架杆件在节点处均采用焊接连接。

一榀管桁架由上弦杆、下弦杆和腹杆组成。管桁架钢结构一般由主桁架、次桁架、系杆和支座组成，其应用实例如图 18-4、图 18-5 和图 18-6 所示。

（a）间隙型节点

（b）搭接型节点

图 18-3　管桁架相贯节点的形式

图 18-4　广州白云国际机场航站楼屋盖管桁架结构

图 18-5　天津奥林匹克中心体育场管桁架结构

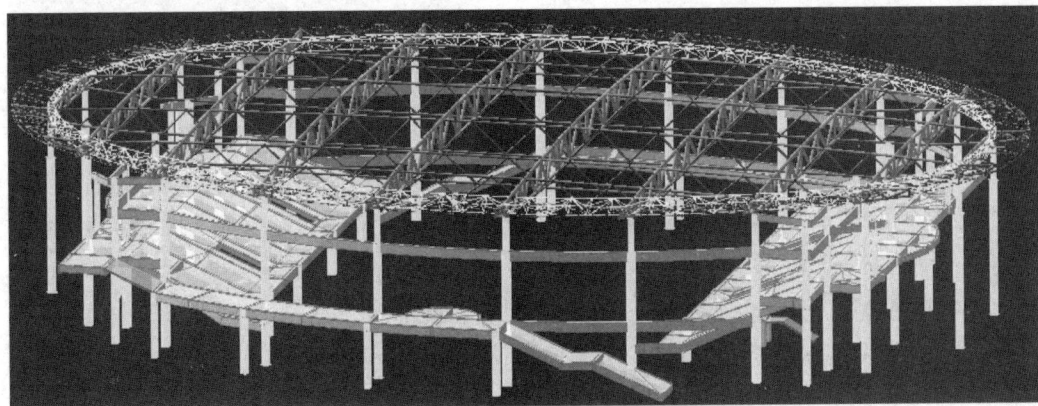

图 18-6　广州体育馆管桁架结构

18.1.3　管桁架的特点

1. 优点

（1）节点形式简单。

（2）刚度大，几何特性好。

（3）施工简单，节省材料。

（4）有利于防锈与清洁维护。

（5）圆管截面受风力、水流荷载作用效应小。

2. 缺点

（1）对内力不同的杆件通常采用同外径而变壁厚的方式拼接，若壁厚变化过多，则会增加拼接量；若壁厚基本不变，则虽然拼接量减少了，却导致用钢量增加。

（2）相贯节点的加工与放样较复杂，相贯线坡口的变化对机械要求高，要求施工单位有较高精度的数控机床设备。

（3）管桁架节点均为焊接，不但要控制焊接收缩量，而且对焊接质量的要求较高，焊接工作量较大。

18.1.4 管桁架的材料及钢材规格

1. 管桁架的材料

管桁架的材料主要有碳素结构钢、低合金高强度结构钢、优质碳素结构钢，在重要部位或钢板过厚时可能用到 Z 向钢、铸钢等。

2. 管桁架的钢材规格

管桁架主要采用无缝钢管和焊接钢管两种。国产热轧无缝钢管的最大外径可达 630 mm，供货长度为 3～12 m。焊接钢管的外径可做得更大，一般由施工单位卷制。

焊接钢管又分为普通焊接钢管和高频焊接钢管。普通焊接钢管分为直缝焊管和螺旋焊管。较小口径的焊管一般用直缝焊管，大口径的焊管多用螺旋焊管。

18.2 管桁架的相贯节点与构造要求

18.2.1 节点分类

在管桁架中，相贯节点的形式与相连杆件的数量有关。当腹杆与弦杆在同一平面时，相贯节点为单平面节点；当腹杆与弦杆不在同一平面时，相贯节点为多平面节点。具体节点分类如下（以 C-C 型桁架举例）。

1. 单平面节点

单平面节点的形式如图 18-7 所示。

| (a) Y形 | (b) X形 | (c) K形（间隙型） | (d) K形（搭接型） | (e) KT形 |

图 18-7　单平面节点的形式

2. 多平面节点

多平面节点的形式如图 18-8 所示。

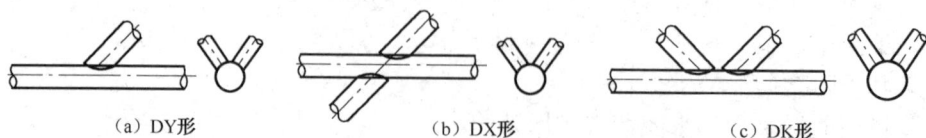

| (a) DY形 | (b) DX形 | (c) DK形 |

图 18-8　多平面节点的形式

18.2.2　构造要求

1. 一般规定

K 形与 N 形节点的偏心和间隙如图 18-9 所示。为保证相贯节点连接的可靠性，有关部门参考国外规范，结合我国国情，规定了以下构造要求。

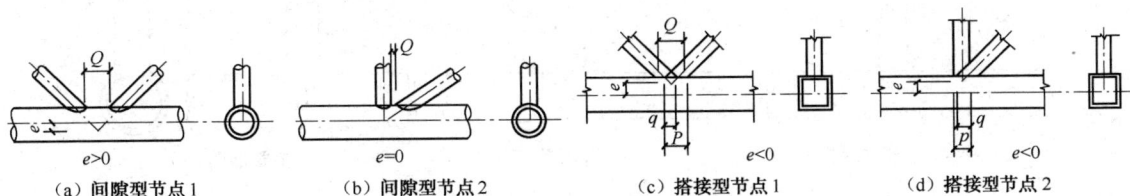

| (a) 间隙型节点1 | (b) 间隙型节点2 | (c) 搭接型节点1 | (d) 搭接型节点2 |

图 18-9　K 形与 N 形节点的偏心和间隙

（1）节点处的主管应连续，支管端部应加工成马鞍形直接焊接于主管外壁上，而不得将支管插入主管。为连接方便并保证焊接质量，主管外径应大于支管外径，主管壁厚不得小于支管壁厚。

（2）主管与支管之间的夹角及两支管间的夹角不得小于 30°——为保证支管端部的焊缝质量，并使支管能够受力良好。

（3）相贯节点各杆件的轴线要尽量交于一点，避免偏心。

（4）支管端部应平滑并与主管接触良好，不得有过大的局部空隙。按设计和规范要求，需要留坡口时一定要精确加工到位。

（5）支管与主管的焊缝，应沿全周连续焊接并平滑过渡，可全部用角焊缝或部分用对接焊缝，部分用角焊缝进行焊接。一般来说，当支管壁厚不大时，其与主管的连接宜全部用角焊缝；当支管壁厚较大（大于等于 6 mm）时，支管周边部分用角焊缝，部分用对接焊缝——在支管外壁与主管外壁之间的夹角大于等于 120° 时宜用对接焊缝，其余区域可采用角焊缝。角焊缝的焊脚尺寸不宜大于支管壁厚的两倍。

（6）对间隙型 K 形或 N 形节点，支管间隙应不小于两支管的壁厚之和。

（7）对搭接型 K 形或 N 形节点，当支管厚度不同时，薄壁管应搭在厚壁管上；当支管钢材强度等级不同时，低强度管应搭在高强度管上。应确保搭接部分支管之间的连接焊缝能很好地传力。

2. 节点加强

当钢管受力较大的部位根据具体情况需要加强时，应采取合理的加强措施，以防止产生过大的局部变形。另外，钢管的主要受力部位应尽量避免开孔削弱，当必须开孔时，应采取适当的补强措施，可以在孔周围加焊补强板。

节点加强的方法主要包括主管加套管、主管加垫板、主管加内隔板、主管加节点板及主管加肋环等，如图 18-10 所示。

3. 杆件连接

（1）在钢管构件连接接头处宜用对接焊缝连接，如图 18-11（a）所示。

（2）当两个钢管管径不同时，宜加锥形过渡段，如图 18-11（b）所示。

（a）主管加套管   （b）主管加垫板

（c）主管加内隔板   （d）主管加节点板   （e）主管加肋环

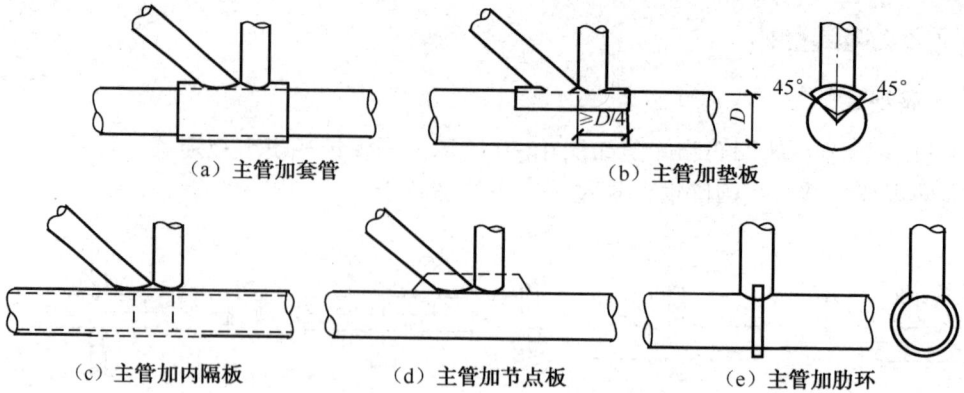

图 18-10　节点加强的方法

（3）当遇到直径较大或重要的连接时，宜在管内加短衬管，如图 18-11（c）所示。

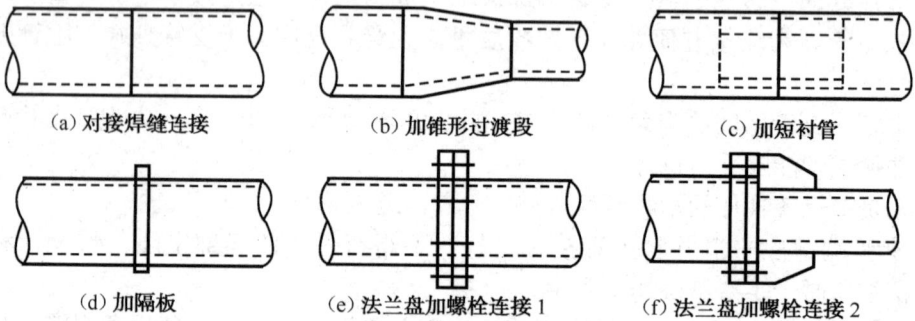

（a）对接焊缝连接   （b）加锥形过渡段   （c）加短衬管

（d）加隔板   （e）法兰盘加螺栓连接 1   （f）法兰盘加螺栓连接 2

图 18-11　杆件连接

（4）轴心受压构件或受力较小的压弯构件可用隔板传力的形式，如图 18-11（d）所示。

（5）对工地连接，可采用法兰盘加螺栓连接，如图 18-11（e）和（f）所示。

当管桁架有变径连接时，最常用的是法兰盘连接和变管径连接。当管径差小于 50 mm 时，可用法兰盘加螺栓连接，如图 18-12（a）所示，法兰板厚一般大于 16 mm，并大于较小管壁的厚度；当管径差大于 50 mm 时，应用变管径连接，如图 18-12（b）所示。

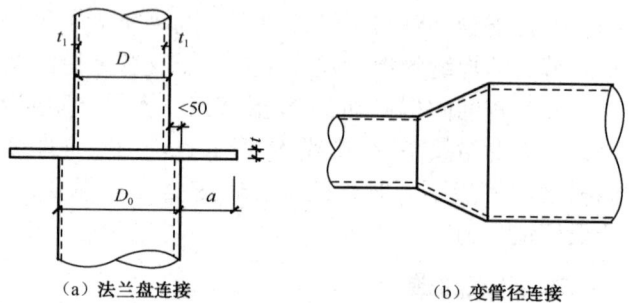

（a）法兰盘连接   （b）变管径连接

图 18-12　有变径连接时的方法

18.3　管桁架的焊缝形式与施工图

前面我们介绍过，一般的支管壁厚不大，与主管连接宜全部用角焊缝。若支管壁厚较大，则支管周边部分宜用角焊缝，部分用对接焊缝。

支管端部焊缝的位置可分为 A、B、C 三区，如图 18-13 所示。当各区均用角焊缝时，形式如图 18-14 所示。当 A、B 两区采用对接焊缝而 C 区采用角焊缝（因 C 区管壁夹角小，

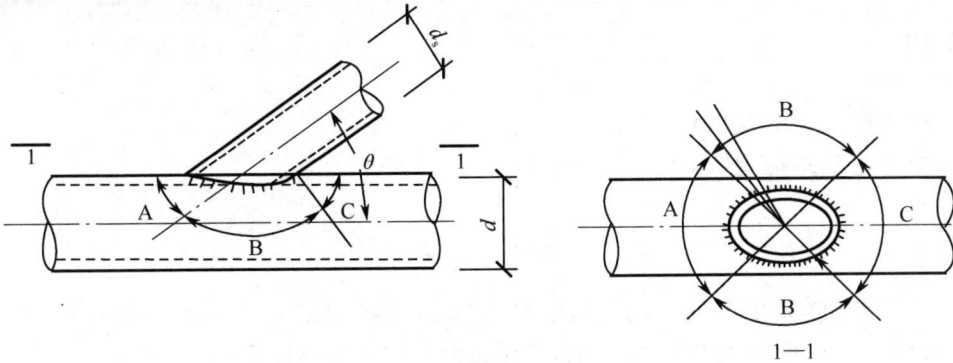

图 18-13　支管端部焊缝的位置分区图

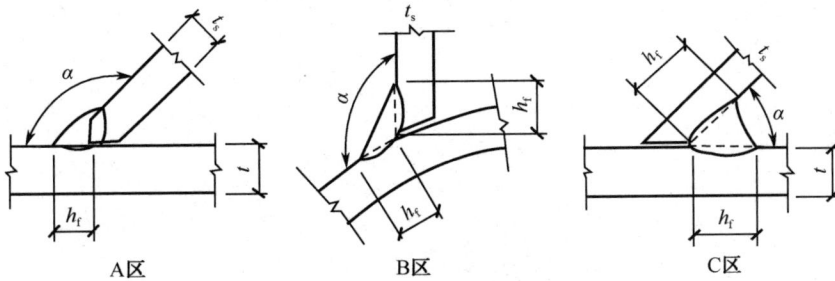

图 18-14　各区均用角焊缝时的形式

用对接焊缝不易施焊）时，其形式如图 18-15 所示。各种焊缝均宜切坡口，坡口形式随支管壁厚、管端焊缝位置而异。当支管壁厚小于 6 mm 时，可不设坡口。

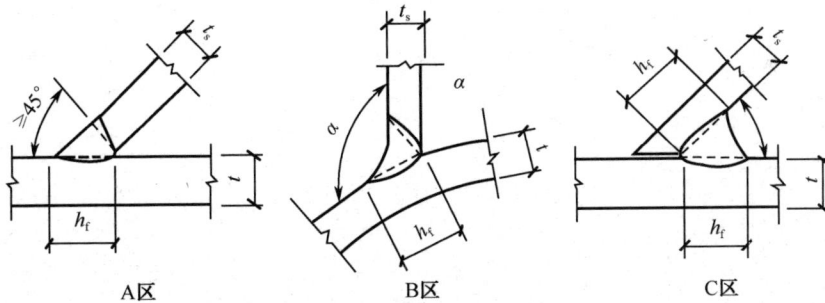

图 18-15　部分用对接焊缝、部分用角焊缝时的形式

　　当两管相交的相贯节点的相贯线为空间马鞍形曲线时，由于两曲面相交，要保证焊接时呈一定的角度，因此坡口必须沿相贯线变化。

　　扫一扫前言下部的二维码，识读附录 A 中的某体育场看台管桁架图纸。

知识梳理与总结

　　本单元讲述了管桁架的组成、构造与识图等，学习时需要注意以下两点。

　　（1）管桁架在大跨度公共建筑中应用较多，构造较复杂，要搞清楚其组成，以及杆件和连接节点的构造。

　　（2）由于管桁架的构造较复杂，应充分利用建筑实物、图片等加深印象。

思考题 18

（1）管桁架主要由哪几部分组成？

（2）管桁架节点构造的关键点有哪些？

实训 18

（1）读者可到有管桁架的工地或工程中，现场观察其组成及连接节点的构造。

（2）识读 03G102 图集中的立体钢桁架施工图、组成及连接节点的构造。

模块 6

空间网格结构构造与识图

　　空间网架结构是空间构架［也称空间网格结构（space frame）］的一种。一般它是由大致相同的格子或尺寸较小的单元（重复）组成的。目前，在我国空间结构中，以空间网架结构发展最快，应用最广。近年来兴建的大型公共建筑，特别是体育建筑，大多数都采用了空间网架结构。

　　人们常将平板形的空间网格结构简称为网架，将曲面形的空间网格结构简称为网壳。网架一般是双层的（以保证必要的刚度），在某些情况下也可做成三层的，而网壳分为单层网壳和双层网壳两种。由于网架在设计、计算、构造施工、制作等方面均较简便，因此是近乎"全能"地适用于大中小跨度屋盖体系的一种良好的结构形式。

　　通过本模块的学习，读者应能充分理解和掌握网架及网壳的异同点，重点掌握焊接球网架与螺栓球网架的构造异同点，加强对节点构造的理解，充分弄懂图纸的要点内容，多接触实际工程图纸及图集等，做到举一反三。由于空间网格结构比前面所学结构的节点相对更复杂，因此，学习时一定要耐心、认真。

单元 19　网架结构构造与识图

扫一扫看
本单元教
学课件

19.1　空间网格结构的特性

1. 优良的力学性能

一般传统结构体系（梁式、框架式及拱式体系等）的屋盖由彼此间以轻型支撑连接的平面承重构件组成，支撑不作为在承重构件之间重新分配荷载之用。屋顶的荷载是顺着椽子、檩条、屋架传递的，最后传至基础。每一构件在传递荷载过程中的任务都是先从比自己次要一级的构件接过荷载，再向比自己重要一级的构件传递荷载。各类构件所负担荷载的大小和范围都是随上述传递顺序增加的，它们的截面大小、分担职能的轻重，相互间形成了鲜明的主次关系。

空间网格结构是由一整块连续空间体构成的，或者是由许多杆件扩展而成的，不论何种构成方式，它们都是以整个结构的形体来承受外来荷载的。在空间网格结构里，每个构件均是整体结构的一部分，按照空间的几何特性分担、承受荷载任务，没有平面结构体系中构件之间的那种主次关系。例如，薄壳将传力结构和承重结构合二为一，内力传递简捷，结构整体性好。空间网格结构不但具有三度空间的结构体形，而且在荷载作用下为三向受力，呈空间工作状态，并以面内力或轴力为主，使空间网格结构的杆件截面远较平面结构的截面小。除优良的力学性能外，大多数空间网格结构还具有良好的抗震性能。

因为杆件截面较小，当结构跨度大到一定程度时，某些类型空间网格结构的结构刚度会减小，这样就不得不考虑轻型结构所特有的大变形问题，即工程师们必须对此类结构产生整体屈曲或共振现象的可能性给予充分重视。

2. 良好的经济性、安全性与适用性

因空间网格结构三维结构体形和多向受力的计算特征，空间网格结构将平面结构体系的受力杆件与支撑体系有机地融合在一起，整体性好，能适应各种均布荷载、局部集中荷载、非对称荷载及悬挂吊车、地震力等动力荷载，传力路线简捷、可靠，故可节约大量建筑材料，大大减轻结构自重，提高整体经济效果。空间网格结构一般是高次超静定结构，良好的内力重分布能力使其具有额外的安全储备，可靠性较高。

空间网格结构能适应不同跨度、不同支承条件的各种建筑要求，形状上也能适应正方形、矩形、多边形、圆形、扇形、三角形及由此组合而成的各种形状的建筑平面，同时又有建筑造型轻巧、美观，便于建筑处理和装饰等特点。例如，深圳机场新航站楼为 135 m×195 m 的曲形钢管空间桁架屋盖结构，其造型像一只展翅飞翔的大鹏鸟，象征着鹏城的腾飞与发展。

19.2　网架结构的形式及组成分类

网架结构的形式较多，按结构组成分，通常分为双层、三层网架两种形式；按支承情况分，分为周边支承网架、点支承网架、周边支承与点支承混合网架、三边支承或两边支

承网架等形式；按网格组成分，可分为由两向或三向平面桁架组成的交叉桁架体系、由三角锥体或四角锥体组成的空间桁架角锥体系等体系形式。常用的网架形式详见《空间网格结构技术规程》（JGJ 7—2010），本节只介绍最常用的几种。

19.2.1　按结构组成分类

1. 双层网架

双层网架由上下两个平放的平面桁架作为表层，上下两个表层之间设有层间杆件相互联系。上下表层的杆件称为网架的上弦杆和下弦杆，位于两层之间的杆件称为腹杆。网架通常采用双层网架。

2. 三层网架

三层网架由三个平放的平面桁架及层间杆件组成。采用双层还是三层网架，要依据建筑和结构的要求而定。多数网架为双层网架。

19.2.2　按支承情况分类

1. 周边支承网架

周边支承网架的所有周边节点均搁置在柱或梁上，因传力直接、受力均匀，是采用较多的一种形式，如图 19-1 所示。

当网架周边支承于柱顶时，网格宽度可与柱距一致，如图 19-1（a）所示。为保证柱子的侧向刚度，沿柱间侧向应设置边桁架或刚性系杆。

(a) 当网架周边支承于柱顶时　　(b) 当网架周边支承于圈梁时

图 19-1　周边支承网架

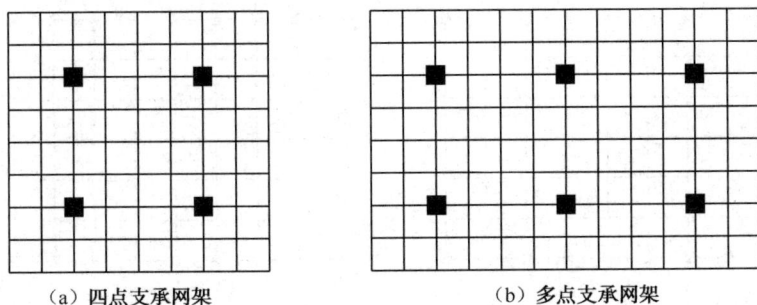

当网架周边支承于圈梁时，网格的划分比较灵活，可不受柱距的约束，如图 19-1（b）所示。

2. 点支承网架

点支承网架可置于四个或多个支承点上，如图 19-2 所示。图 19-2（a）所示为四点支承网架，图 19-2（b）所示为多点支承网架。

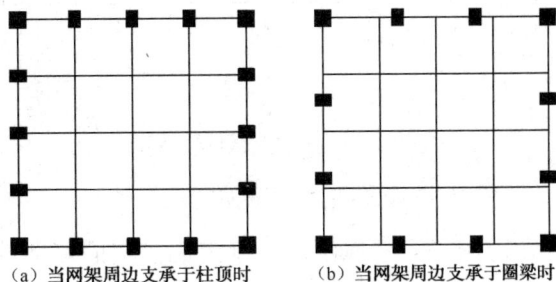

(a) 四点支承网架　　　　　　　　(b) 多点支承网架

图 19-2　点支承网架

点支承网架主要用于大柱距的工业厂房、仓库、加油站及展览厅等大中小型公共建筑。

这种网架由于支承点较少，因此支承点反力较大。为了使通过支承点的主桁架及支承点附近的杆件内力不致过大，宜在支承点处设置柱帽以扩散反力。通常将柱帽设置于下弦平面之下［见图 19-3（a）］，或设置于下弦平面之上［见图 19-3（b）］，也可将上弦节点通过短钢柱直接搁置于柱顶［见图 19-3（c）］。点支承网架周边应适当悬挑，以减小网架的跨中挠度与杆件的内力。

3. 周边支承与点支承混合网架

在点支承网架中，当周边设有围护结构和抗风柱时，可采用周边支承与点支承混合网架的形式，如图 19-4 所示。这种支承方式适用于工业厂房和展览厅等公共建筑。

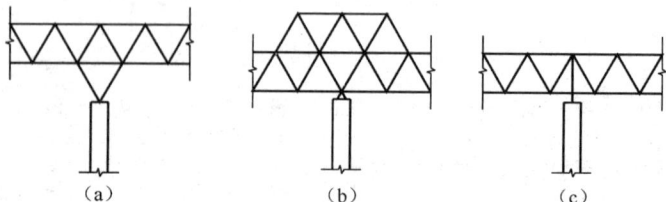

图 19-3　点支承网架的柱帽

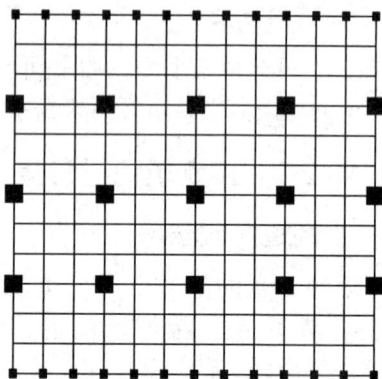

图 19-4　周边支承与点支承混合网架

4. 三边支承或两边支承网架

在矩形平面建筑中，由于考虑扩建的可能性或由于建筑功能的要求，需要在建筑一边或两对边上开口，因而使网架仅在三边或两对边上支承，将另一边或两对边处理成自由边。三边支承或两边支承网架如图 19-5 所示。由于自由边的存在对网架的受力是不利的，因此一般应对自由边做特殊处理。普遍的做法是在自由边附近增加网架的层数［见图 19-6（a）］，或者在自由边加设托梁、托架［见图 19-6（b）］。对中小型网架亦可选择增加网架高度或局部加大杆件截面等方法给予改善和加强。近些年来，因越来越广泛地采用了各种轻质金属压型板作为围护材料，特别是作为屋面围护材料，所以自重较大的各种混凝土板的使用量趋少，使自由边问题已不十分突出。

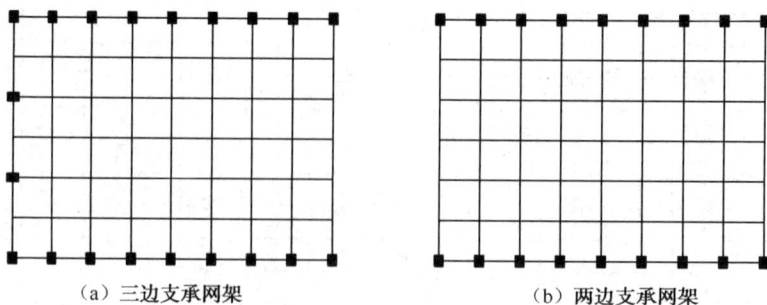

（a）三边支承网架　　　　　　　　　　（b）两边支承网架

图 19-5　三边支承或两边支承网架

（a）在自由边附近增加网架的层数　　　　　　（b）在自由边加设托梁、托架

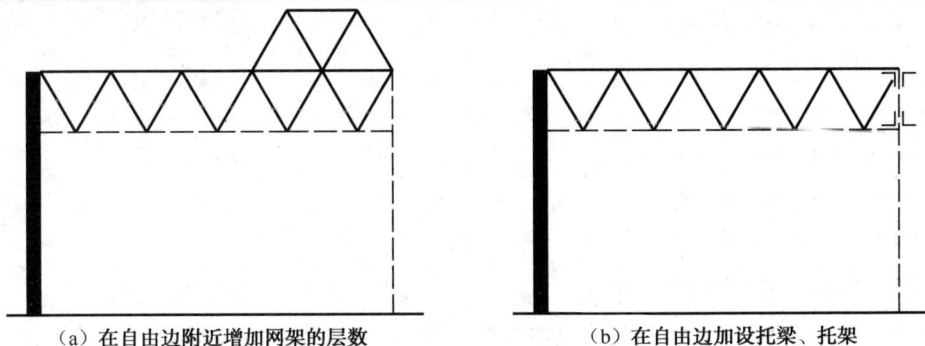

图 19-6　自由边的处理

19.2.3　按网格组成分类

1. 交叉桁架体系

交叉桁架体系由若干相互交叉的竖向平面桁架组成。竖向平面桁架的形式与一般平面桁架相似：腹杆的布置一般使斜腹杆受拉、竖腹杆受压，斜腹杆与弦杆的夹角宜为 $40°\sim60°$。桁架的节间长度即网格尺寸。竖向平面桁架可沿两个方向或三个方向布置，当为两向交叉时其夹角可为 $90°$（正交）或任意角度（斜交）；当为三向交叉时其夹角可为 $60°$。这些相互交叉的竖向平面桁架与边界方向平行（或垂直）时称为正放，与边界方向斜交时称为斜放。因此，随着竖向平面桁架之间交角的变化和与边界相对位置的不同，构成了一些不同的、各具特点的网架形式。

1）两向正交正放网架

两向正交正放网架适用于正方形或接近正方形的建筑平面。两向正交正放网架（见图 19-7）的构成特点：两个方向的竖向平面桁架垂直交叉，且分别与边界方向平行。因此，不仅上下弦网格的尺寸相同，而且在同一方向上平面桁架的长度一致，使制作、安装较为简便。两向正交正放网架的上下弦平面呈正方形的网格，它的基本单元为一个不全由三角形组成的六面体，属几何可变。为保证结构的几何不变性，以及增大空间刚度使网架能有效地传递水平荷载，应适当设置水平支撑。对周边支承网架，水平支撑宜在上弦或下弦网格内沿周边设置；对点支承网架，水平支撑应在支承主桁架附近的四周设置。

两向正交正放网架的受力状况与平面尺寸及支承情况关系很大。对于周边支承、正方形平面网架，受力类似于双向板。两个方向的杆件内力差别不大，受力比较均匀。但随着边长比的变化，单向传力作用渐趋明显，两个方向的杆件内力差别也随之加大。对于点支承网架，支承点附近的杆件及主桁架跨中弦杆的内力最大，其他部位杆件的内力很小，两者差别较大。

2）两向正交斜放网架

两向正交斜放网架适用于正方形和长方形的建筑平面。两向正交斜放网架（见图 19-8）的构成特点：两个方向的竖向平面桁架垂直交叉，且与边界成 $45°$ 夹角。

在两向正交斜放网架中，平面桁架与边界斜交，各片桁架长短不一，而高度又基本相同，因此，靠近角部的短桁架相对刚度较大，对与其垂直的长桁架有一定的弹性支承作用，减小了长桁架中部的正弯矩。所以，在周边支承情况下，两向正交斜放网架较两向正交正

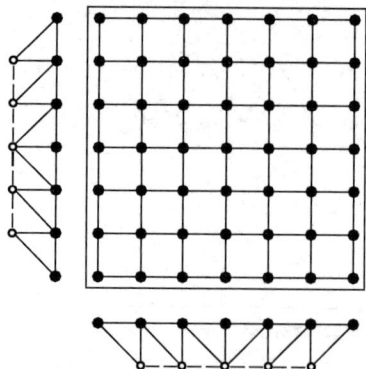

图 19-7　两向正交正放网架

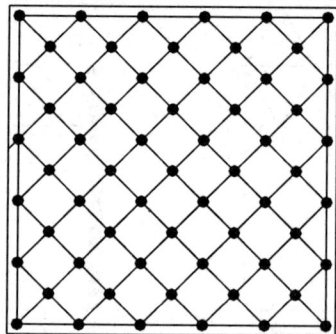
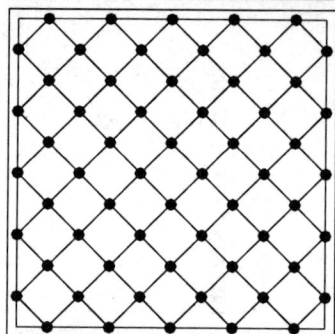

（a）　　　　　　　　　　　　（b）

图 19-8　两向正交斜放网架

放网架刚度大、用料省，对矩形平面受力也比较均匀。当长桁架直通角柱时［见图 19-8 （a）］，四个角的支座会产生较大的向上拉力，设计中应予以注意。若采用图 19-8（b）所示的布置方式，因角部拉力由两个支座分担，所以可避免过大的角支座拉力。

在周边支承情况下，若对支座节点沿边界切线方向加以约束，则设计时应考虑与支座连接的圈梁因此产生的拉力。

3）三向网架

三向网架（见图 19-9）的构成特点：三个方向的竖向平面桁架互成 60°角，且斜向交叉。

在三向网架中，上下弦平面的网格均为正三角形，因此，这种网架是以稳定的三棱体作为基本单元组成的几何不变体系。三向网架受力性能好，空间刚度大，并能把力均匀地传至支承系统。不过其汇交于一个节点的杆件可达 13 根，使节点构造比较复杂，一般采用圆钢管杆件和焊接空心球节点连接。

三向网架适用于三角形、六边形、多边形和圆形，并且跨度较大的建筑平面。当用于圆形平面时，三向网架周边会出现一些不规则网格，需要另行处理。三向网架的节间一般较大，有时可达 6 m。

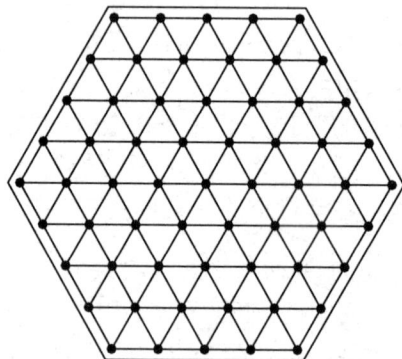
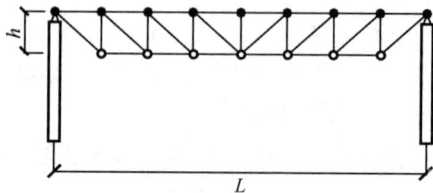

图 19-9　三向网架

2. 四角锥体系

四角锥体系以四角锥为组成单元。网架的上下弦平面均为正方形网格，上下弦网格可相互错开半格，使下弦平面正方形的四个顶点对应上弦平面正方形的形心，并用腹杆连接上下弦节点，即形成若干个四角锥体。若改变上下弦错开的平行移动量或相对地旋转上下弦（一般旋转 45°），并适当地抽去一些弦杆和腹杆，即可获得各种形式的四角锥网架。这类网架的腹杆一般不设竖杆，只有斜杆，仅当部分上下弦节点在同一条竖直直线上时，才需要设置竖腹杆。

1）正放四角锥网架

正放四角锥网架（见图 19-10）的构成特点：以倒四角锥体为组成单元，锥底的四边为网架的上弦杆，锥棱为腹杆，各锥顶相连为下弦杆，它的上下弦杆均与相应边界平行。正放四角锥网架的上下弦节点均分别连接 8 根杆件。当腹杆与下弦平面夹角为 45°时，网架的所有杆件（上下弦杆和腹杆）等长，便于制成统一的预制单元，制造、安装都比较方便。

正放四角锥网架的杆件受力比较均匀，空间刚度比其他类型的四角锥网架及两向网架大。当采用钢筋混凝土板作为屋面板时，板的规格单一，便于起拱，屋面排水相对容易处理，但因杆件数目较多，用钢量较大。

正放四角锥网架一般适用于建筑平面呈正方形或接近正方形的周边支承、点支承（有柱帽或无柱帽），大柱距及设有悬挂吊车的工业厂房与有较大屋面荷载的情况。正放四角锥网架在我国应用很广泛。

2）正放抽空四角锥网架

正放抽空四角锥网架（见图 19-11）的构成特点：在正放四角锥网架的基础上，除周边网格不动外，适当抽掉一些四角锥单元中的腹杆和下弦杆，使下弦网格尺寸比上弦网格尺寸大一倍。如果将一列锥体视为一根梁，那么其受力与正交正放交叉梁系相似。正放抽空四角锥网架的杆件数目较少，构造简单，经济效果好，起拱比较方便。不过抽空以后，下弦杆内力的均匀性较差，刚度比未抽空的正放四角锥网架小，但能够满足中小型工程的要求。

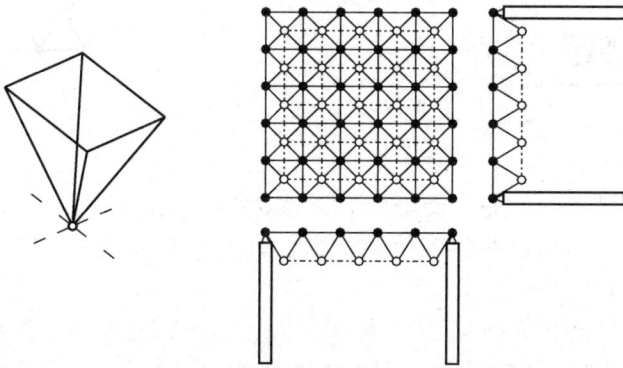

图 19-10　正放四角锥网架　　　　　　图 19-11　正放抽空四角锥网架

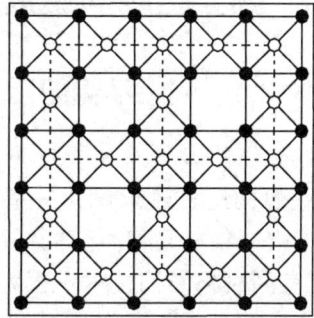

正放抽空四角锥网架适用于中小跨度或屋面荷载较小的周边支承网架、点支承网架及周边支承与点支承混合网架等。

3）斜放四角锥网架

斜放四角锥网架（见图 19-12）的构成特点：以倒四角锥体为组成单元，由锥底构成的上弦杆与边界成 45°夹角，而连接各锥顶的下弦杆则与相应边界平行。这样，它的上弦网格呈正交斜放，下弦网格呈正交正放。

斜放四角锥网架的上弦杆长度比下弦杆长度小，在周边支承情况下，通常是上弦杆受压，下弦杆受拉，杆件受力合理。此外，节点处汇交的杆件（上弦节点 6 根，下弦节点 8 根）相对较少，用钢量较省。但是，当选用钢筋混凝土屋面板时，因上弦网格呈正交斜放，使屋面板的规格较多，会造成屋面排水坡的形成较为困难；当采用金属板材（彩色压

型钢板、压型铝合金板等）作为屋面板时，此问题要容易处理一些。在安装斜放四角锥网架时，宜采用整体吊装，若欲分块吊装，则要另加设辅助链杆，以防止分块单元几何可变。

周边支承的斜放四角锥网架，在支承沿周边切向无约束时，四角锥体可能绕Z轴（竖轴）旋转（见图19-13）而造成网架的几何可变，因此必须在网架周围布置刚性边梁；点支承的斜放四角锥网架可在周边设置封闭的边桁架，以保持网架的几何不变。

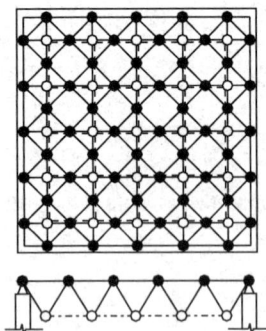

图 19-12　斜放四角锥网架　　　　　　　　　图 19-13　绕 Z 轴几何可变

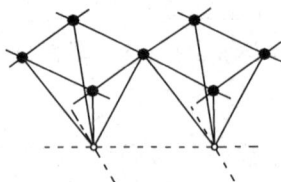

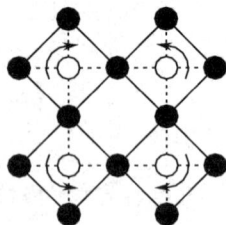

斜放四角锥网架一般适用于中小跨度的周边支承、周边支承与点支承混合情况下的矩形建筑平面。另外，还可用于单向折线形网架、棋盘形四角锥网架、星形四角锥网架、三角锥网架、抽空三角锥网架、蜂窝形三角锥网架等。

19.3　网架结构的基本构造规定

19.3.1　网架结构的常用形式

网架结构设计首先要选型，通常根据工程的平面形状、跨度大小、支承情况、荷载大小、屋面构造、建筑设计等诸多因素，结合以往的工程经验综合确定。网架杆件布置必须保证不出现结构几何可变的情况。

《空间网格结构技术规程》（JGT 7—2010）（注：在本规程中对大中小跨度的划分是针对屋盖而言的，大跨度为 60 m 以上，中跨度为 30～60 m，小跨度为 30 m 以下）给出了网架结构的常用形式及基本选取规则。

常用形式有 13 种：由平面桁架组成的两向正交正放网架、两向正交斜放网架、两向斜交斜放网架、三向网架、单向折线形网架，由四角锥体组成的正放四角锥网架、正放抽空四角锥网架、棋盘形四角锥网架、斜放四角锥网架、星形四角锥网架，由三角锥体组成的三角锥网架、抽空三角锥网架、蜂窝形三角锥网架。

19.3.2　网架结构的屋面材料与找坡形式

1. 屋面材料

屋面材料的选用直接影响施工进度、用钢量指标、下部结构（包括基础）及整个房屋的性能，不宜仅考虑某一方面而应以综合指标权衡确定。目前，采用较多的是有檩体系屋面，屋面材料常用轻质材料，可大大减小网架结构自身及梁、柱、墙体、基础构件的荷载，

而且跨度越大综合影响越大。各种混凝土屋面板、钢丝网水泥板则用于无檩体系中，因为这种体系制作屋面构造层手续多、施工时间长、自重也较大，所以采用已越来越少。

2. 屋面找坡形式

屋面找坡形式：①上弦节点上加小立柱找坡（当小立柱较高时，必须注意小立柱自身的稳定性）；②网架变高度；③整个网架起坡；④支撑柱变高度。

19.3.3 网架杆件

1. 杆件截面

杆件截面以圆钢管性能最优，使用最广泛。双角钢组成的杆件曾经也有采用，主要原因是当时角钢比无缝钢管便宜许多，现在已基本不用双角钢作为网架杆件了。

2. 杆件材料

杆件材料通常选用 Q235 系列或 Q345 系列钢材。

3. 杆件的计算长度

对于螺栓球节点网架（因节点接近铰接），杆件的计算长度 l_0 等于杆件的几何长度 l，即 $l_0=l$；对于焊接球节点网架（因节点有一定的阻止转动刚度，且焊接球直径接近弦杆长度的 1/10），弦杆及支座腹杆取 $l_0=0.9l$，而其他腹杆取 $l_0=0.8l$；对于钢板节点网架，弦杆及支座腹杆取 $l_0=l$，其他腹杆取 $l_0=0.8l$。

4. 杆件的长细比限值

对于受压杆件，长细比限值 $[\lambda]=180$；对于受拉杆件，支座处及支座附近的杆件，长细比限值 $[\lambda]=250$；对于一般杆件，长细比限值 $[\lambda]=300$；对于直接承受动力荷载的杆件，长细比限值 $[\lambda]=250$。

5. 杆件最小截面规格

为了保证网架杆件的承载力并使其具有必要的刚度，限制杆件的截面规格不得小于：钢管 $\phi48\times2$，角钢 L50×3。对大中跨度空间网格结构，钢管不宜小于 $\phi60\times3.5$。

19.4 网架结构的节点构造

网架通过节点（包括焊接钢板节点、焊接空心球节点、螺栓球节点、支座节点、焊接短钢管节点等）把杆件联系在一起组成空间形体，节点的数目随网格大小的变化而变化，节点质量一般为网架总质量的 20%～25%，所占比重较大。因节点破坏而造成工程事故的例子不少，所以应予以充分重视。

19.4.1 焊接空心球节点

焊接空心球节点可分为不加肋 [见图 19-14（a）] 和加肋 [见图 19-14（b）] 两种，所用材料为 Q235 钢或 Q345 钢。当球直径设计为 D 时，先用下料直径为 $1.414D$ 的圆板经压制成型做成半球，再由两个半球对焊而成。

焊接空心球节点适用于连接钢管杆件，是广泛应用的一种节点形式。该节点是将钢管杆件直接焊接在空心球体上，具有自动对中和"万向"性质，因而适应性很强。

注意：焊接空心球节点为使施工操作施焊方便及防止局部焊接受热集中材质变脆，一般使钢管杆件的球面距离 a 不小于 10 mm，如图 19-15 所示。

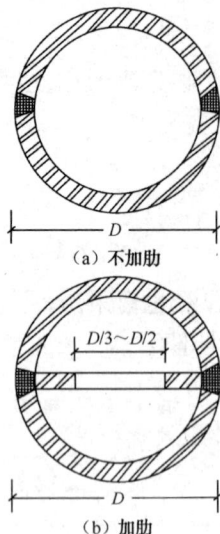

图 19-14　焊接空心球节点 1

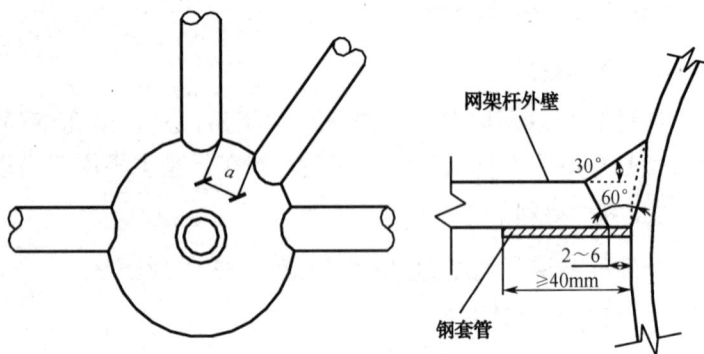

图 19-15　焊接空心球节点 2

19.4.2　螺栓球节点

螺栓球节点由螺栓、钢球、套筒、销子（或止紧螺钉）、锥头和封板组成，如图 19-16 所示，适用于连接钢管杆件。钢球尺寸如图 19-17 所示。

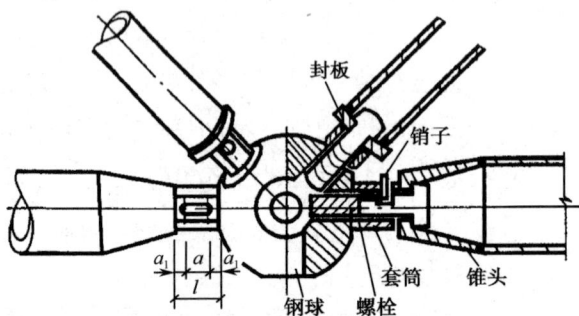

图 19-16　螺栓球节点

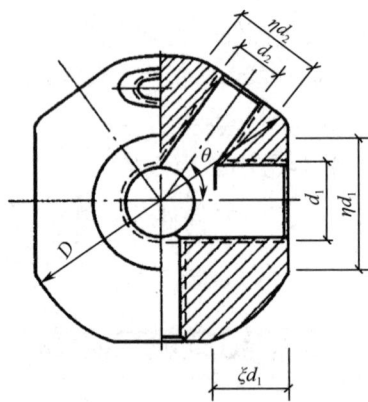

图 19-17　钢球尺寸

螺栓球节点的套筒、锥头和封板可采用 Q235 系列、Q345 系列钢材；钢球采用 45 号钢；螺栓和销子采用高强度钢材，如 45 号钢、40B 钢、40Cr 钢、20MnTiB 钢等。

（1）螺栓是节点中最关键的传力部件，一根钢管杆件的两端各设置有一个螺栓。螺栓由标准件厂家供货。在同一网架中，连接弦杆所采用的高强螺栓可以是一种统一的直径，而连接腹杆所采用的高强螺栓可以是另一种统一的直径，即通常情况下，同一网架中采用高强螺栓的直径规格多于两种。但在小跨度的轻型网架中，连接球体的弦杆和腹杆可以采用同一规格的直径。螺栓直径一般由网架中最大受拉杆件的内力控制。

（2）钢球按加工成型分为锻压球和铸钢球两种。钢球的直径除满足计算要求外，还应

满足按要求拧入球体的任意相邻两个螺栓不会相碰的条件。

（3）套筒是六角形的无纹螺母，主要用来拧紧螺栓和传递杆件轴向压力。套筒的壁厚按网架中最大压杆的内力计算确定，需要验算开槽处截面的承压强度。

（4）销子是套筒与螺栓联系的媒介，它能通过旋转套筒拧紧螺栓。为了减少钉孔对螺栓有效截面的削弱，销子的直径应尽可能小一些，但不得小于 3 mm。

（5）锥头和封板主要起连接钢管和螺栓的作用，承受杆件传来的拉力或压力。它们既是螺栓球节点的组成部分，又是网架杆件的组成部分。当网架钢管杆件的直径小于 76 mm 时，一般采用封板；当网架钢管杆件的直径大于等于 76 mm 时，一般采用锥头。

19.4.3　支座节点

网架的支座节点分为压力支座节点和拉力支座节点两大类。

在压力支座中，平板压力支座适用于较小跨度的网架；单面弧形压力支座适用于中等跨度的网架；双面弧形压力支座适用于大跨度的网架；球铰压力支座适用于大跨度且带悬伸的四支点或多支点网架。

在拉力支座中，较常用的有平板拉力支座和单面弧形拉力支座。虽然，支座出现拉力的情况不多，但在日常施工中越来越多地采用轻质屋面围护材料以后，对支座可能出现受拉力时的情况应予以充分重视。

板式橡胶支座适用于大跨度网架。

19.4.4　各种节点构造

各种节点构造如图 19-18～图 19-24 所示。

图 19-18 所示为网架檐口、山墙节点大样图 1，图 19-18（a）所示为网架屋顶结构外檐沟建筑构造大样，当檐口处设置外檐沟时，先以主、次檩条相互支承，再做现场复合保温板（上层板、保温层和底板等），并用小 Z 型檩条护边，形成屋面向檐沟内有组织排水的形式，注意檐沟内壁应浇筑密实并做好防水；图 19-18（b）所示为网架屋顶结构山墙带女儿墙建筑构造大样，先以主、次檩条相互支承，再做现场复合保温板，并在与女儿墙交界处设置泛水连接板，密封并固定好。

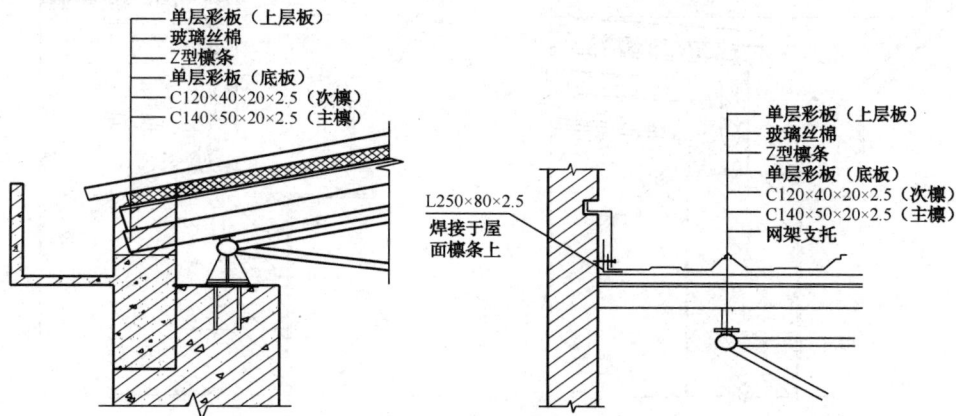

（a）网架屋顶结构外檐沟建筑构造大样　　　　（b）网架屋顶结构山墙带女儿墙建筑构造大样

图 19-18　网架檐口、山墙节点大样图 1

图 19-19 所示为网架檐口、山墙节点大样 2，图 19-19（a）的做法与图 19-18（a）的做法基本相同，对于网架支座与檐沟墙体并排的情况，应注意内侧砌体墙的密封防水；图 19-19（b）所示为山墙顶部建筑构造大样，对于网架支座与檐沟墙体并排的情况，应注意内侧砌体墙的密封防水、连接与稳定等，并在网架支座球节点顶面设置小立柱找坡，在板边与侧墙之间设置泛水包角板密封固定。

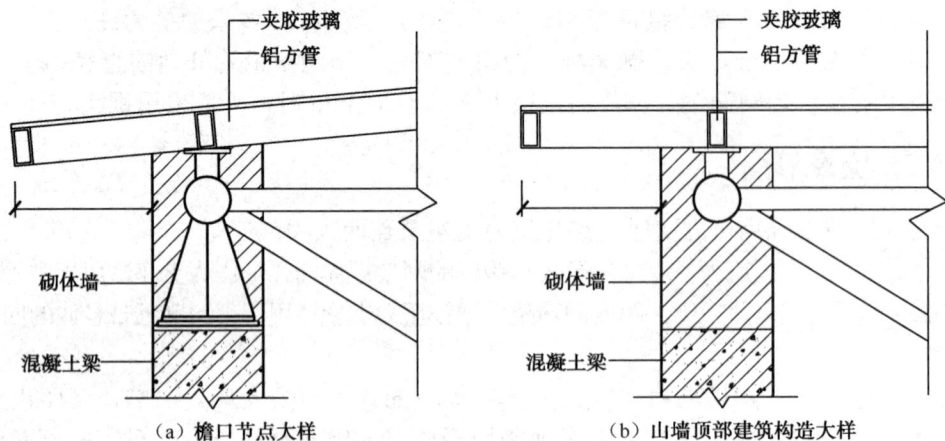

夹胶玻璃
铝方管
砌体墙
混凝土梁

（a）檐口节点大样

夹胶玻璃
铝方管
砌体墙
混凝土梁

（b）山墙顶部建筑构造大样

图 19-19　网架檐口、山墙节点大样图 2

图 19-20 所示为网架檐口、山墙节点大样图 3，图 19-20（a）所示为侧墙檐口节点大样，展示了侧墙檐口处工厂复合夹芯板屋面的连接、密封做法。设置了泛水板密封固定，泛水板应向上翻起至少 200 mm。图 19-20（b）所示为有组织排水时，在设置钢天沟时的檐口连接大样，注意要做好天沟的固定、连接与密封。

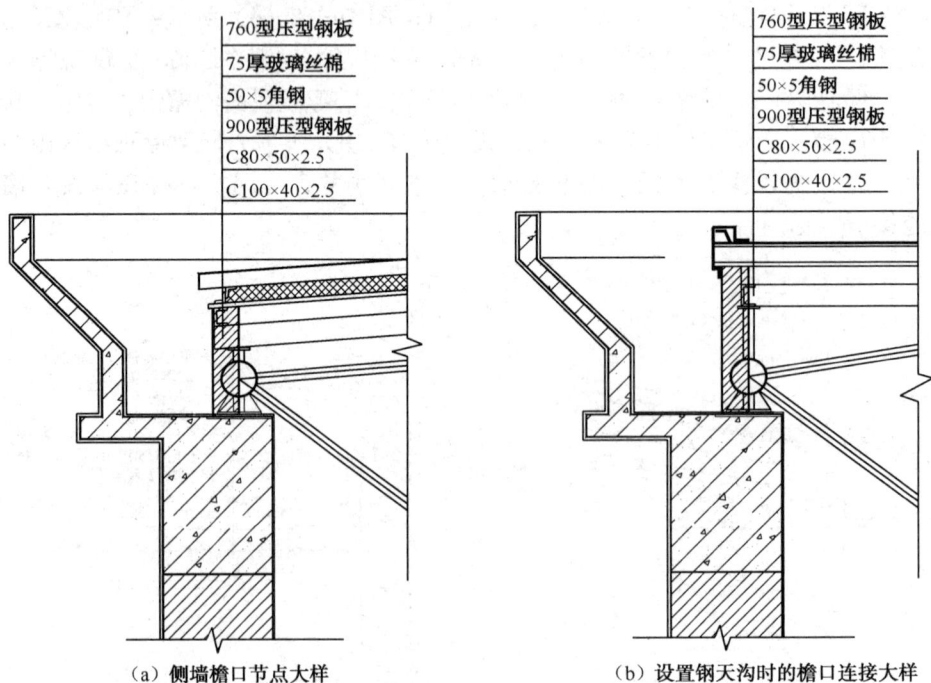

760型压型钢板
75厚玻璃丝棉
50×5角钢
900型压型钢板
C80×50×2.5
C100×40×2.5

760型压型钢板
75厚玻璃丝棉
50×5角钢
900型压型钢板
C80×50×2.5
C100×40×2.5

（a）侧墙檐口节点大样

（b）设置钢天沟时的檐口连接大样

图 19-20　网架檐口、山墙节点大样图 3

图 19-21 所示为网架檐口、山墙节点大样图 4，图 19-21（a）所示为自由落水时的檐口大样，顶部设置的后砌砖墙要做好稳定连接与密封；图 19-21（b）所示为自由落水时的山墙檐口大样，顶部设置的后砌砖墙要做好稳定连接与密封。

（a）自由落水时的檐口大样　　　　　　（b）自由落水时的山墙檐口大样

图 19-21　网架檐口、山墙节点大样图 4

图 19-22 所示为网架檐口节点大样图 1，图 19-22（a）所示为压型钢板屋面与侧墙面压型钢板之间的连接和密封，并与网架固定连接的做法；图 19-22（b）所示为压型钢板屋面与山墙面压型钢板之间的连接和密封，并与网架固定连接的做法；图 19-22（c）所示为压型钢板屋面自由落水时板端的固定密封和连接做法；图 19-22（d）所示为压型钢板屋面自由落水时的板侧面固定密封和连接做法，注意做成凸沿。

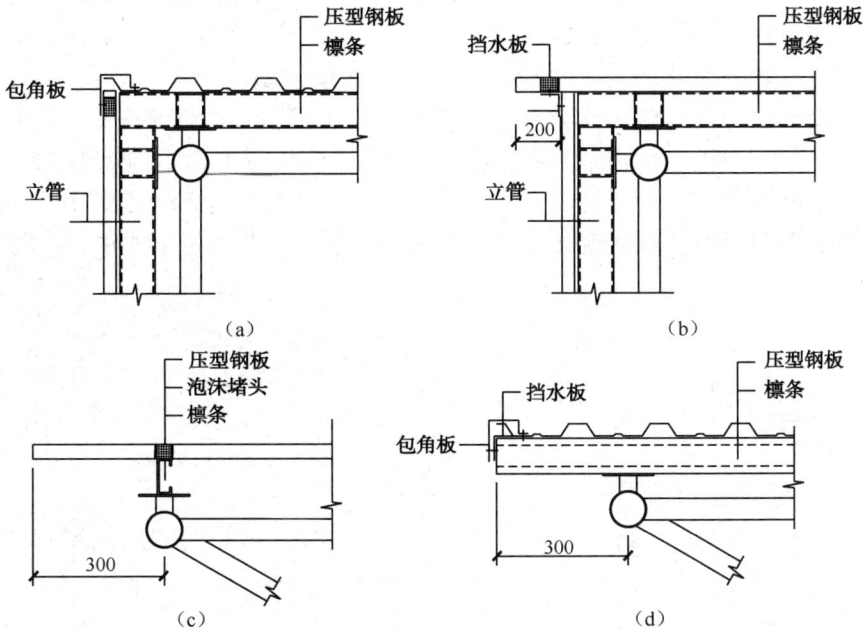

（a）　　　　　　　　　　　　　　　（b）

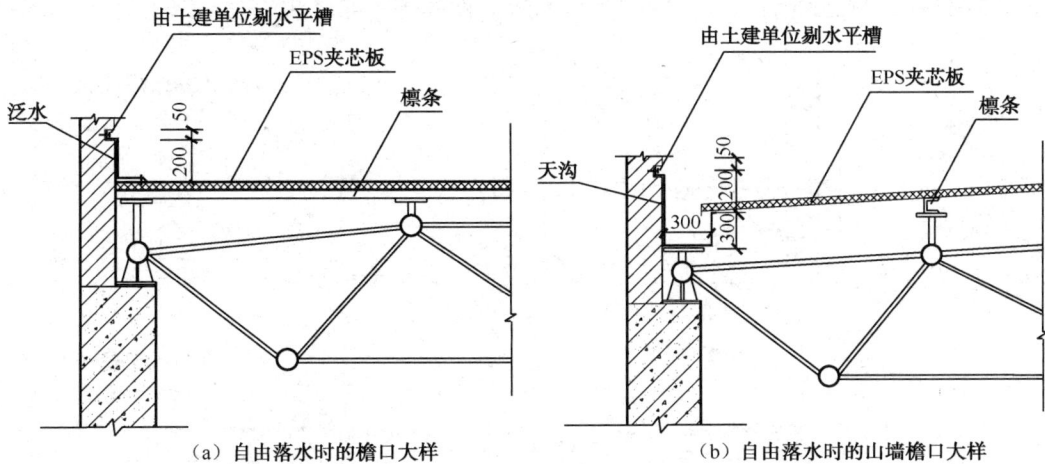

（c）　　　　　　　　　　　　　　　（d）

图 19-22　网架檐口节点大样图 1

图 19-23 所示为网架檐口节点大样图 2，图 19-23（a）所示为压型钢板屋面与侧墙高低

跨内天沟的连接和固定做法，注意做好密封防水；图 19-23（b）所示为左右坡面压型钢板向中间天沟排水时的连接和密封做法；图 19-23（c）所示为压型钢板屋面从高跨下来做一段延伸后将天沟支承在小立柱，有组织排水的构造；图 19-23（d）所示为压型钢板墙面转角处的连接做法，用包角板连接两侧的压型钢板，做好固定与密封。

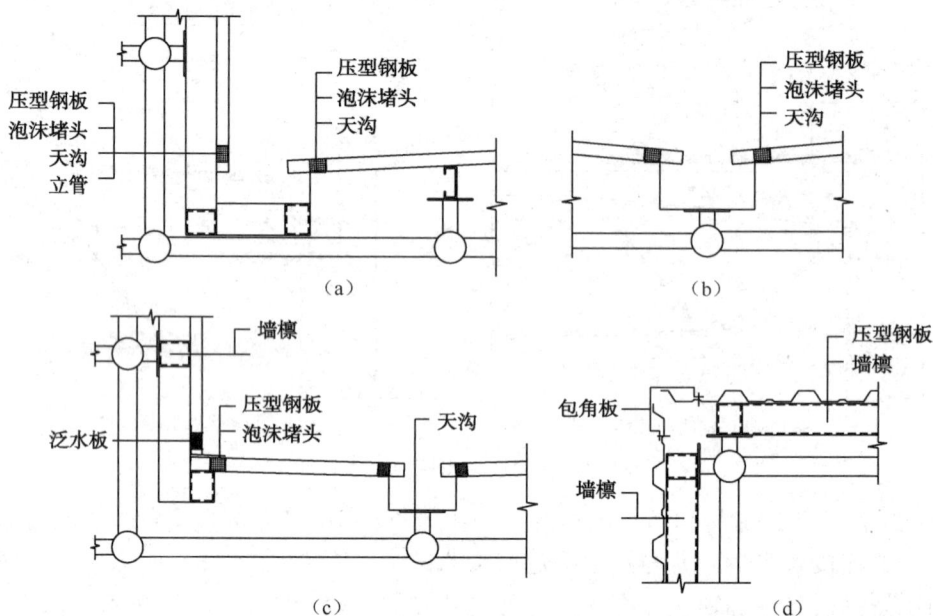

（a）　　　　　　　　　　　　　　　　　（b）

（c）　　　　　　　　　　　　　　　　　（d）

图 19-23　网架檐口节点大样图 2

图 19-24 所示为螺栓球网架节点图，图 19-24（a）所示为螺栓球网架支座大样图（侧视图），由预埋件、过渡板、支座底板、螺柱、垫板、支座加劲肋、支座球、小立柱及支托板组成，按设计要求连接支座杆件，应注意各部分连接关系的做法，并保证支座腹杆与下部结构之间不相碰；图 19-24（b）所示为螺栓球网架上弦节点大样图（侧视图），上弦球的顶部可以设置小立柱，以支承屋面檩条和屋面板；图 19-24（c）所示为螺栓球网架下弦节点大样图（俯视图和侧视图），下弦球节点底部的螺栓孔应根据设计要求连接相应设施或用腻子填实封闭，当连接杆件较多时，应注意连接时各杆件之间不要发生相互碰撞，以免影响施工。

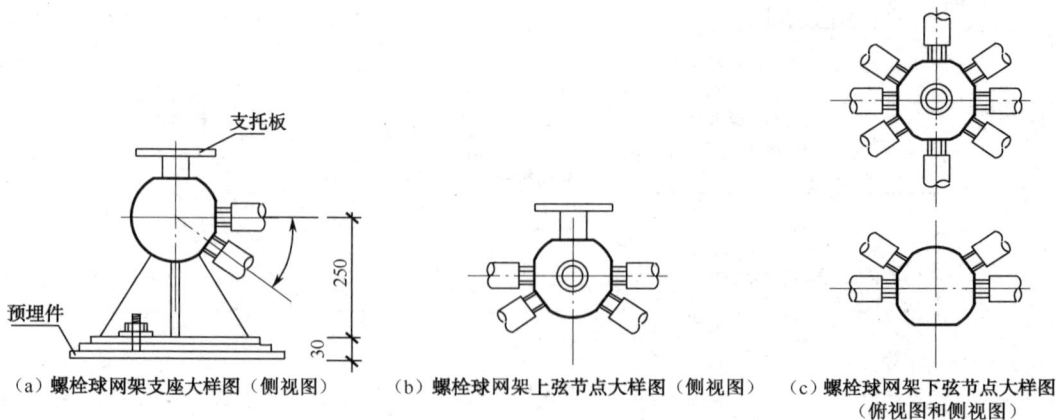

（a）螺栓球网架支座大样图（侧视图）　　　（b）螺栓球网架上弦节点大样图（侧视图）　　　（c）螺栓球网架下弦节点大样图（俯视图和侧视图）

图 19-24　螺栓球网架节点图

图 19-25 所示为焊接球网架节点图，图 19-25（a）所示为焊接球网架支座大样图（侧视图），由预埋件、过渡板、支座底板、螺柱、垫板、支座加劲肋、支座球、小立柱及支托板组成，按设计要求连接支座杆件，应注意各部分连接关系的做法，并保证支座腹杆与下部结构之间不相碰；图 19-25（b）所示为焊接球网架上弦节点大样图（侧视图），上弦球的顶部可以设置小立柱支承屋面檩条和屋面板；图 19-25（c）所示为焊接球网架下弦节点大样图（俯视图和侧视图）。当节点连接杆件较多时，应注意连接时各杆件之间不发生相互碰撞，以免影响施工。

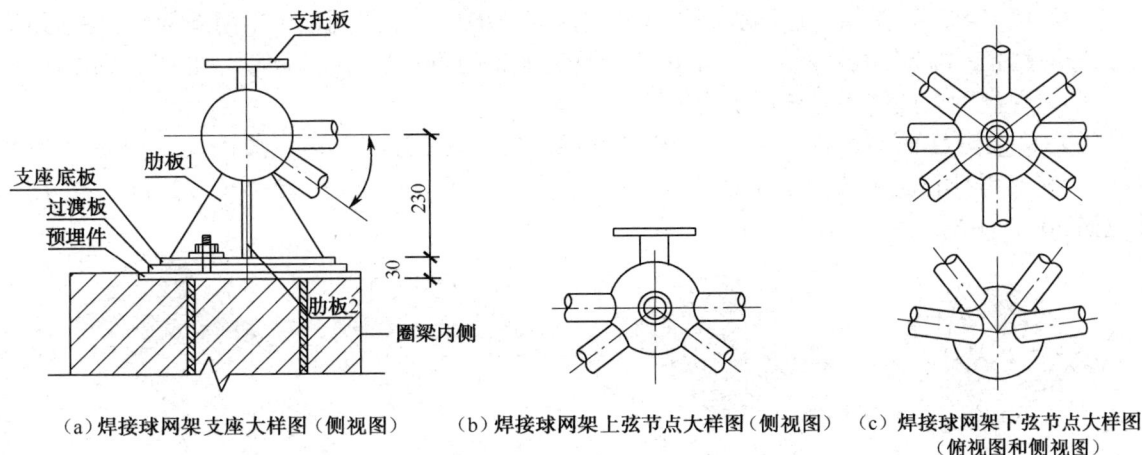

（a）焊接球网架支座大样图（侧视图）　（b）焊接球网架上弦节点大样图（侧视图）　（c）焊接球网架下弦节点大样图（俯视图和侧视图）

图 19-25　焊接球网架节点图

知识梳理与总结

本单元讲述了网架结构的组成、构造与识图等，学习时需要注意以下两点。

（1）网架结构在生活中应用较多，属于空间结构，要搞清楚其组成、杆件及连接节点的构造。

（2）网架结构种类繁多，应充分利用建筑实物、图片等加深印象。

思考题 19

（1）网架按网格组成分为哪几类？分别有何特点？

（2）详述螺栓球节点的构造组成及受力、传力情况。

（3）焊接空心球节点构造设计应注意什么？

实训 19

（1）读者可到有网架结构的工地或工程中，现场观察其组成及连接节点的构造。

（2）识读 03G102 图集中的螺栓球网架、焊接球网架的部分工程图。

单元 20 网壳结构构造与识图

20.1 网壳结构的分类及基本规定

（1）网壳结构的设计应根据建筑物的功能与形状，综合考虑材料供应、施工条件及制作、安装方法，选择合理的网壳屋盖形式、边缘构件及支承结构，以取得良好的技术经济效果。

（2）网壳结构可采用单层网壳结构或双层网壳结构，也可采用以下常用结构：圆柱面网壳、球面网壳、椭圆抛物面网壳（双曲扁壳）及双曲抛物面网壳（鞍形网壳、扭网壳）结构。

（3）单层网壳的网格可选用下列常用形式。

① 单层圆柱面网壳的网格可采用 4 种形式：单向斜杆正交正放网格［见图 20-1（a）］、交叉斜杆正交正放网格［见图 20-1（b）］、联方网格［见图 20-1（c）］和三向网格［见图 20-1（d）］。

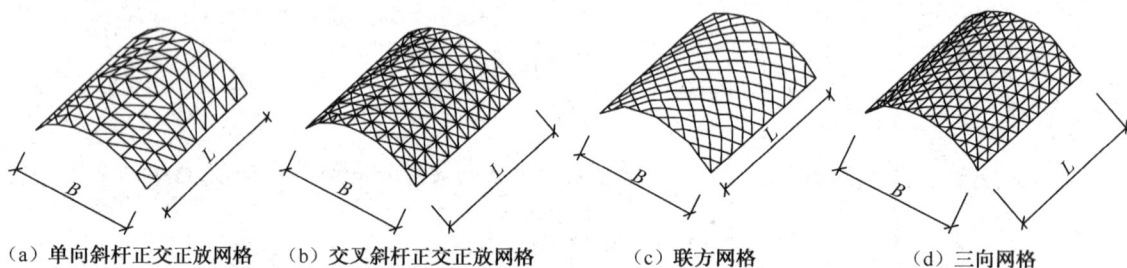

（a）单向斜杆正交正放网格　（b）交叉斜杆正交正放网格　（c）联方网格　（d）三向网格

图 20-1　单层圆柱面网壳的网格

② 单层球面网壳的网格可采用 6 种形式：肋环型网格［见图 20-2（a）］、肋环斜杆型网格［见图 20-2（b）］、三向网格［见图 20-2（c）］、扇形三向网格［见图 20-2（d）］、葵花形三向网格［见图 20-2（e）］和短程线型网格［见图 20-2（f）］。

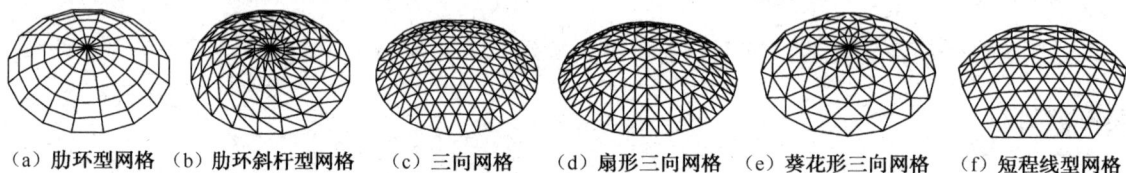

（a）肋环型网格　（b）肋环斜杆型网格　（c）三向网格　（d）扇形三向网格　（e）葵花形三向网格　（f）短程线型网格

图 20-2　单层球面网壳的网格

③ 单层椭圆抛物面网壳的网格可采用三向网格［见图 20-3（a）］和单向斜杆正交正放网格［见图 20-3（b）］。

④ 单层双曲抛物面网壳的网格宜采用三向网格［见图 20-4（a）］，其中两个方向沿直纹布置；也可采用两向正交网格［见图 20-4（b）］，沿主曲率方向布置，必要时可加设斜杆。

（4）当双层网壳的网格以两向或三向交叉的桁架单元组成时，可采用（3）的形式布置。当双层网壳以四角锥、三角锥的锥体单元组成时，其上弦或下弦也可采用（3）的形式布置。

（5）单层网壳可采用刚接节点，双层网壳可采用铰接节点。

（6）网壳的支承构造除保证可靠传递竖向反力外，还应满足不同网壳结构形式需要的边缘约束条件。

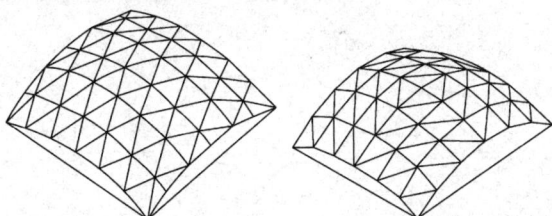

(a) 三向网格　　　　(b) 单向斜杆正交正放网格

图 20-3　单层椭圆抛物面网壳的网格

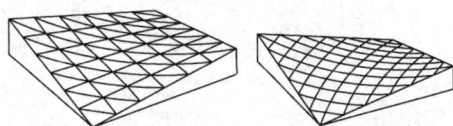

(a) 三向网格　　　　(b) 两向正交网格

图 20-4　单层双曲抛物面网壳的网格

圆柱面网壳可采用以下支承方式：通过端部横隔支承于两端、沿两条纵边支承和沿四边支承。端部横隔应具有足够的平面内刚度。沿两条纵边支承的支承点应能保证抵抗侧向水平位移的约束条件。球面网壳的支承点应能保证抵抗水平位移的约束条件。椭圆抛物面网壳及 4 块组合双曲抛物面网壳应通过边缘构件沿周边支承，支承边缘构件应具有足够的平面内刚度。双曲抛物面网壳应通过边缘构件将荷载传递给支座或下部结构，边缘构件应具有足够的刚度，并作为网壳整体的组成部分共同计算。

（7）网壳可采用以下 3 种组合形式。

① 将圆柱面、圆球面和双曲抛物面截出一部分进行组合。组合形式 1 如图 20-5（a）所示。

② 将一段圆柱面的两端与半个圆球面组合。组合形式 2 如图 20-5（b）所示。

③ 将 4 曲抛物面组合。组合形式 3 如图 20-5（c）所示。

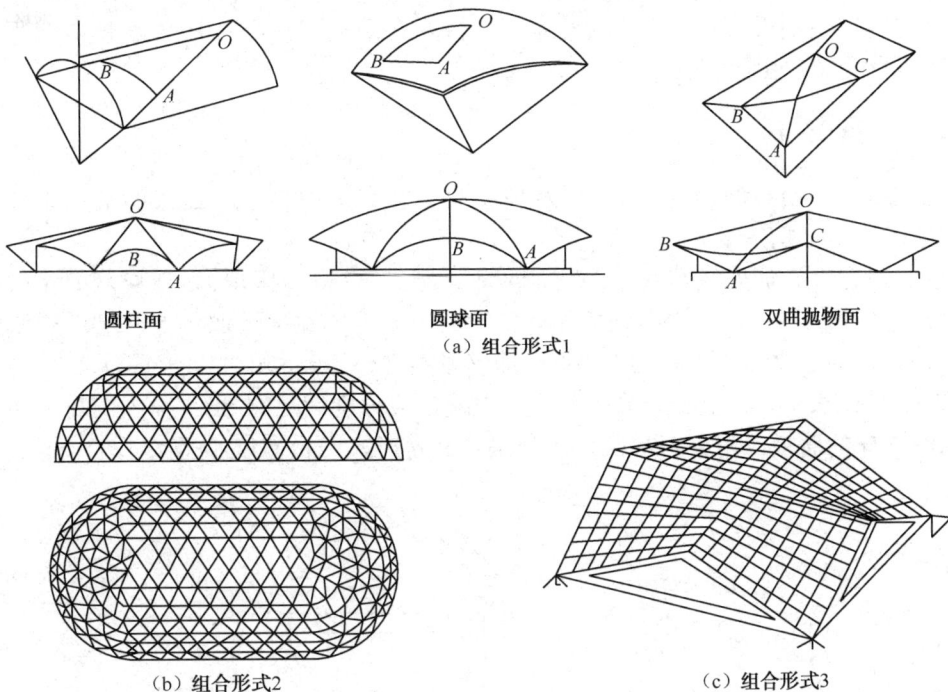

圆柱面　　　　　　　圆球面　　　　　　　　双曲抛物面

(a) 组合形式1

(b) 组合形式2　　　　　　　　　　(c) 组合形式3

图 20-5　网壳的组合形式

（8）当球面网壳用于三角形、四边形或多边形平面时，可采用如图 20-6 所示的球面网壳的切割方式，在所切割的部分应设置具有足够刚度的边缘构件。

(a) 三角形　　　　　　　(b) 四边形　　　　　　　(c) 多边形

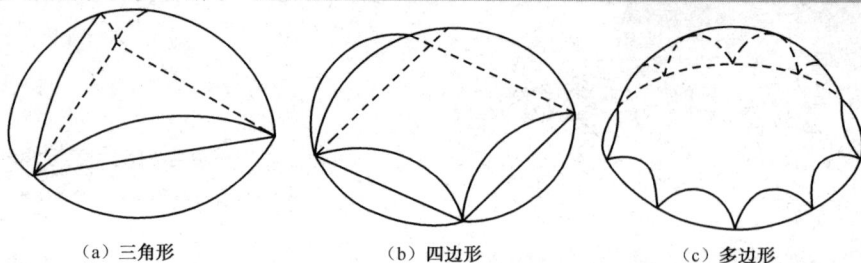

图 20-6　球面网壳的切割方式

20.2　网壳结构的杆件及节点

20.2.1　杆件

（1）网壳杆件可采用普通型钢和薄壁型钢，管材宜采用高频焊管或无缝钢管，当有条件时，截面可采用薄壁管型截面。网壳杆件的钢材应按《钢结构设计标准》（GB 50017—2017）的规定采用。

（2）在确定网壳杆件的长细比时，计算长度应符合规范表格的规定。

（3）网壳杆件的截面应按《钢结构设计标准》（GB 50017—2017）根据强度和稳定性的计算确定。网壳杆件截面的最小尺寸应根据网壳的跨度及网格大小确定，钢管的截面尺寸不宜小于 ϕ48×3，普通角钢的截面尺寸不宜小于 L50×3。

（4）网壳杆件在构造设计时，应考虑便于检查、清刷、油漆，避免有积留湿气或灰尘的死角，钢管端部应进行封闭。

20.2.2　节点

（1）为了可靠地传递杆件内力，以及使空心球能有效地布置所连接的圆钢管杆件，焊接空心球应满足以下构造要求。

① 单层网壳空心球外径与壁厚的比值应不大于 35（规范限值），双层网壳空心球外径与壁厚的比值宜取 25～45，空心球壁厚与钢管最大壁厚的比值宜取 1.5～2.0，空心球壁厚与连接钢管的外径之比宜取 2.4～3.0，空心球壁厚不宜小于 4 mm。

② 无肋空心球和有肋空心球的成型对接焊缝，应分别满足图 20-7 和图 20-8 所示的要求。有肋空心球的肋板可用平台或凸台，当采用凸台时，凸台高度不得大于 1 mm。

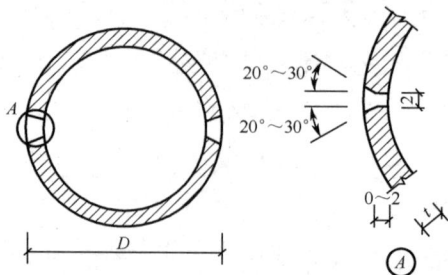

图 20-7　无肋空心球　　　　　　　　　　图 20-8　有肋空心球

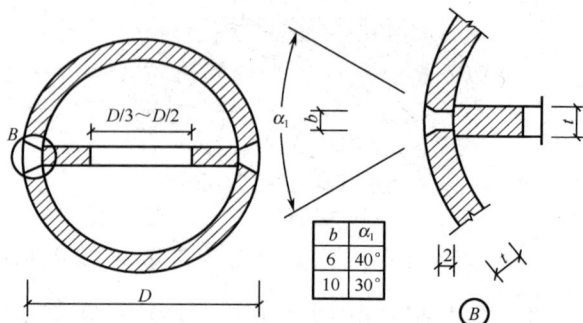

（2）网壳杆件端部应采用锥头连接 [见图 20-9（a）] 或封板连接 [见图 20-9（b）]。连接焊缝及锥头的任何截面必须与连接的钢管等强，焊缝底部宽度 b 可根据连接钢管的壁厚取 2～5 mm。封板厚度应按实际受力大小计算，且不宜小于钢管外径的 1/5。锥头底板厚度不宜小于锥头底板内径的 1/4。封板及锥头底板厚度可参照有关规范经验表格，根据受力大小及高强螺栓直径配套选用。锥头底板外径应比套筒外接圆直径或螺栓头直径大 1～2 mm，锥头底板的孔径宜比螺栓直径大 2 mm。锥头倾角应小于 40°。

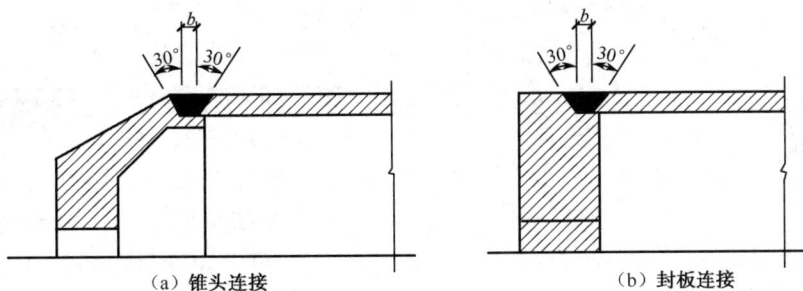

（a）锥头连接　　　　　　　　　　　　　（b）封板连接

图 20-9　网壳杆件端部连接形式

紧固螺钉宜采用高强度钢材制作，直径可取螺栓直径的 0.16～0.18 倍，且不宜小于3 mm。紧固螺钉可采用 M5～M10。

20.2.3　支座

（1）支座节点应采用传力可靠、连接简单的构造形式，并应符合计算假定。

（2）网壳支座节点可根据计算选用固定铰支座、弹性支座、刚性支座或可以沿指定方向产生线位移的滚轴支座。

（3）固定铰支座（见图 20-10）适用于仅要求传递轴向力与剪力的单层或双层网壳的支座节点。对于大跨度或点支承网壳，可采用球铰支座 [见图 20-10（a）]；对于较小跨度的网壳，可采用弧形铰支座 [见图 20-10（b）]；对于较大跨度、落地的网壳，可采用双向弧形铰支座 [见图 20-10（c）] 或双向板式橡胶支座 [见图 20-10（d）]。

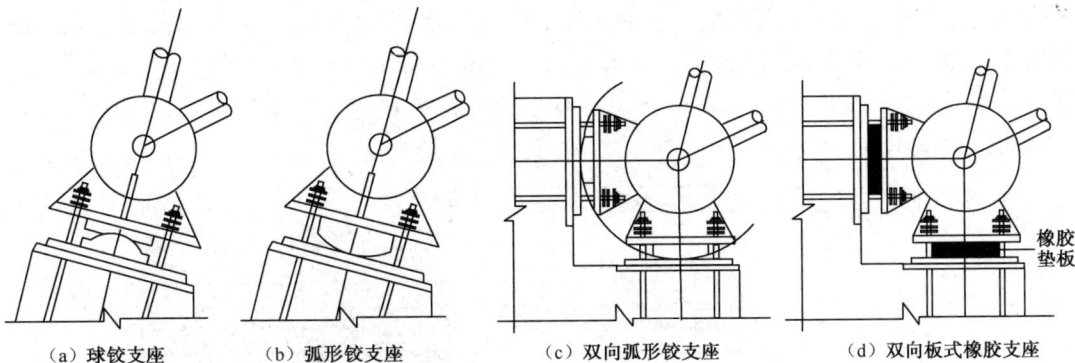

（a）球铰支座　　　（b）弧形铰支座　　　（c）双向弧形铰支座　　　（d）双向板式橡胶支座

图 20-10　固定铰支座

（4）弹性支座（见图 20-11）用于需要在水平方向产生一定弹性变位且能转动的网壳支座节点。

（5）刚性支座（见图 20-12）用于既能传递轴向力，又能按要求传递弯矩和剪力的网壳支座节点。

（6）滚轴支座（见图 20-13）用于能产生一定水平线位移的网壳支座节点。

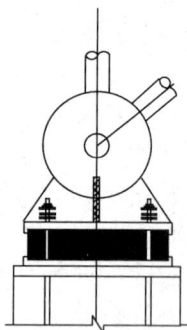

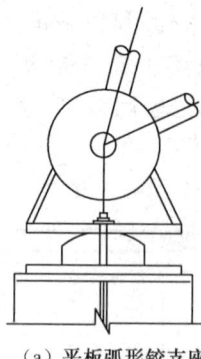

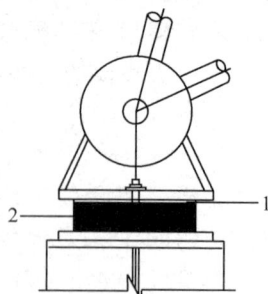

（a）平板弧形铰支座　　（b）橡胶垫板滑动支座

1—不锈钢板或聚四氟乙烯板；2—橡胶垫板

图 20-11　弹性支座　　　　图 20-12　刚性支座　　　　图 20-13　滚轴支座

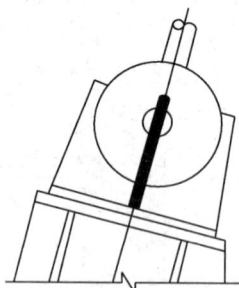

（7）支座十字节点板竖向中心线应与支座竖向反力作用线一致，并与节点连接杆件中心线汇交于支座球节点中心。

支座球节点底部至支座底板的距离宜尽量小，构造高度视支座球节点直径的大小取 $100\sim250\ mm$，并应考虑网壳边缘杆件与支座节点竖向中心线间的夹角，防止斜杆与支承柱边相碰。支座十字节点板的厚度应保证其自由边不发生侧向屈曲，不宜小于 10 mm。对于拉力支座节点，支座十字节点板的最小截面面积及相关连接焊缝必须满足强度要求。

支座节点底板的净面积应满足支承结构材料的局部受压要求，厚度应满足底板在支承竖向反力作用下的抗弯要求，不宜小于 12 mm。

支座节点锚栓按构造设置时直径可取 $20\sim25\ mm$，数量取 $2\sim4$ 个。对于拉力锚栓，直径应经计算确定，锚固长度不应小于 25 倍的锚栓直径，并应设置双螺母。

（8）橡胶垫板的厚度应根据橡胶层的厚度与中间各层钢板的厚度确定，橡胶垫板的构造如图 20-14 所示。

橡胶层的总厚度可由上下表层及各钢板间的橡胶层厚度之和确定。上下表层橡胶层的厚度 d 宜取 2.5 mm，中间橡胶层的常用厚度 d 宜取 5 mm、8 mm、11 mm，钢板厚度 d（图 20-14 中的 d_1、d_2 和 d_3）宜取 $2\sim3\ mm$。另外，还应进行抗滑移验算和平均压缩变形限值计算，且应满足抗剪要求。

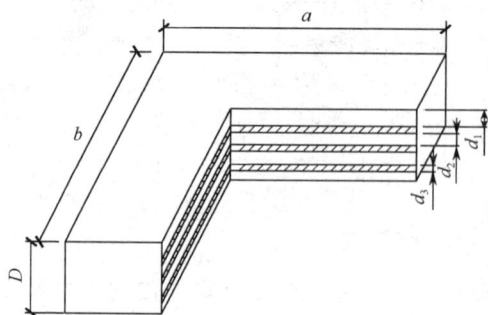

图 20-14　橡胶垫板的构造（右图为橡胶垫板支座实物图）

橡胶垫板应满足以下构造要求。

① 对气温不低于-25 ℃的地区，可采用氯丁橡胶垫板；对气温不低于-30 ℃的地区，可采用耐寒氯丁橡胶垫板；对气温不低于-40 ℃的地区，可采用天然橡胶垫板。

② 橡胶垫板的长边应顺网壳支座切线方向平行放置，与支柱、基座的钢板或混凝土可用 502 胶等黏结剂黏结固定。

③ 橡胶垫板上的螺孔直径应比螺栓直径大 10 mm。

④ 在设计时，宜考虑橡胶垫板长期使用后因橡胶老化而需要更换的情况。在橡胶垫板四周可涂防止老化的酚醛树脂，并黏结泡沫塑料。

⑤ 橡胶垫板在安装和使用过程中，应避免与油脂等油类物质及其他对橡胶有害的物质接触。

（9）当支座底板与基础面之间的摩擦力小于支座底部的水平反力时，应设置抗剪键，不得利用锚栓传递剪力。

知识梳理与总结

本单元讲述了网壳结构的分类、构造与识图等，学习时需要注意以下两点。

（1）网壳结构在实际生活中应用较多，属于空间结构，要搞清楚其组成、杆件及连接节点的构造。

（2）网壳结构种类繁多，应注意其与网架结构的异同之处，并充分利用建筑实物、图片等加深印象。

思考题 20

（1）网壳按网格组成分为哪几类？分别有何特点？

（2）网壳节点与支座的构造特点是什么？

实训 20

（1）读者可到有网壳结构的工地或工程中，现场观察其组成及连接节点构造。

（2）参考某实际工程或工程图，按比例缩小后，自己动手制作网壳结构模型。